核反应堆物理

（第 2 版）

吴宏春 编著

曹良志 郑友琦
李云召 祖铁军 参编

中国原子能出版社

图书在版编目(CIP)数据

核反应堆物理/吴宏春编著．—2 版．—北京：中国原子能出版社，2024.8.（2025.8 重印）
—ISBN 978-7-5221-3594-6

Ⅰ．TL32

中国国家版本馆 CIP 数据核字第 20243JJ617 号

核反应堆物理

出版发行	中国原子能出版社（北京市海淀区阜成路 43 号　100048）
责任编辑	张书玉
装帧设计	侯怡璇
责任校对	刘　铭
责任印制	赵　明
印　　刷	北京中科印刷有限公司
经　　销	全国新华书店
开　　本	787 mm×1092 mm　1/16
印　　张	12.5
字　　数	312 千字
版　　次	2024 年 8 月第 2 版　2025 年 8 月第 2 次印刷
书　　号	ISBN 978-7-5221-3594-6　　**定　　价　50.00 元**

网址：http://www.aep.com.cn　　**E-mail：atomep123@126.com**

发行电话：010-68452845

再版序

《核反应堆物理》教材第一次出版于2014年，从那时起西安交通大学就一直在核科学与技术学科使用该教材，相继几个具有核能专业的高校也先后使用，不少科研工作者也把该书作为基本知识的查阅和学习资料。大家总体的评价与我的期待相一致，逻辑性强，实用性强。不过，在10年的使用中，还是发现了一些错误，少数内容的摆放位置还可以再优化，所以我和我的同事们决定再版，修订勘误，进一步优化讲授顺序。

在这次再版中，原作者对各自撰写的章节再次进行了仔细阅读，并广泛收集了师生及读者们发现的问题和修订的建议，李云召教授承担了具体的整理和标定工作。在此，我向所有作者和提出修订建议的读者们表示最诚挚的感谢。

随着我国核能形势的向好发展，越来越多的高校开始设置核能专业，为国家培养更多更优秀的核能人才。我和我的同事们特别期待这本书在这样一个难得机遇中能够发挥更大的作用，希望更多的学生从这本书中更有效地获取到更有价值的核能基础知识。

还是那句老话，由于编者水平所限，书中难免还有些不足或有待改进的地方，恳切希望各位读者不吝赐教和批评指正！

2024年7月20日

于中国西部科技创新港

楔　子①

岁月如梭，从事核反应堆物理教学与研究25个春秋了，数十次的核反应堆物理课程教学和数十年来从事核反应堆物理研究的经历，使我对核反应堆物理知识的理解不断深化，对核反应堆物理这门知识的本质有了新的感悟。

今年，我刚好年过半百，突然觉得岁月不饶人，猛然产生强烈的愿望，把自己25年来的教学与科研感悟总结一下。于是，我决定写一本书，并取名为《核反应堆物理》。

为了让该书便于教、利于学、易于用，我把该书内容的编排逻辑定为：首先从工程实际使用的角度出发，梳理出应该学习和掌握的核反应堆物理基本知识，再从易于学习和理解的角度，建立起各内容的先后章节，使得整个内容逻辑清晰、承上启下、切合实际。

为了让该书知识有一定的系统性，我和我的团队成员一起，补充了一些紧密相关的内容：曹良志教授负责编写了第一章绪论和第九章燃料管理知识简介；郑友琦副教授负责编写了第十章核反应堆物理设计与启动物理实验的基本知识以及第八章第3节的次临界核反应堆动力学内容；李云召老师负责编写了全书所有的例题、习题和附录，他还把所有的习题全部做了一遍，确保习题的正确性；祖铁军老师负责编排了全书的图表，并完成了繁琐的校对与编排工作。

为了把该书的谬误降到最低，出版前还专门在中国核动力研究设计院核反应堆设计所、西安交通大学核学院进行了教学试用，还听取了部分国内核反应堆物理同行的意见，大家提出了很多富有价值的意见。可以说这些意见对保证该书的质量起到了重要作用，在此，我向所有帮助过该书的同仁们表示衷心的感谢。

当然，由于编者水平有限，工程经验不足，书中一定还有一些不足或疏漏之处，恳切希望各位读者批评指正。

吴宏春
2014年3月12日
于西安交通大学

① 本书受国家自然科学基金(91126005)资助。

目　　录

1 绪 论

1.1 核反应堆的主要类型及其基本结构

核反应堆是指能以可控方式实现自持的链式裂变反应或核聚变反应的装置，可分为裂变堆和聚变堆两种类型。迄今世界上已建成和广泛使用的核反应堆都是裂变堆，聚变堆目前还处于研究设计阶段。裂变堆通常由堆芯、反射层和屏蔽层三部分组成。堆芯是核反应堆的核心，可控和自持的链式裂变反应就在此区域内进行，具有很强的放射性，所以又称为**活性区**。堆芯一般包括核燃料、冷却剂、慢化剂、控制吸收体、结构材料以及中子测量管等。反射层是围在堆芯周围用以反射从堆芯泄漏出来的部分中子的材料。屏蔽层在反射层外，用以屏蔽或减弱来自堆芯的中子和 γ 射线。核反应堆的主要用途包括发电、推动船舶、供热、生产同位素以及进行核材料的辐照试验等。按照核反应发生的机理，核反应堆可以分为裂变核反应堆、聚变核反应堆和聚变-裂变混合堆。按照核反应堆中子能谱，核反应堆可以分为热中子堆和快中子堆。按照冷却剂和慢化剂的种类，核反应堆可以分为轻水堆（包括压水堆和沸水堆）、重水堆、气冷堆、液态金属冷却堆等。

目前世界上正在运行和建造的核电厂所采用的核反应堆类型主要有：压水核反应堆、沸水核反应堆、重水核反应堆、石墨水冷核反应堆、石墨气冷核反应堆和快中子增殖核反应堆等。表 1-1 列出了截至 2022 年年底世界上已经建成的核电厂的核反应堆类型统计资料。

表 1-1　各种类型的核电厂的统计（截至 2022 年年底）[1]

核电厂类型	数目/座	净电功率/GW	份额/%
压水堆（PWR）	301	289.1	77.9
沸水堆（BWR）	42	44.1	11.9
重水堆（HWR）	46	24.1	6.5
石墨慢化气冷堆	9	4.9	1.3
石墨慢化水冷堆	11	7.4	2.0
快中子增殖堆（FBR）	2	1.4	0.4
总计	411	371.0	100.0

尽管裂变核反应堆包括许多类型，但其物理过程基本都是相似的。下面以压水堆为例简单介绍裂变核反应堆的基本结构和组成。

图 1-1 是一个典型的压水堆结构示意图。

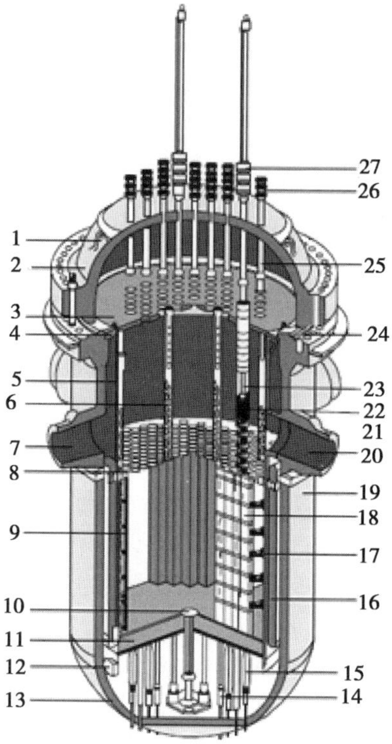

图 1-1　压水堆结构示意图

1-吊装耳环;2-压力容器顶盖;3-导向管支承板;4-内部支承凸缘;5-堆芯吊篮;6-上支承柱;7-进口接管;8-堆芯上栅格板;9-围板;10-进出孔;11-堆芯下栅格;12-径向支承件;13-压力容器底封头;14-仪表引线管;15-堆芯支承住;16-热屏蔽;17-围板;18-燃料组件;19-反应堆压力容器;20-出口接管;21-控制棒束;22-控制棒导向管;23-控制棒驱动杆;24-压紧弹簧;25-隔热套筒;26-仪表引线管进口;27-控制棒驱动机构

(1)燃料元件(Fuel Element)

一般是由经过冷压烧结形成的 UO_2 燃料芯块、包壳、压紧弹簧以及上下端塞等构成的单元,如图 1-2 所示。一个典型的压水堆燃料元件直径为 10 mm 左右,其中芯块直径为 8 mm 左右,高度为 400 cm 左右。

(2)燃料组件(Fuel Assembly)

由一系列的燃料元件、控制棒、可燃毒物和导向管组合而成的集合体,一般排列成正方形或者正六边形,由定位格架及上下管座将其固定,如图 1-3 所示。一个典型的正方形压水堆燃料组件包括 264 根燃料元件、24 个控制棒导向管和 1 个中子通量测量管,如图 1-4 所示。

(3)堆芯(Core)

由一定数量的燃料组件构成,如图 1-5 所示。冷却剂从核反应堆压力容器入口处流入,经过旁流通道进入下腔室,然后自下而上流过燃料元件表面从而带走燃料芯块内裂变产生的热量,并通过冷却剂出口流出。堆芯上部还包括控制棒驱动机构,与堆芯内的控制棒棒束相连接,用于驱动控制棒棒束根据运行需要插入或提出堆芯。

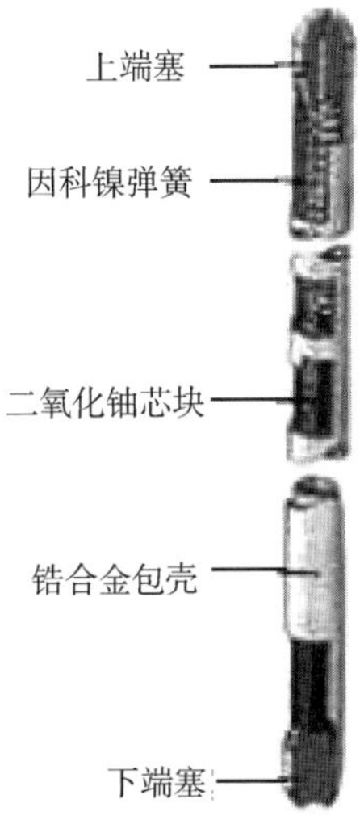

图 1-2　燃料元件

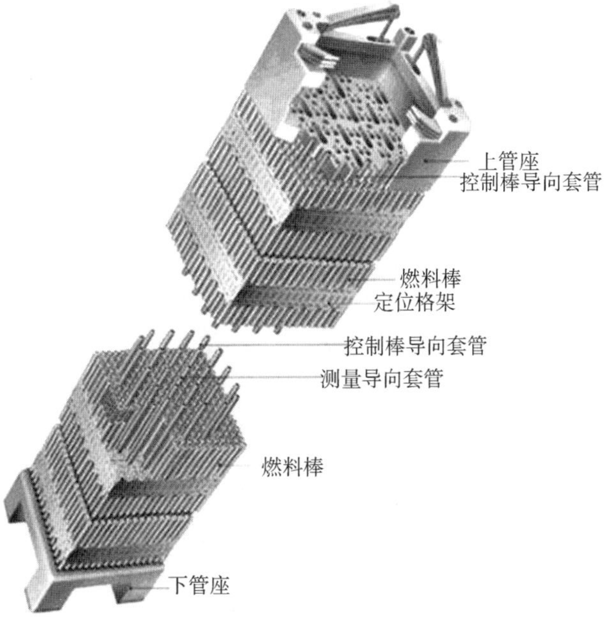

图 1-3　燃料组件结构

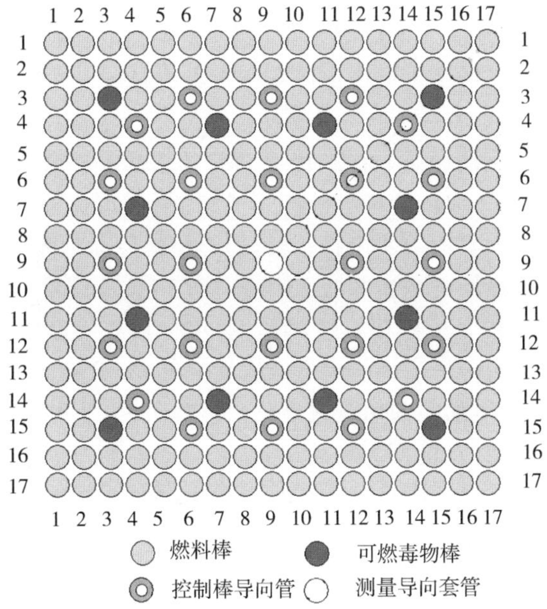

图 1-4　燃料组件组成

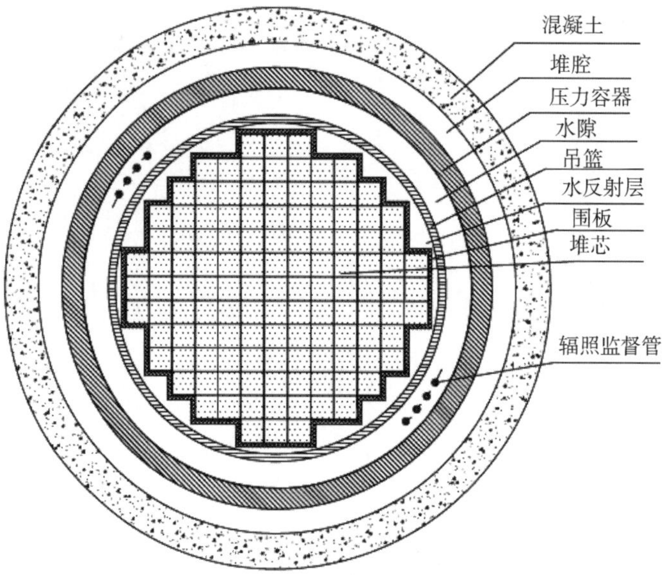

图 1-5　堆芯剖面图

1.2　核反应堆内的基本物理过程

核反应堆的基本原理是由中子与核燃料中的易裂变核素发生相互作用产生裂变，进而释放能量和裂变中子，所释放的能量可通过冷却剂带出堆芯加以利用，所释放的裂变中子则可以引起下一次裂变反应，从而实现链式裂变反应。裂变产生的中子除了与核燃料发生作用以外，在堆芯内还会与慢化剂、结构材料、吸收材料等发生相互作用，从而被慢化或吸收，还有可能在堆芯内迁移过程中泄漏到堆芯外部。核燃料中的易裂变核素也会随着核反应堆的运行逐渐消耗，同时生成大量的裂变产物核素，部分核素还会对堆芯的性能产生影响。

本质上，所有裂变核反应堆的主要核过程都是中子与核反应堆内各种核素的相互作用过程。例如在热中子堆内，裂变反应在核燃料芯块中发生，释放出的裂变中子具有 2 MeV 左右的能量，由于这个能量的中子不易与裂变核素发生反应，需要首先经过与慢化剂原子核的碰撞被慢化成热能中子才能加以利用。在慢化的过程中，中子将会在核反应堆内穿行，穿行过程中将会与堆芯内各种材料的原子核发生反应，或者被慢化，或者被吸收，还有一部分中子可能会泄漏出堆外。其中一部分中子会被核燃料中的易裂变核素吸收，有可能产生新的裂变反应，进而实现链式裂变反应。

1.3　核反应堆物理分析的主要内容

核反应堆物理分析的主要目标是通过模拟核反应堆内中子与原子核的相互作用过程，为堆芯核设计、堆芯燃料管理、核反应堆运行、核反应堆启动试验、核反应堆安全分析等提供中子学基础数据。

通常把中子在介质内运动的过程称为**输运过程**，即中子与原子核间的无规则碰撞，导致中子在介质内的运动是一种杂乱无章但具有统计性质的运动，中子在某一时刻在某一空间、以某一运动方向和能量运动，而在稍晚一些时候，又出现在另外一个空间、以另一方向和能量运动。核反应堆物理分析所需要解决的大多数问题，都可以归结到求解中子密度在核反应堆内随着时间、空间及能量的分布。为了模拟以上过程，需要建立能够反映中子输运过程的中子输运方程。通过求解中子输运方程，即可获得中子在核反应堆内的运动和分布规律，进而获得堆芯内的功率分布和临界特性。

堆芯核设计(通常也称为核反应堆物理设计)是核反应堆堆芯设计的重要内容之一，其主要任务是从核反应堆物理的角度提供满足总体设计要求的堆芯合理方案。一般需要通过堆芯物理计算，在保证满足堆芯寿期、功率分布、停堆裕量、反应性系数等设计准则的前提下给出堆芯燃料装载方案，具体包括燃料成分与富集度、燃料棒及燃料组件几何尺寸、堆芯燃料布置、换料方案、控制棒及可燃毒物布置等参数。

核燃料是核反应堆运行的基础。一般核反应堆采用以燃料组件为单位的分批换料方式。堆芯燃料管理的主要任务就是在满足堆芯核设计准则的前提下，通过合理布置堆芯内各批燃料组件、控制棒组件以及燃料组件，提高核电厂运行的经济性和安全性。

核反应堆运行期间，为了保证核反应堆的安全，必须对核反应堆内的裂变反应进行有效控制，同时也需要对核反应堆内的功率水平进行监控。在核反应堆启动、停堆、升降功率过程中，需要确定核反应堆的功率水平和反应性随时间的瞬态变化过程。这些内容都属于核反应堆物理分析的范畴。

此外，还需要关注堆芯内核燃料各种核素成分随着核反应堆运行的变化过程，称之为燃耗。在燃耗过程中，裂变核素随着裂变反应的不断发生而逐渐减少；裂变产物核素则随着裂变反应的不断发生而逐渐增加，部分裂变产物核素还会吸收核反应堆内的裂变中子，从而影响核反应堆内的临界特性。核反应堆物理分析的任务之一就是模拟核反应堆运行的燃耗过程。

本书内容主要是围绕以上核反应堆物理分析中涉及的一些基本物理概念和计算方法展开的。

1.4 本书主要内容及结构

本书将从核反应的基本物理过程出发，逐层深入地介绍核反应堆设计与运行过程中涉及的物理过程、基本概念及重要的堆芯设计计算方法。第 2 章重点介绍核反应堆分析过程中遇到的重要核物理机理与概念；第 3 章介绍核反应堆内中子从裂变产生、被慢化成热中子直至被吸收或泄漏出堆芯而消失的整个过程，从而建立链式裂变反应的概念；第 4 章介绍核反应堆物理分析中为了模拟和分析以上物理过程而建立的数学模型及求解方法，重点介绍中子扩散理论及其数值计算方法，这也是目前主流核反应堆设计与分析软件所采用的理论模型；第 5、6 两章是对第 4 章所介绍的理论模型的进一步深化，重点介绍核反应堆内中子能谱与群常数的计算，以及为了分析堆芯核燃料的消耗过程而建立的堆芯燃耗计算理论模型；第 7 章介绍核反应堆设计与运行过程中反应性控制的基本原理与主要方法；第 8 章介绍核反应堆动力学基础，主要分析了与时间有关的核反应堆物理过程，为核反应堆瞬态分析奠定理论基础;第 9 章是核反应堆物理分析在核反应堆物理设计及运行过程中的具体应用;第 10 章介绍了核反应堆物理设计和启动物理试验。

习 题

1. 什么是核反应堆?按照核反应堆发生的机理可分为哪几类?按照堆内的中子能谱可分为哪几类?按照冷却剂和慢化剂的种类可分为哪几类?

2. 核反应堆物理分析的主要目标是什么?

2 核反应堆核物理基础

如第 1 章所述，核反应堆内最核心的过程就是中子与原子核的相互作用。为此，在介绍核反应堆知识之前，有必要概略地介绍与核反应紧密相关的核物理基础知识。本章主要介绍中子与原子核相互作用的一些核物理基础知识，包括作用的形式与结果，作用的概率与规律，最后介绍重要的原子核裂变过程。

2.1 中子与原子核的相互作用

2.1.1 中子与原子核的作用过程

原子核是由中子与质子组成的，中子的静止质量稍大于质子的静止质量。在工程计算中，通常近似地取中子的静止质量为 1 个原子质量单位。

中子不带电，中子离开原子核后就表现为不稳定，但这时中子的半衰期比较长，大约为 10.3 min。在热中子核反应堆中，裂变产生的中子绝大多数为瞬发中子，而瞬发中子的平均寿命为 $10^{-4}\sim10^{-3}$ s，可见相对而言，在原子核外的自由中子半衰期相当长，因此在核反应堆物理分析中不考虑自由中子的不稳定性。在快中子核反应堆中，瞬发中子的寿命就更短了，所以更不需要考虑自由中子的不稳定性。

与其他粒子一样，中子与原子核相互作用时具有波粒二象性，中子的波长随中子能量的降低而变长，而核反应堆中的中子能量很大，所以波长较小，与中子的穿行平均距离以及我们的分析对象核反应堆的宏观尺寸相比都要小几个数量级。因此，一般在核反应堆物理分析中，都是把中子看作一个粒子来描述，一般可忽略其波的特性。

中子的能量大小以及碰撞原子核的轻重等特性决定了中子与原子核作用的概率、方式，所以在核反应堆物理分析中，通常按中子能量把它们分为三类进行讨论：热中子（$E<1$ eV）、超热中子（1 eV$<E<$0.1 MeV）和快中子（$E>$0.1 MeV）。在特定问题中，划分的能量值有时也因具体问题不同而稍有不同。

在核反应堆中，一般存在上千种原子核。不同的原子核与中子的作用也各不相同。有时为了分析方便，常根据原子核的重量分为轻核、中等核和重核，划分的重量值没有统一的规定。

在核反应堆中，中子与原子核的作用方式[2]主要包括势散射、直接相互作用和复合核的形成等三种方式。

势散射是指中子以波的形式与原子核的势场发生相互作用，这时中子并未进入靶核（如图 2-1 所示），中子与原子核发生势散射作用后，中子会改变运动方向和速度。它是核反应堆中最简单的一种核反应。中子与原子核构成的系统在势散射前和势散射后保持系统的动量守恒和动能守恒。任何能量的中子都有可能引起这种反应,这种核反应表达为(n, n)反应。

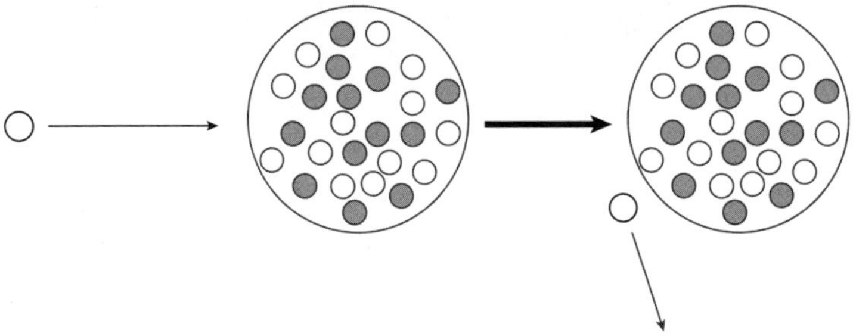

图 2-1　中子与原子核的势散射作用

直接相互作用是指入射中子能量较大,这时中子以粒子的特性与原子核内的某个核子(质子或中子)直接发生碰撞,并把该核子挤出原子核,中子自己取而代之却留在原子核内(如图 2-2 所示)。如果从原子核里被发射出来的核子是质子,这时称为 (n, p)反应。从原子核里被挤出来的如果是中子,同时原子核放出 γ 射线回到基态,这时称为(n, n′)反应,常称之为中子的散射作用。由于在这个作用过程中原子核会通过放出 γ 射线而释放能量,所以这个散射作用的前后中子和原子核的动能就不再守恒了。由于发生直接作用需要入射中子有较高的能量,所以在一般核反应堆的中子学分析中可以不予考虑。

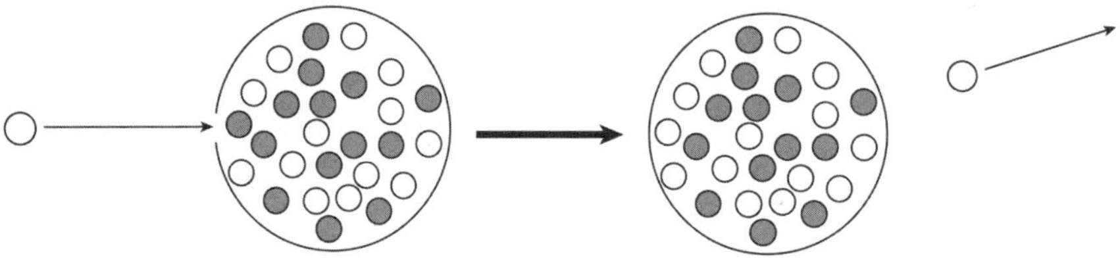

图 2-2　中子与原子核的直接相互作用

复合核的形成是指入射中子被某靶核$^{A}_{Z}X$吸收,形成一个新核——称之为复合核$^{A+1}_{Z}X$(如图 2-3 所示)。这时入射中子的能量会转化为复合核的内能,复合核获得能量后会处于激发态。激发态是不稳定的,经过一个短暂时间,复合核会通过释放出一个粒子或能量而衰变,回到稳定的基态。在核反应堆中,这种作用形式比较普遍。

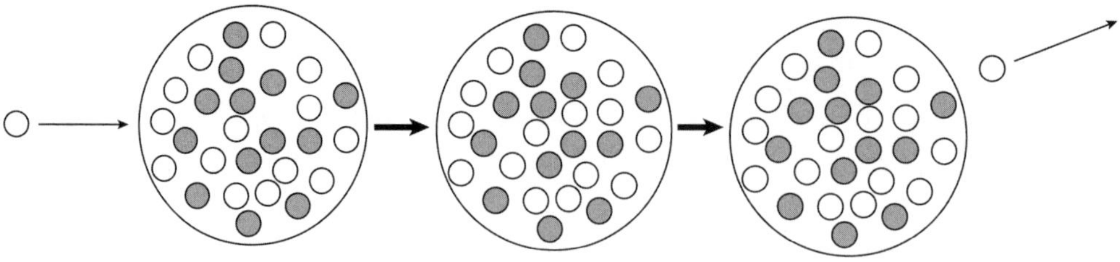

图 2-3　复合核的形成

核反应方程可写为:

$$^{1}_{0}n+^{A}_{Z}X\longrightarrow(^{A+1}_{Z}X)^{*}\longrightarrow^{A'}_{Z'}Y+^{A+1-A'}_{Z-Z'}b \tag{2-1}$$

若复合核释放出的是一个质子，这时就称为(n，p)反应；若复合核释放出的是一个 α 粒子，这时就称为(n，α)反应；若复合核释放出的是一个中子，这时就称为(n，n′) 散射反应；若复合核释放出的是 γ 射线，这时就称为(n，γ)**辐射俘获**反应；若复合核分裂成两个较轻的原子核，这时就称为(n，f)**核裂变**反应。

2.1.2　中子与原子核的作用结果

中子与原子核的作用形式是原子核物理分析的主要内容，而核反应堆物理分析主要讨论中子与原子核作用的结果。从结果上看，中子与原子核的作用无非就是两种：

1)中子的散射：中子与原子核作用后的产物还是中子和原子核；

2)中子的吸收：中子与原子核作用后产生的是其他核子或导致原子核裂变。

中子与原子核的散射作用又包含两个类别：一个是**弹性散射**，即中子与原子核散射前后保持动量守恒和动能守恒；另一个是**非弹性散射**，即中子与原子核散射前后不保持动能守恒。显然前面介绍的势散射就是一种弹性散射。直接作用的散射和复合核形成的散射有可能是弹性散射，也可能是非弹性散射。在热中子核反应堆中，把快中子变成热中子主要靠的是弹性散射。

中子与原子核的吸收作用又包含：(n，γ)，(n，p)，(n,α)和(n，f)反应等多个类别，下面分别予以介绍。

(1)辐射俘获(n，γ)反应

辐射俘获反应的反应式为

$$^{A}_{Z}X+^{1}_{0}n\longrightarrow(^{A+1}_{Z}X)^{*}\longrightarrow^{A+1}_{Z}X+\gamma \tag{2-2}$$

生成的核$^{A+1}_{Z}X$是靶核的同位素，往往不稳定，会释放 γ 射线。任何能量的中子都会发生辐射俘获反应，且低能量的中子与中等质量及以上的原子核更易于发生，因此在核反应堆中是最常见的一种中子吸收反应。例如，在铀燃料核反应堆中，铀钚转换靠的就是这一反应。

$$^{238}_{92}U+^{1}_{0}n\longrightarrow^{239}_{92}U+\gamma \tag{2-3}$$

$$^{239}_{92}U\xrightarrow[23\ \text{min}]{\beta^-}{}^{239}_{93}Np\xrightarrow[2.3\ \text{d}]{\beta^-}{}^{239}_{94}Pu \tag{2-4}$$

(2) (n，p)、(n,α)等反应

(n，p)反应的一般反应式为

$$^{A}_{Z}X+^{1}_{0}n\longrightarrow(^{A+1}_{Z}X)^{*}\longrightarrow{}_{Z-1}^{A}Y+^{1}_{1}p \tag{2-5}$$

生成的核$^{A+1}_{Z}X$是靶核的同位素，往往不稳定，会释放质子。例如，核反应堆内的较高能量中子遇到冷却剂的氧原子核后，会发生这样的核反应

$$^{16}_{8}O+^{1}_{0}n\longrightarrow^{16}_{7}N+^{1}_{1}p \tag{2-6}$$

这时生成的^{16}N是不稳定的，会释放高能的 γ 射线，这就使得核反应堆的冷却水系统产生了强的放射性。不过，^{16}N的半衰期很短，大约只有 7.13 s，因此不会造成环境污染。

(n,α)反应的一般反应式为

$$^{A}_{Z}X+^{1}_{0}n\longrightarrow(^{A+1}_{Z}X)^{*}\longrightarrow^{A-3}_{Z-2}Y+^{4}_{2}He \tag{2-7}$$

生成的核$^{A+1}_{Z}X$是靶核的同位素，往往不稳定，会释放 α 粒子。例如，核反应堆中热中子

与^{10}B发生的反应就是(n,α)反应,具体表达式为

$$^{10}_{5}B+^{1}_{0}n\longrightarrow^{7}_{3}Li+^{4}_{2}He \tag{2-8}$$

针对热中子,^{10}B发生这个吸收反应的概率很大,所以^{10}B可被用作热中子的吸收剂,如目前很多核反应堆把^{10}B用作反应性控制材料,从而控制核反应堆的安全性。

另外,在核反应堆的慢化剂和冷却剂中,还将通过如下的反应产生^{14}C,这是堆内^{14}C的主要来源。

$$^{17}_{8}O+^{1}_{0}n\longrightarrow^{14}_{6}C+^{4}_{2}He \tag{2-9}$$

(3)核裂变(n, f)反应

核裂变是指原子核吸收一个中子后分裂成两个质量相近的中等核素,同时放出能量和数个新的中子,它是核反应堆获得能量的主要来源。不过,只有少量的重原子核与特定能量的中子才会发生核裂变(n, f)反应。

目前,热中子堆内最常用的核裂变同位素是^{235}U。^{235}U的裂变反应一般为

$$^{235}_{92}U+^{1}_{0}n\longrightarrow(^{236}_{92}U)^{*}\longrightarrow^{A1}_{Z1}X+^{A2}_{Z2}X+v^{1}_{0}n+200\ \text{MeV} \tag{2-10}$$

式中,$^{A1}_{Z1}X$、$^{A2}_{Z2}X$为中等质量数的核;v为每次裂变平均放出的中子数,约为2.43个;200 MeV是裂变一次放出的能量。

值得注意的是,^{235}U核吸收中子后有时也会发生辐射俘获(n, γ)反应,如:

$$^{235}_{92}U+^{1}_{0}n\longrightarrow(^{236}_{92}U)^{*}\longrightarrow^{236}_{92}U+\gamma \tag{2-11}$$

这时,它不仅不产生新的中子,还会吸收中子。因此^{235}U在核反应堆中发生裂变反应和辐射俘获反应的概率大小对核反应堆的运行极其重要。

2.2　中子截面和核反应率

2.2.1　微观截面

为了定量计算出各个中子和所有原子核发生作用的结果,必须首先确定不同中子与不同原子核相互作用的概率大小。为了便于理解这个概念,这里不妨以一束单向均匀平行的单能中子轰击一个均匀物质组成的靶件为例进行分析。

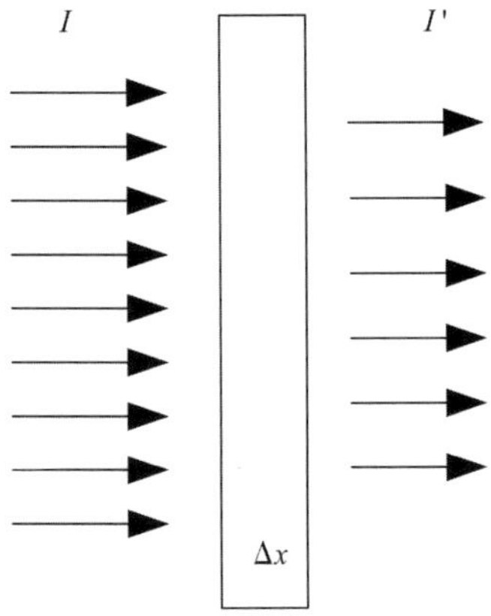

图 2-4　平行中子束与薄靶的作用

假设用某单能平行中子束垂直轰击某一单质材料的靶件(如图2-4所示),其中子束的强度为I(即:在单位时间单位面积内,有I个中子垂直轰击靶件),假设靶件的面积为一个单位面积,厚度为Δx,靶件的原子核密度为N。如果测得穿过靶后的平行中子束强度是I',那么两者之差ΔI就是中子与靶核发生作用的中子数,因为中子与靶件作用时,要么与靶核发生散射作用,要么与靶核发生吸收作用,两种中子都不可能包括在平行中子束强度I'中。通过更改轰击靶件的中子束强度、靶件厚度、靶件材料进行大量的实验,发现ΔI正比于中子束强度I、靶厚度Δx和靶的原子核密度N。即

$$\Delta I = -\sigma I N \Delta x \tag{2-12}$$

式中，$\Delta I = I' - I$，σ 为比例常数，即

$$\sigma = \frac{-\Delta I}{I N \Delta x} = \frac{-\Delta I / I}{N \Delta x} \tag{2-13}$$

显然，$-\Delta I / I$ 为平行中子束的每个中子与靶件原子核平均发生作用的概率，$N\Delta x$ 是靶件单位面积上的原子核个数。

从式(2-13)可以看出，σ 是表示平均一个入射中子与一个原子核发生作用的概率大小的一种度量，由于它的单位为 m^2，故称之为**微观截面**。由于微观截面的数值一般很小，所以在实际应用中，通常用"靶恩"(或靶，符号为 b)作为单位，$1\ b = 10^{-28}\ m^2$。

尽管这个实验只能测出一个中子与一个原子核发生总作用的平均概率，称之为**微观总截面**，用 σ_t 表示。但依此类推，可以定义**微观散射截面**为一个中子与一个原子核发生散射作用的平均概率，用 σ_s 表示；**微观吸收截面**为一个中子与一个原子核发生吸收作用的平均概率，用 σ_a 表示。同样的道理，今后以各种不同的角标来表示各种不同核反应的微观截面，如 σ_γ，σ_f，σ_e，σ_{in}，$\sigma_{n,\alpha}$ 分别表示辐射俘获、裂变、弹性散射、非弹性散射和(n，α)反应的微观截面。

根据截面的定义不难得出

$$\sigma_s = \sigma_e + \sigma_{in} \tag{2-14}$$

$$\sigma_a = \sigma_\gamma + \sigma_f + \sigma_{n,\alpha} + \cdots \tag{2-15}$$

$$\sigma_t = \sigma_s + \sigma_a \tag{2-16}$$

各种微观截面可由实验测得或通过核物理理论模型计算获得。在实际反应堆物理计算中，一般都是从核数据评价库中直接获取。

2.2.2 宏观截面

下面考察一平行中子束在与一厚靶内原子核作用规律(如图 2-5 所示)，不妨在厚靶的某一位置 x 处选取一个厚度为 dx 的薄靶进行分析。假设平行中子束强度在厚靶内的分布为 $I(x)$，那么根据前面得到的薄靶公式(2-12)，得到微分形式 $dI = -\sigma_t N I dx$，加上初始条件，通过求解该一阶常微分方程，可得该方程的解，即靶核厚度为 x 处未经碰撞的平行中子束强度 $I(x)$ 为

$$I(x) = I_0 e^{-\sigma_t N x} \tag{2-17}$$

式中，I_0 为 $x=0$ 处的中子束强度，也就是入射中子的强度。

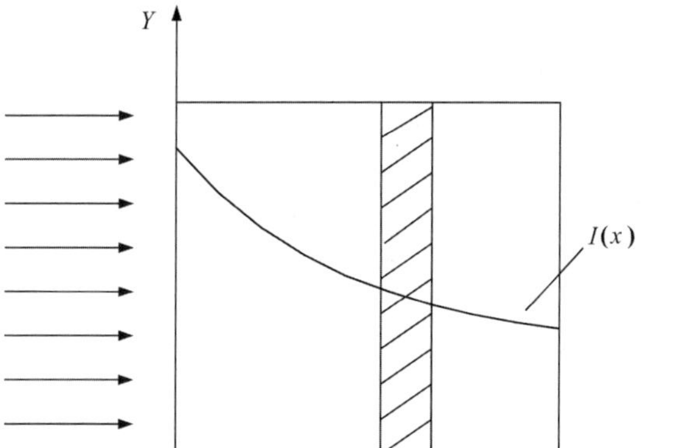

图 2-5 平行中子束与厚靶的作用

由式(2-17)可知，x 处未经碰撞的平行中子束强度 $I(x)$ 与中子进入靶内的深度 x 的关系为指数衰减关系(如图 2-5 所示)，且 $N\sigma_t$ 越大，衰减程度越大。为了以后方便，

通常用 Σ_t 表示 $N\sigma_t$，即

$$\Sigma_t = N\sigma_t \tag{2-18}$$

我们把 Σ_t 称为**宏观总截面**。从式(2-18)可知，宏观总截面的物理含义是指平均一个中子与单位体积内所有的原子核发生总作用的平均概率，它的量纲是 m^{-1}。

依此类推，平均一个中子与单位体积内所有原子核发生散射作用的平均概率称为**宏观散射截面**，用 Σ_s 表示；平均一个中子与单位体积内所有原子核发生吸收作用的平均概率称为**宏观吸收截面**，用 Σ_a 表示。同样的道理，后面我们以各种不同的角标来表示各种不同核反应的宏观截面，如 e、in、γ、f 分别表示弹性散射、非弹性散射、辐射俘获、裂变的宏观截面。

根据宏观截面的定义不难得出

$$\Sigma_s = \Sigma_e + \Sigma_{in} \tag{2-19}$$

$$\Sigma_a = \Sigma_\gamma + \Sigma_f + \Sigma_{n,\alpha} + \cdots \tag{2-20}$$

$$\Sigma_t = \Sigma_s + \Sigma_a \tag{2-21}$$

式中，$\Sigma_{n,\alpha}$ 表示(n，α)反应的宏观截面。

另一方面，根据式(2-12)得

$$\Sigma = N\sigma = \frac{-\mathrm{d}I/I}{\mathrm{d}x} \tag{2-22}$$

从这里可以看出宏观截面的另一个物理含义是指平均一个中子在介质内穿行每单位距离时与原子核发生作用的平均概率。

由式(2-22)可知，要计算宏观截面就必须先计算出原子核的密度 N。对于最简单的单元素材料，原子核密度计算公式为

$$N = \frac{N_0 \rho}{A} \tag{2-23}$$

式中，A 为该核素的相对原子质量；ρ 为该材料的密度；N_0 为阿伏加德罗常数（$N_0 = 6.022\ 136\ 7 \times 10^{23}\ \mathrm{mol}^{-1}$）。

对于化合物或均匀混合物，该材料的宏观截面由各个核素的宏观截面构成，其计算公式为

$$\Sigma = \sum_i N_i \sigma_i \tag{2-24}$$

式中，N_i 表示该材料中第 i 种原子核素的原子核密度；σ_i 为第 i 种原子核素的核反应的微观截面。对于相对分子质量为 M，密度为 ρ 的化合物，如果第 i 种核素的原子数目在化合物分子中为 v_i，则第 i 种核素的原子核密度为

$$N_i = v_i \frac{\rho N_0}{M} \tag{2-25}$$

在核反应堆中，计算裂变核素的原子核密度时经常用到富集度的概念。**富集度**是指某一核素在该核素同位素中所占的质量百分比。如在 ^{235}U 和 ^{238}U 组成的铀燃料中富集度为 ε，假设 ^{235}U 所占的原子核个数的比例为 c_5，那么

$$235 \times c_5 / [235 \times c_5 + 238 \times (1 - c_5)] = \varepsilon \tag{2-26}$$

由此得

$$c_5 = \left[1 + 0.987\ 4\left(\frac{1}{\varepsilon} - 1\right)\right]^{-1} \tag{2-27}$$

例题 1：设水的密度为 $10^3\ \mathrm{kg/m^3}$，已知能量为 0.025 3 eV 的中子与氢核和氧核的微观吸收截面分别为 0.3320 b 和 0.000 2 b，请计算出水的宏观吸收截面。

解：水的相对分子质量为 $M_{H_2O}=2\times1.007\ 97+15.999\ 4=18.015\ 3$。根据式(2-23)，单位体积内水的分子数 N_{H_2O} 和氧的原子数 N_O 为

$$N_{H_2O}=N_O=\frac{6.022\times10^{23}}{18.015\ 3}\times10^6=3.343\times10^{28}\text{分子}/\mathrm{m}^3$$

由于一个水分子包含有两个氢原子，所以，单位体积内氢原子核数 N_H 为

$$N_H=2N_{H_2O}=2\times3.343\times10^{28}=6.686\times10^{28}\text{原子}/\mathrm{m}^3$$

所以水的宏观吸收截面 Σ_{a,H_2O} 为

$$\Sigma_{a,H_2O}=\Sigma_{a,H}+\Sigma_{a,O}=N_H\sigma_{a,H}+N_O\sigma_{a,O}=2.220\ \mathrm{m}^{-1}$$

例题 2：设 UO_2 的密度为 $10.42\times10^3\ \mathrm{kg/m^3}$，$^{235}U$ 的富集度 $\varepsilon=3\%$，能量为 0.025 3 eV 中子与 ^{235}U 作用的微观吸收截面为 680.9 b，^{238}U 为 2.7 b，O 为 2.7×10^{-4} b。试求 UO_2 的宏观吸收截面。

解：由式(2-27)可求得 $c_5=0.030\ 371$，因而 UO_2 的相对分子质量为

$$M_{UO_2}=235c_5+238(1-c_5)+2\times16=269.907$$

因而单位体积内 UO_2 的分子数为

$$N_{UO_2}=\frac{\rho_{UO_2}N_O}{M_{UO_2}}=2.325\times10^{28}\ \mathrm{m}^{-3}$$

单位体积内 ^{235}U，^{238}U 和氧的原子核密度为

$$N_5=c_5N_{UO_2}=0.070\ 6\times10^{28}\ \mathrm{m}^{-3}$$

$$N_8=(1-c_5)N_{UO_2}=2.254\times10^{28}\ \mathrm{m}^{-3}$$

$$N_O=2N_{UO_2}=4.65\times10^{28}\ \mathrm{m}^{-3}$$

这样，便可求得在 0.025 3 eV 时 UO_2 的宏观吸收截面为

$$\begin{aligned}\Sigma_{a,UO_2}&=(0.070\ 6\times10^{28})\times(680.9\times10^{-28})+(2.254\times10^{28})\times(2.7\times10^{-28})+\\&\quad(4.65\times10^{28})\times(2.7\times10^{-4}\times10^{-28})\\&=54.16\ \mathrm{m}^{-1}=0.541\ 6\ \mathrm{cm}^{-1}\end{aligned}$$

2.2.3　平均自由程

根据式(2-17)得

$$\frac{I(x)}{I_0}=e^{-\Sigma_t x} \tag{2-28}$$

显然 $I(x)/I_0$ 表示入射平行中子束穿过厚度为 x 的靶件后，仍未与靶和核发生任何核作用的平均概率，所以 $e^{-\Sigma_t x}$ 的物理含义就是指一个中子穿行 x 距离仍未与原子核发生任何核反应的概率。另一方面，由宏观截面的第二个物理含义可知，中子从 x 穿行到 $x+\mathrm{d}x$ 期间与原子核发生核反应的平均概率应该为 $\Sigma_t\mathrm{d}x$。因此，一个中子在穿行 x 距离后未发生核反应，而在紧接着的 x 和 $x+\mathrm{d}x$ 之间发生核反应的概率应该为 $e^{-\Sigma_t x}\Sigma_t\mathrm{d}x$，即

$$P(x)\mathrm{d}x=e^{-\Sigma_t x}\Sigma_t\mathrm{d}x \tag{2-29}$$

这里，$P(x)$ 叫作**首次碰撞概率分布函数**，根据 $P(x)$ 的物理含义，应该有 $\int_0^{\infty} P(x)\mathrm{d}x = 1$。通过积分式(2-29)，确实满足这一性质，即

$$\int_0^{\infty} P(x)\mathrm{d}x = \int_0^{\infty} \mathrm{e}^{-\Sigma x}\Sigma_{\mathrm{t}}\mathrm{d}x = 1 \tag{2-30}$$

可见，中子在介质中运动时，其与原子核发生首次碰撞的位置是不同的，那么一个中子与原子核发生首次碰撞之前穿行的平均距离可通过下式计算得到

$$\lambda_{\mathrm{t}} = \bar{x} = \int_0^{\infty} xP(x)\mathrm{d}x = \Sigma_{\mathrm{t}}\int_0^{\infty} x\mathrm{e}^{-\Sigma_{\mathrm{t}}x}\mathrm{d}x = \frac{1}{\Sigma_{\mathrm{t}}} \tag{2-31}$$

这个距离称之为**平均总自由程**，一般用 λ_{t} 表示。依次类推，把中子与原子核发生吸收作用前所穿行的平均距离称为**平均吸收自由程**，表示为 $\lambda_{\mathrm{a}} = 1/\Sigma_{\mathrm{a}}$，中子与原子核发生散射作用前所穿行的平均距离称为**平均散射自由程**，表示为 $\lambda_{\mathrm{s}} = 1/\Sigma_{\mathrm{s}}$。显然有

$$\frac{1}{\lambda_{\mathrm{t}}} = \frac{1}{\lambda_{\mathrm{s}}} + \frac{1}{\lambda_{\mathrm{a}}} \tag{2-32}$$

从上面例题可以得知，0.025 3 eV 中子在水中的平均吸收自由程 $\lambda_{\mathrm{a,H_2O}}$ 为

$$\lambda_{\mathrm{a,H_2O}} = 1/\Sigma_{\mathrm{a,H_2O}} = 1/2.22 = 0.450\ 4\ \mathrm{m}$$

2.2.4　核反应率和中子注量率

前面我们涉及原子核密度的概念，在核反应堆内原子核密度大约在 $10^{23} \sim 10^{28}$ 原子$/\mathrm{m}^3$ 范围。这里我们再引入一个**中子密度**的概念，即单位体积内的中子数，一般用 n 表示。在核反应堆内，中子密度一般在 $10^{14} \sim 10^{17}$ 中子$/\mathrm{m}^3$ 范围。可见，在这么两个大密度范围内，定量分析一个中子与一个原子核的作用是几乎不可能的，这时我们需要借助两个群体之间相互作用过程的统计概念来分析。

假设平均自由程为 λ 的中子以同一速率 v 在介质内运动，那么在单位时间内平均每个中子发生作用的统计平均次数应该为 $v/\lambda = v\Sigma$。也就是说，再乘以中子密度就得到单位时间单位体积内的所有中子与介质原子核发生作用的总次数为

$$R = nv\Sigma \qquad 中子/(\mathrm{m}^3 \cdot \mathrm{s}) \tag{2-33}$$

这里 R 就叫做**核反应率**。以此推广，对应于不同的核反应过程可定义不同的核反应率，如单位体积内所有中子在单位时间内与介质原子核发生吸收作用的总次数称为**吸收反应率**，$R_{\mathrm{a}} = nv\Sigma_{\mathrm{a}}$；单位体积内所有中子在单位时间内与介质原子核发生裂变作用的总次数称为**裂变反应率**，$R_{\mathrm{f}} = nv\Sigma_{\mathrm{f}}$，等等。可见核反应率描述的是中子群与原子核群相互作用的平均概率，在以后的分析中将发挥重要作用。

n 为中子密度，v 为中子速率，我们把它们两个的乘积 nv 称之为**中子注量率**，一般用 ϕ 表示

$$\phi = nv \qquad 中子/(\mathrm{m}^2 \cdot \mathrm{s}) \tag{2-34}$$

这样，式(2-33)便可写成

$$R = \Sigma\phi \tag{2-35}$$

所以,介质的宏观截面与中子注量率分布的乘积就是中子与介质原子核发生相互作用的核反应率。

由式(2-34)可以看出,中子注量率的物理含义表示单位体积内所有的中子在单位时间内穿行路程的总和。且中子注量率的大小直接决定了核反应率的大小,因此也决定了核反应堆的功率水平大小。

如前所述,微观截面跟入射中子的能量有关,是中子能量的函数。在核反应堆计算中,经常需要计算某一能量段内的平均截面。为了使平均截面能真实反映中子与原子核作用的概率,计算平均截面时必须要保持核反应率守恒,即

$$\bar{\sigma} = \frac{\int \sigma(E)\phi(E)\mathrm{d}E}{\int \phi(E)\mathrm{d}E} \tag{2-36}$$

2.3 截面随中子能量的变化

微观截面的大小取决于入射中子的能量和靶核的性质,一般讲没有规律可言,但某些核素在某些能区会有比较统一的特征。

2.3.1 微观吸收截面

在热中子能量区,多数轻核的吸收截面 $\sigma_a(E)$ 近似地服从 $1/\sqrt{E}$ 变化规律,即"$1/v$"律。所以,如果已知该核素在某一能量处的微观吸收截面,就可以简单计算出其在另一能量处的微观吸收截面。例如,已知 $E=0.025\ 3$ eV 时微观吸收截面为 $\sigma_a(0.025\ 3)$,那么根据 $1/\sqrt{E}$ 律很容易计算出其他能量 E 时的微观吸收截面 $\sigma_a(E)$:

$$\sigma_a(E)=\sigma_a(0.025\ 3)\sqrt{\frac{0.025\ 3}{E}} \tag{2-37}$$

对于不严格服从"$1/v$"律的核素,在实际应用中,常常乘上修正因子 g_a,g_a 的数值可从核数据库中获得,即

$$\sigma_a(E)=\sigma_a(0.025\ 3)\sqrt{\frac{0.025\ 3}{E}}g_a \tag{2-38}$$

对于很多重核和中等核,在低能区不但不满足 $1/v$ 律,还会发生非常复杂的共振吸收现象。

2.3.2 微观散射截面

(1)非弹性散射截面

只有能量较大的中子才会发生非弹性散射,这就意味着非弹性散射具有阈能的特点,如图 2-6 所示。

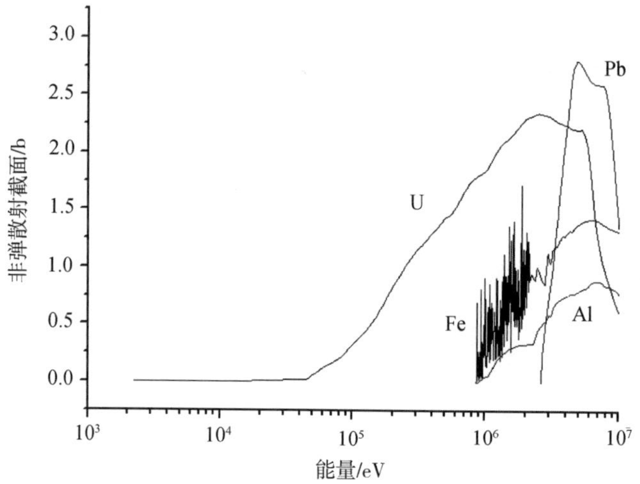

图 2-6　若干典型的非弹性散射截面

(2)弹性散射截面

较低能量的中子与多数轻核和中等核素发生的散射作用都是弹性散射。弹性散射截面有个很好的特征,即每个核素的弹性散射截面 $\sigma_s(E)$ 基本上为常数,一般为几靶。

2.3.3　微观裂变截面

裂变截面随中子能量变化一般没有统一的规律,庆幸的是裂变核素本身就很少。图 2-7 为 ^{235}U 裂变核素在不同能量下微观裂变截面,图 2-8 为其他几个常见裂变核素在不同能量下微观裂变截面。可以看出,^{235}U 在热中子区裂变截面 σ_f 比较大,大约为 500 b,因而热中子核反应堆内的裂变反应基本都是发生在这一能区内。^{238}U、^{240}Pu 和 ^{232}Th 等核素的裂变具有阈能特点。

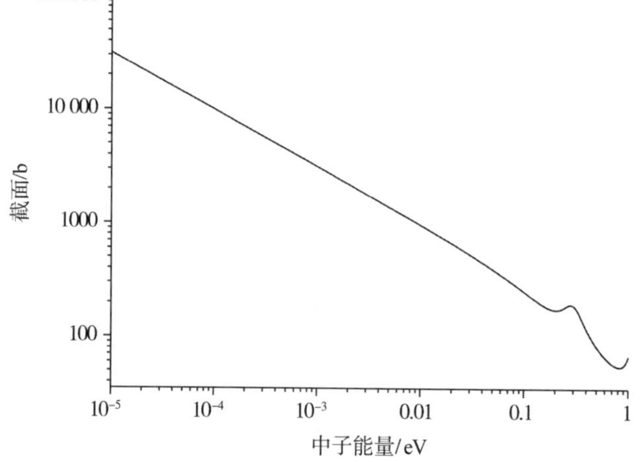

(a)

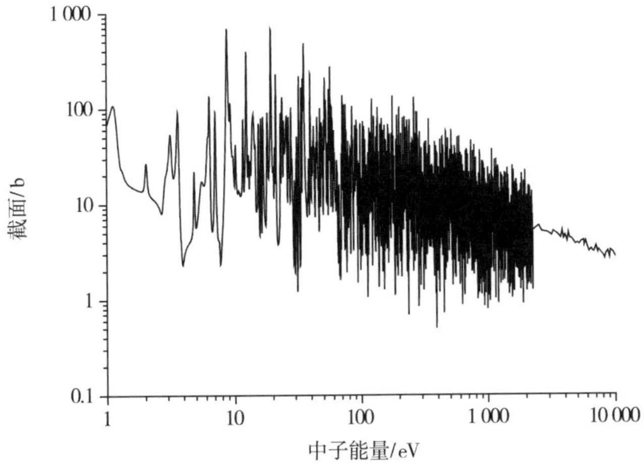

（b）

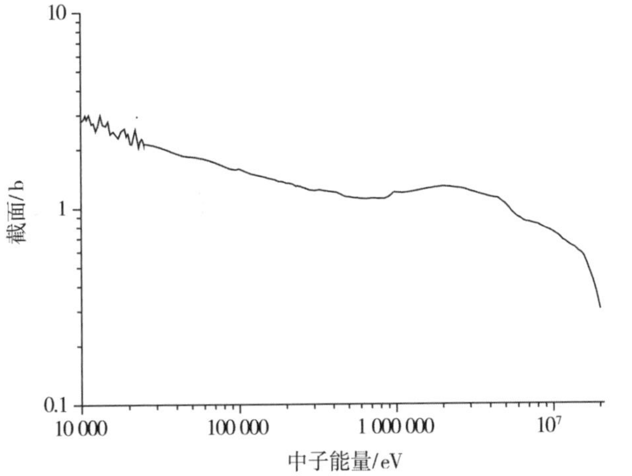

（c）

图 2-7 ^{235}U 的裂变截面

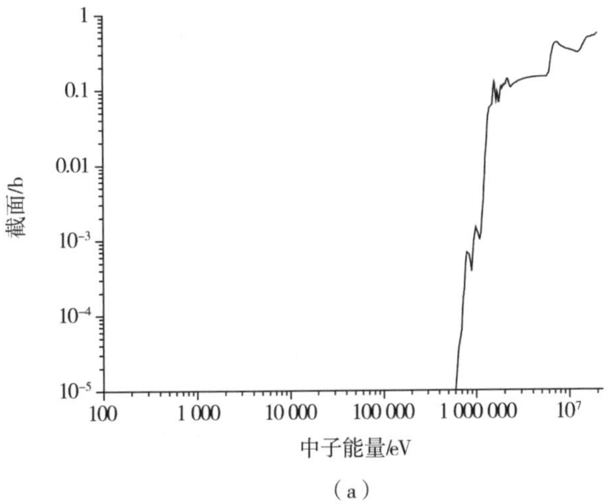

（a）

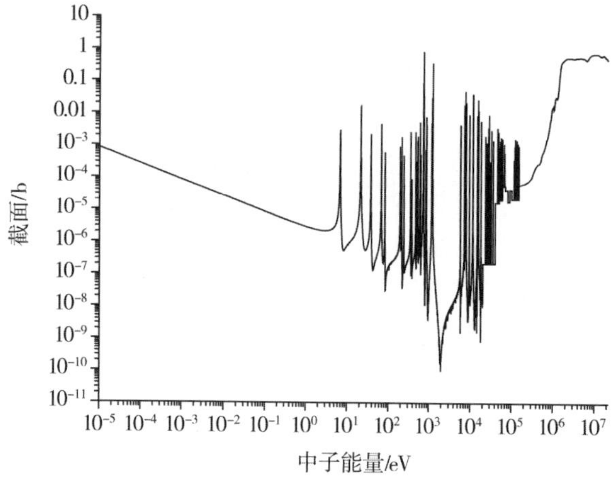

（b）

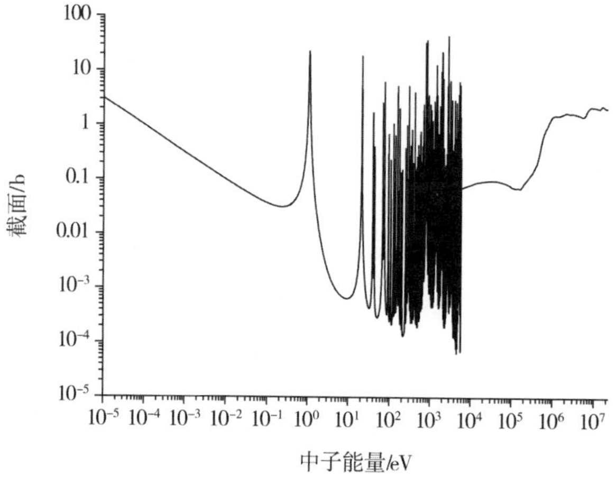

（c）

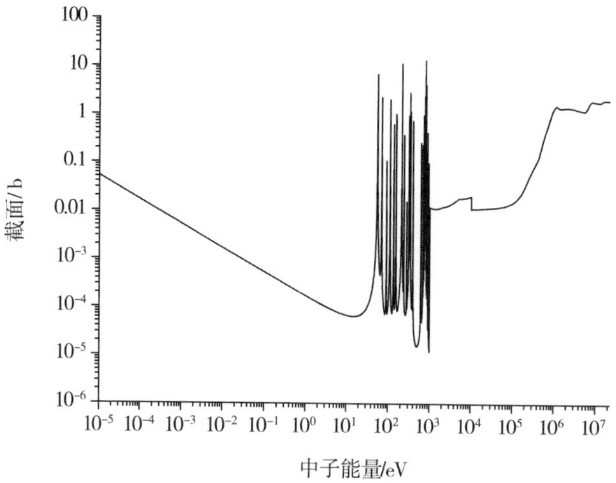

（d）

图 2-8　几种常见裂变核素的裂变截面

(a)^{232}Th 的裂变截面；(b)^{238}U 的裂变截面；(c)^{240}Pu 的裂变截面；(d)^{242}Pu 的裂变截面

如前所述,裂变核素吸收中子后并不是都发生裂变的,有时发生辐射俘获反应。为了定量描述两种核反应所占的概率,通常采用**俘获-裂变比**的概念,即:辐射俘获截面与裂变截面之比,用 α 表示:

$$\alpha(E)=\frac{\sigma_\gamma(E)}{\sigma_f(E)} \tag{2-39}$$

显然,α 与裂变核素和中子能量有关。表 2-1 给出了 ^{235}U 和 ^{239}Pu 的 α 在不同能量下的值。

为了进一步反映某裂变核素产生中子的效率,在俘获-裂变比的基础上,需要进一步引入**有效裂变中子数**这个重要概念,即裂变核素每吸收一个中子后平均裂变产生的中子数,用 η 表示。

表 2-1 不同中子能量下的 α

核素	中子能量	α	核素	中子能量	α
铀-235	热中子	0.17	钚-239	热中子	0.36
	30 eV	0.96		30 eV	0.41
	100 eV	0.51		100 eV	0.02
	1 200 eV	0.64		1 200 eV	3.32
	15 keV	0.34		15 keV	0.64

$$\eta=\frac{\nu\sigma_f}{\sigma_a}=\frac{\nu\sigma_f}{\sigma_f+\sigma_\gamma}=\frac{\nu}{1+\alpha} \tag{2-40}$$

其中,ν 为裂变核素每次裂变产生的平均中子数。由于有效裂变中子数 η 与微观截面有关,所以其也是中子能量的函数。如 ^{235}U 的 η 值与中子能量的关系如图 2-9 所示。

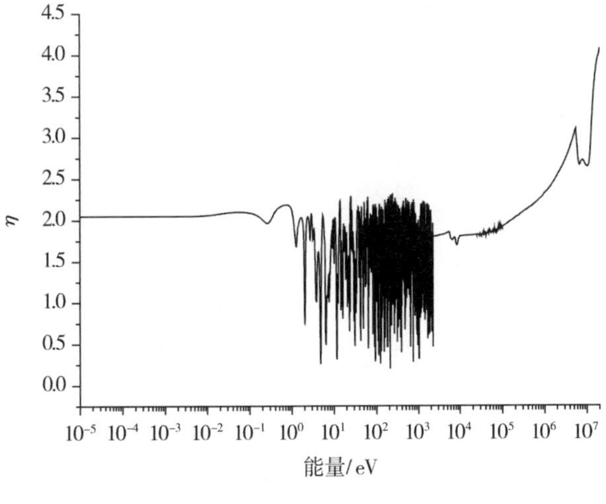

图 2-9 ^{235}U 的 η 和中子能量的关系

2.3.4 核数据库简介

微观截面是核反应堆物理分析的最基础数据,不同能量的中子与不同的核素发生不同的核反应的概率均不相同，所以这些微观截面数据量是庞大的。这些微观截面及其他相关数据一起就构成了核数据库。

随着测量技术和核物理科学的不断发展，核数据信息越来越丰富。核数据库水平在一定程度上反映了一个国家的核技术水平。核数据库在使用前需要进行大量的评价工作，以确保核数据的准确性和适用性。也正是因为这个原因，大多国家愿意公开分享自己的核数据库，接受全世界同行的评价。目前，许多国家都已建立起一套经过评价过的核截面数据库[3]。

目前使用最普遍的核数据库主要有美国的评价数据库 ENDF 和日本的评价数据库 JENDL，近年来中国也发展了自己的评价数据库 CENDL。这些评价数据库包含的内容大体相同，主要包括：

(1)不同能量中子与不同原子核发生不同类型反应的微观截面；

(2)弹性散射和非弹性散射作用后出射中子的角分布概率；

(3)裂变产生的平均中子数及其能量分布；

(4)共振核素在不同稀释截面不同温度下的共振积分等参数；

(5)各种裂变核素的所有裂变产物的产额；

(6)反应中放出的各种核子的能量分布和角分布概率。

2.4 共振现象

对某些核素，当中子的能量恰好能使复合核激发至某一能级时，其与该核素发生某种核反应的概率就会突然变得特别大，从变化曲线上可以看到出现了陡峭的峰，这一现象称为**共振现象**，这个峰叫**共振峰**，与共振峰相对应的中子能量叫**共振能**。如图 2-10 所示，^{238}U 的微观吸收截面在 1 eV～10 keV 之间有许多共振峰。在共振峰处，其截面很大，共振峰之间非常密集。共振根据作用可分为俘获共振、散射共振、裂变共振等。

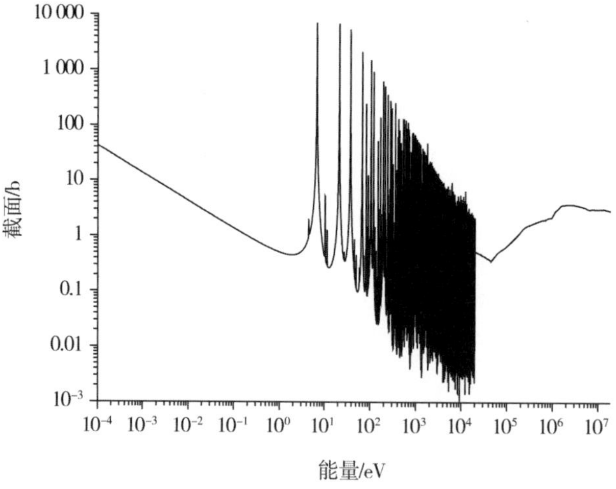

图 2-10 ^{238}U 的吸收截面

严格地讲，中子的动能是指中子与靶核的相对能量。实际上，原子核不会是处于绝对静止的状态,而是处于不停的热运动之中,所以,中子相对于原子核的能量就不等于中子的动能了。以 6.7 eV 处的^{238}U 共振峰为例,若^{238}U 核是绝对静止的,那么 6.7 eV 的中子与^{238}U 核发生吸收作用的概率就会非常大。但是,随着燃料温度的增加,^{238}U 核的能量将会增加,这时 6.7 eV 的中子与^{238}U 核发生吸收作用的概率就会减小,所以 6.7 eV 处^{238}U 的吸收截面峰值将会下降。另一方面,由于靶核的热运动,6.7 eV 的中子与^{238}U 发生吸收反应的概率会增加,所以偏离^{238}U6.7 eV 处共振峰能量的中子吸收概率也会增加,即会使共振峰的宽度展宽而共振峰的峰值降低,如图 2-11 所示,我们把这种现象称为**多普勒展宽效应**。显然多普勒效应对中子的吸收影响很大,所以燃料的多普勒效应对核反应堆的安全起着十分重要的作用。

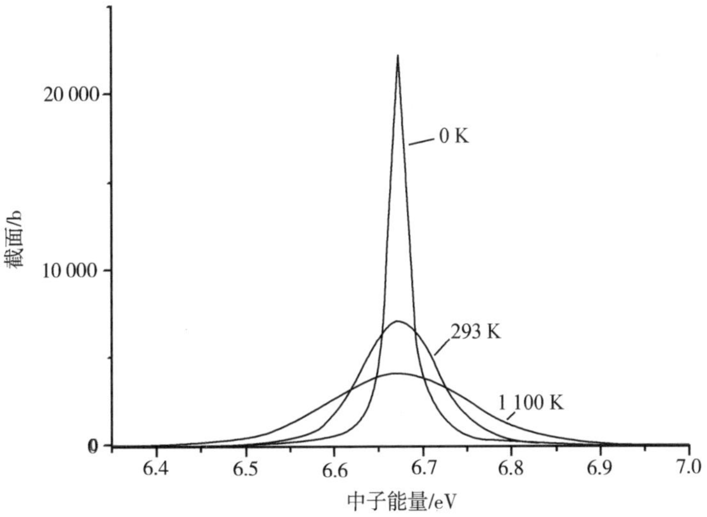

图 2-11 ^{238}U 核在 6.67 eV 处共振吸收截面的多普勒展宽

2.5 原子核裂变过程

由于核裂变过程能释放能量和中子,这才使得核裂变过程可以持续下去,且不断释放能量,可见对一个核反应堆而言,核裂变过程是最重要的核反应过程。

2.5.1 可裂变和易裂变

根据结合能的原理,对于带奇数中子的^{233}U、^{235}U、^{239}Pu 等核素可用任意小能量的中子引发其裂变,它们被称为**易裂变核素**;而对于带偶数中子的^{232}Th 和^{238}U 等核素的裂变反应具有阈能特点,只有快中子才能引起其裂变,它们被称为**可裂变核素**。在常见的裂变核素中(包括易裂变核素和可裂变核素),遗憾的是只有三种(^{232}Th、^{235}U、^{238}U)是天然界存在的。且天然铀中只含有 0.7%的易裂变核素^{235}U,其他的 99.3%为可裂变核素^{238}U。另两种易裂变核(^{233}U、^{239}Pu)可用人工方法制造,生产它们的方法就是使可裂变核^{232}Th 和^{238}U 俘获中子后变成易裂变核,其流程为

$$^{232}_{90}Th+^{1}_{0}n \rightarrow ^{233}_{90}Th \xrightarrow{\beta^- 22\ min} ^{233}_{91}Pa \xrightarrow{\beta^- 27.4\ d} ^{233}_{92}U \xrightarrow{\alpha 1.6\times 10^5\ a}$$

$$^{238}_{92}U+^{1}_{0}n \rightarrow ^{239}_{92}U \xrightarrow{\beta^- 23.5\ min} ^{239}_{93}Np \xrightarrow{\beta^- 2.3\ d} ^{239}_{94}Pu \xrightarrow{\alpha 2.4\times 10^4\ a}$$

由此，^{232}Th 和 ^{238}U 也被称为**可转换核素**。

目前核电厂主要使用的是 ^{235}U 同位素作为核燃料，其存储量非常有限，所以要根本解决裂变能的核燃料问题，必须实现核燃料转换。只有实现了核燃料转化，核能才能称之为可持续能源。

2.5.2 裂变能量的释放

根据结合能公式可以算出，实验上也已测出，^{235}U 裂变一次大约释放 200 MeV 的能量，能量的大致分配方式见表 2-2，可见裂变碎片的动能约占总释放能量的 80%。由于中微子质量很小，几乎为零，所以与任何物质几乎不可能发生作用，所以中微子的 12 MeV 能量是无法利用的。裂变中子与堆内材料发生(n, γ)反应，会释放出 3～12 MeV 的能量，这部分能量可以被利用，所以常常被归入裂变能量。从表 2-2 的能量分布可以看出，可利用的能量大约 97%分配在核燃料芯块内，因此燃料芯块的及时冷却是极其重要的。

表 2-2 ^{235}U 核裂变释放的能量分布[4]

能量形式	能量/MeV
裂变碎片的动能	168
裂变中子的动能	5
瞬发 γ 能量	7
裂变产物 γ 衰变-缓发 γ 能量	7
裂变产物 β 衰变-缓发 β 能量	8
中微子能量	12
合计	207

严格地讲，^{235}U 裂变的能量与引起裂变的中子能量有关，所以每次都不尽相同，具体数值可从核数据库中获取。在一般计算时，可以近似地认为 ^{235}U 每次裂变可利用的能量为 200 MeV。$1\ MeV=1.6\times 10^{-13}\ J$，那么，每次 ^{235}U 裂变释放出的能量等于 $3.2\times 10^{-11}\ J$，所以反过来，1 J 的能量需要 3.12×10^{10} 个 ^{235}U 发生核裂变反应。

从表 2-2 可以看出，每次裂变的衰变能占 4%～5%，这些能量靠裂变碎片的自身衰变产生，不需要中子，所以核反应堆停堆后会继续放出能量。如 ^{235}U 每次裂变的衰变功率与时间的关系可近似为

$$P_d(t)=2.66\times t^{-1.2}\quad \text{MeV/s},\quad t>1\ s \tag{2-41}$$

若用 R_f 表示核反应堆内裂变核反应率，$R_f=\Sigma_f\phi$，如果只考虑热中子引起的 ^{235}U 的裂变，根据 ^{235}U 裂变一次释放 200 MeV 即 3.2×10^{-11} J 的能量，那么核反应堆功率 P(单位为瓦，W)便等于

$$P=\frac{R_f V}{3.12\times 10^{10}}=\frac{\Sigma_f\bar{\phi}V}{3.12\times 10^{10}} \tag{2-42}$$

式中，V 为堆芯的体积，$\bar{\phi}$ 为堆芯的平均热中子注量率，Σ_f 为堆芯的宏观裂变截面。由此也可得堆芯平均热中子注量率为

$$\bar{\phi}=\frac{3.12\times10^{10}P}{V\Sigma_f} \tag{2-43}$$

从式(2-42)可以看出，核反应堆的功率水平与裂变核反应率成正比。在核反应堆的宏观裂变截面为常数时，核反应堆的功率水平与核反应堆内的平均热中子注量率成正比。

随着核反应堆的运行，易裂变材料的原子核密度会不断减小，所以核燃料的宏观裂变截面会不断减小，因此为了保持核反应堆以恒定功率运行，核反应堆内的平均中子注量率必然会增大。

定义核反应堆内单位时间发生的核裂变次数为核反应堆的**总裂变率**，用 F_f 表示，那么由式(2-42)可得 $F_f=3.12\times10^{10}P$。同理，可推出核反应堆的总吸收率为

$$F_a=F_f\frac{\sigma_a}{\sigma_f}=(1+\alpha)F_f=(1+\alpha)3.12\times10^{10}P \tag{2-44}$$

这里，α 为俘获-裂变比，P 为核反应堆功率(W)。根据式(2-44)我们还可以估算出核反应堆每日(1 d=86 400 s)消耗掉的裂变核质量为

$$G=\frac{86\,400\,F_aA}{N_0\times10^3}=4.48\times10^{-12}\times(1+\alpha)P\times A \quad \text{kg/d} \tag{2-45}$$

式中，A 为裂变核的原子量，N_0 为阿伏加德罗常数 6.022×10^{23}。例如对于运行热功率为 1 MW，以^{235}U 为核燃料的核反应堆来讲，每天会消耗掉^{235}U 为 1.23×10^{-3} kg(^{235}U 的 $\alpha=0.169$)。

例题 1：一座核电厂压水堆的热功率为 2 800 MW，电站年负荷因子为 0.85，试估算该电站 1 年(365 天)所消耗的^{235}U 质量。

解：根据年负荷因子的定义

$$f=\frac{1\text{ 年实际的发电量}}{\text{按名义功率计算的发电量}}$$

所以该电站 1 年释放的能量为

$$\begin{aligned}W=P\cdot f\cdot t&=2\,800\times10^6\times0.85\times365\times86\,400\\&=7.506\times10^{16}\text{ J}\end{aligned}$$

需要^{235}U 的裂变核数为

$$N=3.125\times10^{10}\cdot W=2.346\times10^{27}$$

那么消耗掉的^{235}U 质量为

$$m=\frac{(1+\alpha)\cdot N\cdot 235}{N_0\times10^3}=1\,070.6\text{ kg}$$

与裂变能量相比，衰变能同样重要。由于裂变碎片的衰变能量是有一段时间延迟，且不依赖中子，所以核反应堆即使停止运行后，裂变产物的 γ 和 β 衰变将会继续，从而产生衰变热，所以核反应堆需要继续冷却和屏蔽，否则会引发严重的事故。发生在日本的福岛事故就是因为衰变能没有得到有效冷却而导致的堆芯严重烧毁的事故。

例题 2：设某一座核反应堆以 P(W)的裂变功率运行了 T s 后停堆，试求停堆 τ s 时核反应堆的功率。

解：如上所述，1 J 的能量需要 3.12×10^{10} 次^{235}U 核裂变，那么功率 P 发生了 $P\times3.12\times$

10^{10} 次^{235}U 核裂变，根据式(2-41)和图 2-12 所示，该核反应堆停堆 τ s时核反应堆的功率为

$$P_{d}(\tau,T)=\int_{0}^{T}P\times 3.12\times 10^{10}\times 2.66\times (T+\tau-t)^{-1.2}dt$$
$$=4.1\times 10^{11}P[\tau^{-0.2}-(T+\tau)^{-0.2}]\ \text{MeV/s}$$

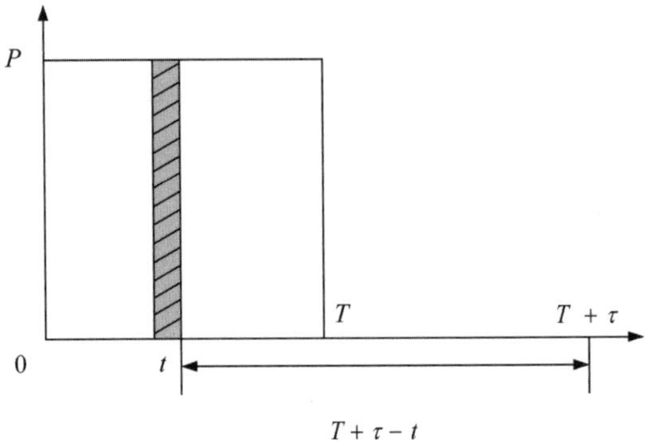

图 2-12　衰变功率计算示意图

2.5.3　裂变碎片与裂变中子

核裂变反应会放出裂变中子，同时自己会变成裂变碎片。绝大多数情况下，一个裂变核会裂变成两个碎片，两个碎片的质量一般是不对等的。如图 2-13 所示为^{235}U 的裂变碎片质量分布情况，可以看出，引起裂变的中子能量不同，其裂变碎片质量也是不同的。热中子引起^{235}U 裂变时，大约有 60 种以上的裂变碎片，也就是说^{235}U 核有 30 种裂变途径。裂变碎片质量数的范围分布在 72～158 之间，两个碎片质量相等的概率只有 0.01%；而两个碎片质量分别为 95 和 139 时概率高达 6%。这些裂变碎片一般都是不稳定的，会发生一系列的衰变反应。

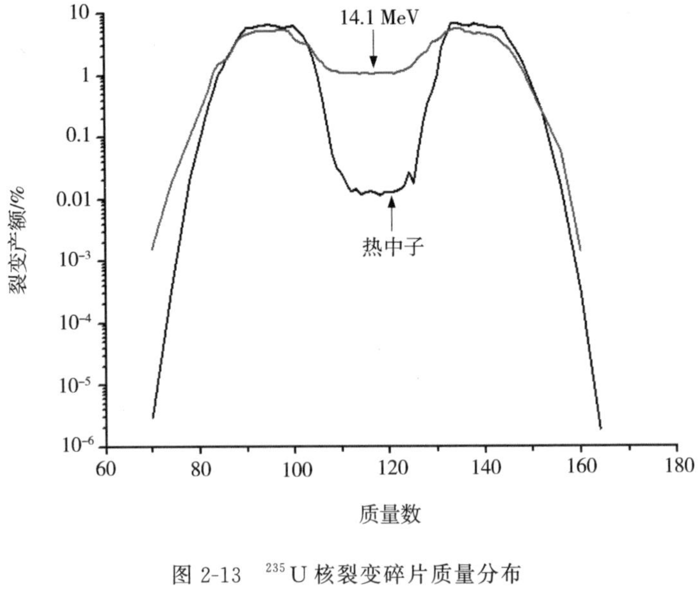

图 2-13　^{235}U 核裂变碎片质量分布

因为裂变方式的不同，每次裂变放出的中子数是不同的。在实际计算中通常采用每次裂变放出的平均中子数，它与引起裂变的中子能量和哪个裂变核有密切关系，一般用 $\nu(E)$ 表示。如 ^{235}U 和 ^{239}Pu 的 $\nu(E)$ 值可由下面的经验式给出

$$\nu_{235}(E)=2.416+0.133E \tag{2-46}$$

$$\nu_{239}(E)=2.862+0.135E \tag{2-47}$$

式中，E 为引起核裂变的中子的能量，单位为兆电子伏(MeV)。实际应用时可从核数据库中获取。

在裂变反应中，有部分中子是在裂变反应的瞬间(约 10^{-14}/s)发射出来的，把这些中子称为**瞬发中子**，它们大约占 99%以上。它们的能量一般较高，大约分布在 0.05～10 MeV 范围内，其平均能量大约为 2 MeV。同时，我们通常近似认为裂变中子是各向同性地发射出来的。

相对于瞬发中子，由于裂变碎片的半衰期不同，其衰变发射出来的中子具有明显的不同时间延迟，故把这些中子称为**缓发中子**，而这些能够产生缓发中子的裂变碎片称为**缓发中子先驱核**。缓发中子的平均能量约为 0.5 MeV，低于瞬发中子的平均能量。由于各个裂变碎片的半衰期是不同的，所以缓发中子的放出时间也是快慢不等的。以 ^{235}U 为例，一般根据半衰期的不同把它们归纳成六组，如表 2-3 所示。

表 2-3　^{235}U 热中子裂变时的缓发中子数据[4]

组	半衰期 T_i/s	能量/keV	产额 β_i	平均寿期 l_i/s
1	54～56	250	0.000 247	78.64
2	21～23	560	0.001 385	31.51
3	5～6	430	0.001 222	8.66
4	1.9～2.3	630	0.002 645	3.22
5	0.5～0.6	420	0.000 832	0.716
6	0.17～0.27		0.000 169	0.258

根据表中的数据，可得出 ^{235}U 缓发中子在全部裂变中子中所占的份额为：$\beta=\sum_i \beta_i=0.0065$，缓发中子的平均寿命为 $\bar{l}=\sum_i \beta_i l_i/\sum_i \beta_i=12.74$ s。虽然缓发中子在裂变中子中所占的份额只有 0.006 5，但由于它的平均寿期相对于瞬发中子而言要长得多，所以它对核反应堆的动力学过程和核反应堆控制有着非常重要的影响。

习　题

1. 名词解释：易裂变核素，可转换核素，核反应率，中子注量率。

2. 在 ^{235}U 的裂变反应所发射的中子中，缓发中子份额为(　)。

3. 密度为 1 000 kg/m^3 的水对于能量为 0.025 3 eV 的中子的宏观吸收截面约为(　)。(已知 H、O 的热中子微观吸收截面分别为 0.332 b 和 0.000 27 b，阿伏加德罗常数为 6.022×10^{23})

4. 某压水堆采用 UO_2 作燃料，其质量富集度（即 ^{235}U 在铀中所占的质量百分比）为 2.43%，密度为 1.0×10^4 kg/m^3；试计算：当中子能量为 0.025 3 eV 时，UO_2 的宏观吸收截面和宏观裂变截面（假设铀只有 ^{235}U 和 ^{238}U，氧均为 ^{16}O）。

5. 为得到 1 kWh 的能量，需要多少质量的 ^{235}U 发生裂变？

6. 有一座小型核电厂，电功率为 150 MW，设电厂的效率（电功率与热功率的比值）为 30%；假设发生裂变的核素为纯 ^{235}U，且每次裂变释放出的能量为 200 MeV，试估算该电厂核反应堆额定功率运行 1 h 所消耗的 ^{235}U 量。

7. 一座电厂的额定电功率 P_e 为 1 000 MW，效率 η_e（电功率与热功率的比值）为 32%，年负荷因子 η（实际年发电量与额定年发电量的比值）为 0.85；(1)若该电厂为核电厂，假设发生裂变的核素为纯 ^{235}U，且每次裂变释放出的能量为 200 MeV，试估算该电厂一年需要消耗多少吨 ^{235}U。(2)若该电厂为火电厂，已知标准煤的发热值为 $Q=29.271$ MJ/kg，试估算该电厂一年需要消耗多少吨标准煤。

8. 在纯水慢化剂中加了一些硼酸 H_3BO_3，使其热中子吸收截面增加了 10%，若已知水的宏观热中子吸收截面为 $\Sigma_{水}=0.022\ 1\ \text{cm}^{-1}$、硼酸的微观热中子吸收截面为 $\sigma_{硼酸}=756$ b 和天然硼的相对原子质量 $A_B=10.82$，试求此时慢化剂中的硼浓度 C_B 为多少 ppm（1 ppm 的硼浓度是指 1 kg 水中含 1 mg 的天然硼）？

9. 为什么裂变碎片一般都带有放射性？

10. 一个典型的商用压水堆新堆中，若在一个短的时间间隔内发射出 10^5 个缓发中子，则在这同一时间内发射出的瞬发中子数大约为多少？

3 核反应堆中子学过程

中子学过程是核反应堆物理分析的核心内容，本章系统介绍了中子从裂变产生、经过慢化、到扩散、再到新一轮裂变的整个过程，以及各个过程中涉及的重要概念。

3.1 链式裂变反应

3.1.1 自持链式裂变反应和临界条件

一个中子与裂变核素引发核裂变反应时，会释放出一定能量和两个以上的中子。这些裂变产生的中子有可能会引发下一个裂变核素的裂变，如果能持续下去，就会形成一个像链条一样的连续反应，如图 3-1 所示，所以称之为**链式裂变反应**。

如果不需要外界的帮助，原子核自己就能把链式裂变反应不断持续下去，就称之为**自持链式裂变反应**。

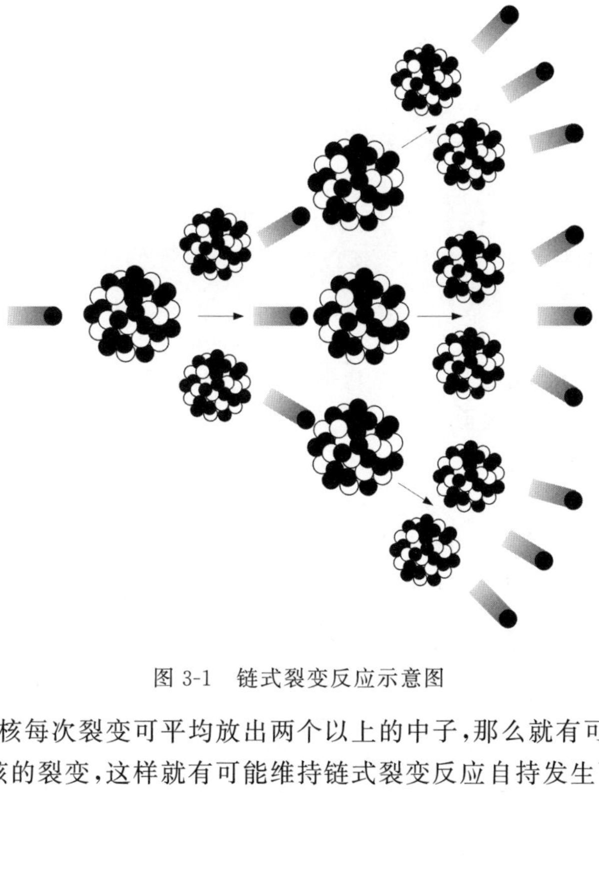

图 3-1 链式裂变反应示意图

一般而言，裂变核每次裂变可平均放出两个以上的中子，那么就有可能保持至少有一个中子去引起下一个核的裂变，这样就有可能维持链式裂变反应自持发生下去。当然，核反应堆中不可能只有裂变核素，肯定含有大量的其他核素，如结构材料、冷却材料、控制材料等，这些材料总会也吸收掉一些中子。另外，核反应堆总是有限大小的，多少会有少量中子从核反应堆中泄漏出去。因此，一个核反应堆能否实现自持链式裂变反应，取决于实际的中子产生率与中子消失率之间的平衡关系，其中中子的消失包括吸收和泄漏两个部分。如果这个过程中，中子的产生率大于或等于中子的消失率，则自持链式裂变反应就可以一直进行下去。

为了能定量地分析能否自持下去，我们把一个系统内新生一代的中子数与产生它们的直属上一代中子数之比定义为**有效增殖系数**，一般用 k_{eff} 表示，有时也简写为 k，即

$$k=\frac{\text{新生一代中子数}}{\text{直属上一代中子数}} \tag{3-1}$$

尽管这个定义非常直观，但并不实用，因为在实际问题中很难确定中子属于哪一代。为此，不妨把核反应堆作为一个系统来考虑中子的平衡关系，从而定义系统的有效增殖系数，即

$$k=\frac{\text{系统内中子的产生率}}{\text{系统内中子的总消失(吸收+泄漏)率}} \tag{3-2}$$

如果核反应堆系统内的中子产生率恰好等于中子的消失率，那么链式裂变反应过程处于稳定状态，即有效增殖系数 k 等于 1，我们称之为**临界**状态。如果核反应堆的有效增殖系数 k 小于 1，那么该系统内的中子产生率就小于中子的消失率，裂变反应会越来越少，我们称之为**次临界**状态。如果核反应堆的有效增殖系数 k 大于 1，那么该系统内的中子产生率就大于中子的消失率，裂变反应会越来越多，我们称之为**超临界**状态。

显然，有效增殖系数 k 与核反应堆的材料成分和结构大小有关。为了分析核反应堆材料特性对有效增殖系数的影响，不考虑核反应堆尺寸对有效增殖系数的影响，不妨假设核反应堆的尺寸为无限大，这时核反应堆就没有中子泄漏了。我们常把无限大核反应堆系统的有效增殖系数特别称为**无限介质增殖系数**，用 k_∞ 表示。根据式(3-2)得

$$k_\infty=\frac{\text{系统内中子的产生率}}{\text{系统内中子的吸收率}} \tag{3-3}$$

当然，核反应堆实际上总是有限的，所以中子的泄漏损失也是不可避免的。为了分析方便，我们定义中子的**不泄漏概率** P_L 为

$$P_\text{L}=\frac{\text{系统内中子的吸收率}}{\text{系统内中子的吸收率}+\text{系统内中子的泄漏率}} \tag{3-4}$$

由于中子是从核反应堆表面泄漏出去的，所以中子不泄漏概率 P_L 的大小主要取决于核反应堆堆芯的大小和几何形状，一般来说，芯部越大，中子不泄漏概率越大。众所周知，在体积一定的情况下，球形的外表面面积最小，所以从理论上讲，如果把核反应堆做成球形，这时中子不泄漏概率最大。不过出于工程上的考虑，动力核反应堆一般都做成圆柱形的。

根据式(3-3)和式(3-4)可知，核反应堆的有效增殖系数满足

$$k=k_\infty P_\text{L} \tag{3-5}$$

从式(3-4)可知，P_L 始终是小于 1 的，所以要使核反应堆维持临界状态，首先必须要求 k_∞ 大于 1。

因此，核反应堆维持自持链式裂变反应的条件是

$$k=k_\infty P_\text{L}=1 \tag{3-6}$$

式(3-6)称为核反应堆的**临界条件**。如果系统的材料组成和布置给定，且其无限介质增殖系数 k_∞ 大于 1，那么，理论上可以通过改变核反应堆芯部的大小或形状，找到一个合适的 P_L，使 $k_\infty P_L$ 恰好等于 1。这时核反应堆的大小称为**临界大小**，所对应的燃料装载量称为**临界质量**。

如果采用高富集度的铀做燃料，这时系统的 k_∞ 必定比较大，所以即使其不泄漏概率小一点，也可以满足临界条件。如果采用低富集度的铀做燃料，这时系统的 k_∞ 必定比较小，可能刚刚大于 1，这时需要精心确定核反应堆的大小，以获得较大的中子不泄漏概率。

在实际应用中经常使用反应性的概念来描述核反应堆的临界状态，所谓反应性就是指核反应堆有效增殖因子偏离临界的相对大小，一般用 ρ 表示，即 $\rho=\frac{k-1}{k}$。显然 $\rho>0$ 时，核反应堆为超临界，$\rho=0$ 时为临界，$\rho<0$ 时为次临界。ρ 一般是很小的值，为了表述方便，一般采用放大的量纲，如 1 pcm$=10^{-5}$，或 1 mk$=10^{-3}$，或 1 \$ $=1\ \beta=0.0065$。

3.1.2 热中子核反应堆内的中子循环

首先我们模拟一代中子的全寿期过程，便于大家更好地理解热中子核反应堆内的中子循环过程，如图 3-2 所示。从图中可以看出，热中子核反应堆内的中子主要经历下列几个过程：

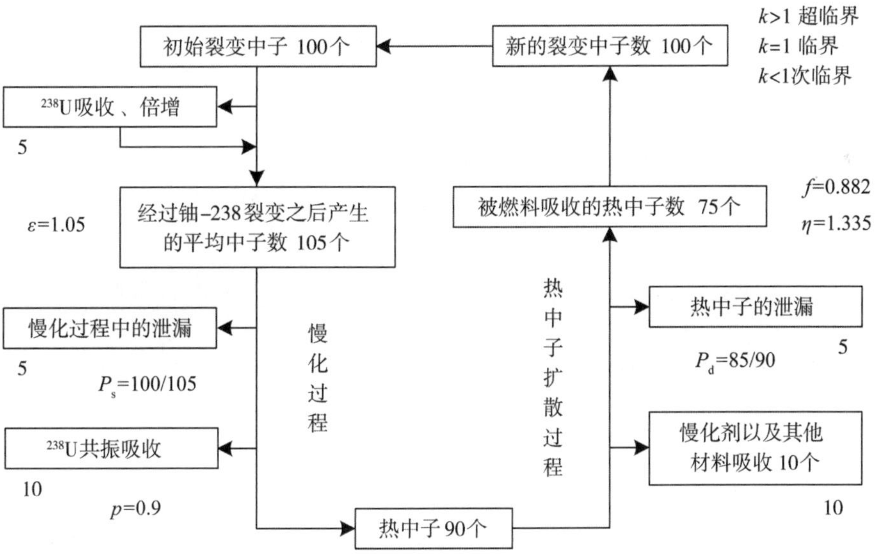

图 3-2 热中子核反应堆内的中子循环

1)^{238}U 的快中子倍增；

2)慢化过程中的泄漏；

3)慢化过程中的共振吸收；

4)热中子扩散过程中的泄漏；

5)非燃料的热中子吸收；

6)燃料吸收热中子引起裂变。

慢化过程是指中子能量不断减少,直至变成热中子的过程。**扩散过程**是指变成热中子后在介质中位置不断变化的过程。核反应堆内中子数目的变化取决于上述五个过程最终竞争的结果。为了定量分析,我们就以上过程,引入相应的概念。

1)**快中子倍增系数**,是指由一个初始裂变中子经过可裂变核素裂变后增加所得到的平均中子数,一般用 ε 表示。由于初始裂变中子的能量都比较高,其中少数中子可能会引起可裂变核素的裂变,从而增殖中子,因此这一过程称为快中子倍增效应。假如某一代起始时有100个初始裂变中子,如图 3-2 所示,有 5 个中子引发^{238}U 裂变,产生 10 个中子,最后得到105 个中子,因而 $\varepsilon=105/100=1.05$。

2)**慢化不泄漏概率**,是指在慢化过程中,没有泄漏到核反应堆外的中子数所占的比例,一般用 P_s 表示。例如图 3-2 中,105 个中子有 5 个在慢化过程中泄漏了,故慢化不泄漏概率 $P_s=100/105=0.952\,4$。

3)**逃脱共振吸收概率**,是指快中子在慢化为热中子之前,没有被共振吸收的中子数所占的比例,一般用 p 表示。当中子处于超热中子区时,很容易引起共振核素(如^{238}U)的共振吸收。例如图 3-2 中,^{238}U 共振吸收了 10 个中子,逃脱了 90 个中子,故逃脱共振吸收概率 $p=90/100=0.9$。

4)**扩散不泄漏概率**,是指在扩散过程中,没有泄漏到核反应堆外的中子数所占的比例,一般用 P_d 表示。例如图 3-2 中,90 个中子有 5 个在扩散过程中泄漏了,故扩散不泄漏概率 $P_d=85/90=0.944\,4$。

5)**热中子利用系数**,是指被核反应堆中所有物质(燃料和非燃料)吸收的热中子中被燃料吸收的热中子数所占比例,一般用 f 表示。即

$$f=\frac{\text{燃料吸收的热中子数}}{\text{被吸收的热中子总数}} \tag{3-7}$$

式(3-7)分母被吸收的热中子总数包括被燃料、冷却剂和结构材料等所有物质吸收的热中子数。

例如图 3-2 中,85 个热中子有 10 个被非燃料吸收,75 个被燃料吸收,故 $f=75/85=0.882\,4$。

6)**有效裂变中子数**,是指核裂变燃料每吸收一个中子所产生的平均裂变中子数,一般用 η 表示。即

$$\eta=\frac{\nu\Sigma_f}{\Sigma_a} \tag{3-8}$$

式中,ν 为每次裂变所产生的平均裂变中子数,Σ_a、Σ_f 分别为燃料的热中子宏观吸收截面和宏观裂变截面。例如图 3-2 中,只有选择合适的核反应堆燃料,使得其 $\eta=100/75=1.333\,3$,这时核反应堆裂变产生的新一代中子数才刚好为 100,这样核反应堆就处于临界状态。

不难看出,中子分别在慢化过程和扩散过程中两个不泄漏概率的乘积就是整个系统的中子不泄漏概率 P_L。

$$P_L=P_sP_d \tag{3-9}$$

所以图 3-2 中的 $P_L=0.952\,4\times0.944\,4=0.899\,5$。

有了上述六个概念之后,下面我们用符号代替前面的数字再进行一次分析,即假设在初

始时有 n 个裂变中子，在 n 个中子被慢化之前，由于可裂变核 ^{238}U 的快中子裂变，中子数目将增加到 $n\varepsilon$ 个。这些中子继续慢化，在慢化过程中没有泄漏的中子数为 $n\varepsilon P_s$。在成为热中子之前，由于超热中子与共振核 ^{238}U 会发生共振吸收掉一部分中子，所以只有 $n\varepsilon P_s p$ 个中子能够逃脱 ^{238}U 共振吸收而慢化成热中子。热中子在扩散过程中，由于泄漏，能用于吸收的热中子数目将有 $n\varepsilon p P_s P_d$ 个。其中被燃料所吸收的热中子数目应为 $n\varepsilon p f P_s P_d$ 个。被燃料吸收的热中子将通过裂变产生新的裂变中子，因而新产生的裂变中子数目等于 $n\varepsilon p f \eta P_s P_d$。

根据式(3-1)和式(3-9)，便可得出

$$k=\frac{n\varepsilon p\eta f P_s P_d}{n}=k_\infty P_L \tag{3-10}$$

由此得出

$$k_\infty=\varepsilon p f \eta \tag{3-11}$$

式(3-11)就是著名的**四因子公式**。世界上的第一座核反应堆就是利用这个模型进行核反应堆设计计算的。

3.2　中子的慢化过程

3.2.1　弹性散射过程动力学

中子与慢化剂原子核的弹性散射是产生热中子的主要途径。由于中子的慢化过程主要发生在超热中子和快中子区，中子的能量比较大，所以不考虑靶核的热化运动的影响，近似认为慢化剂原子核处于静止自由状态。

中子与慢化剂原子核的散射既然属于弹性散射，就可用经典的力学方法来分析。为了分析方便，需要建立两个坐标系：一个实验室坐标系，如图 3-3 中 L 系，另一个是质心坐标系，如图 3-3 中 C 系。在这两个坐标系内，中子与慢化剂原子核散射前后的情况如图 3-4 所示[4]。

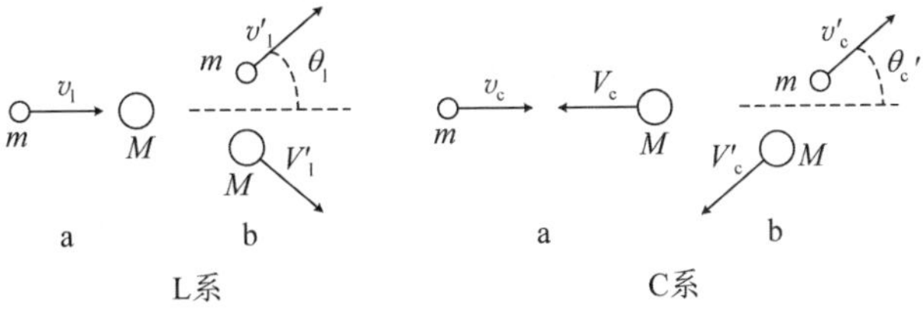

图 3-3　在 L 系和 C 系内中子与慢化剂原子核的弹性散射过程

注：a-碰撞前，b-碰撞后

图 3-3 中，v_c、V_c 分别表示质心系内碰撞前中子和原子核的速度，v_l、V_l 分别表示实验室系内碰撞前中子和原子核的速度，v_c'、V_c'分别表示质心系内碰撞后中子和原子核的速度，v_l'、V_l'分别表示实验室系内碰撞后中子和原子核在的速度，m、M 分别表示中子和慢化剂原子核的质量。

根据系统的动量守恒和动能守恒规律，可求得中子在 L 系内碰撞后的能量 E'为：

$$E'=\frac{1}{2}[(1+\alpha)+(1-\alpha)\cos\theta_c]E \tag{3-12}$$

这里

$$\alpha=\left(\frac{A-1}{A+1}\right)^2 \tag{3-13}$$

式中,$A=M/m$,它近似等于慢化剂原子核的质量数,E 为中子在 L 系内碰撞前的能量,θ_c 为中子在 C 系内的散射角。

同理可求得中子碰撞后 L 系内的散射角 θ_1 的余弦 $\cos\theta_1$ 为

$$\cos\theta_1=\frac{1}{2}\left[(A+1)\sqrt{\frac{E'}{E}}-(A-1)\sqrt{\frac{E'}{E'}}\right] \tag{3-14}$$

由式(3-12)可以得出两个极端情形:

1)$\theta_c=0$ 时,$E'\rightarrow E'_{max}=E$,此时中子没有能量损失;

2)$\theta_c=180$ 时,$E'\rightarrow E'_{min}=\alpha E$。

因而,中子在一次碰撞中可能的最大能量损失为:

$$\Delta E_{max}=(1-\alpha)E \tag{3-15}$$

即中子与慢化剂原子核弹性碰撞后不可能出现 $E'<\alpha E$ 的中子,即 $E'\in[\alpha E,E]$。

中子在一次碰撞中可能损失的最大能量与慢化剂原子核的质量数有关。假如中子与氢核碰撞,这时 $A=1$,则 $\alpha=0$,那么 $\Delta E_{max}=E$,这说明中子在一次碰撞中有可能损失掉其全部能量。但中子与^{238}U 核碰撞时,中子可损失的最大能量很小,大约为碰撞前中子能量的 2%。可见,为了更有效地慢化中子,宜选择较轻的核素作为慢化剂。

从式(3-12)可以看出,中子散射后的能量与 C 系里的散射角 θ_c 有着对应的关系。因此碰撞后中子能量在 E'附近 dE'内的概率 $f(E\rightarrow E')dE'$应等于中子散射角在 θ_c 附近 $d\theta_c$ 内的概率。即

$$f(E\rightarrow E')dE'=f(\theta_c)d\theta_c \tag{3-16}$$

这里 $f(E\rightarrow E')$称为**散射函数**。

实验证明:针对核反应堆能量的中子,在 C 系内,中子与原子核的散射是各向同性的,即按立体角的分布是均匀的。所以

$$f(\theta_c)d\theta_c=\frac{d\Omega_c}{4\pi}=\frac{1}{4\pi}\int_{\varphi=0}^{\varphi=2\pi}\sin\theta_c d\theta_c d\varphi=\frac{1}{2}\sin\theta_c d\theta_c \tag{3-17}$$

由式(3-12)得

$$\frac{d\theta_c}{dE}=-\frac{2}{E(1-\alpha)\sin\theta_c} \tag{3-18}$$

将式(3-17)和式(3-18)代入式(3-16)便得到

$$f(E\rightarrow E')dE'=-\frac{dE'}{(1-\alpha)E},\alpha E\leqslant E'\leqslant E \tag{3-19}$$

也就是说,碰撞前中子能量为 E,碰撞后中子能量落在 E 和 αE 之间任一能量 E'处的概率与碰撞后能量 E'大小无关,故等于常数。或者说,散射后的能量在 E 和 αE 之间分布是均匀的。不难证明:

$$\int_E^{\alpha E} f(E\rightarrow E')dE'=1 \tag{3-20}$$

3.2.2 平均对数能降增量和平均散射角余弦

^{235}U 裂变中子的平均能量大约为 2 MeV,慢化后的热中子能量大约为 1 eV。可见中子能量的变化范围很宽,我们通常用一种无量纲的量来描述,会给分析带来很大的方便。这就是**对数能降**,它定义为

$$u=\ln\frac{E_0}{E} \tag{3-21}$$

式中,E_0 为选定的参考能量,可取为裂变中子的平均能量 $E_0=2$ MeV,也可取为裂变中子的上限能量 $E_0=10$ MeV。这样当 $E=E_0$ 时,$u=0$,由 u 的定义可知,随着中子能量的减少,中子的对数能降会增加。

这样,前面利用能量分析的结论就可以换用对数能降来描述。中子发生一次碰撞后对数能降的增加量 Δu 为

$$\Delta u=u'-u=\ln\frac{E_0}{E'}-\ln\frac{E_0}{E}=\ln\frac{E}{E'} \tag{3-22}$$

式中,u 和 u' 分别为碰撞前和碰撞后的对数能降。

中子每次碰撞后的对数能降增量是不同的,根据碰撞后能量散射函数,可得到中子碰撞后的**平均对数能降增量** ξ 为

$$\xi=\overline{\Delta u}=\overline{\ln\frac{E_0}{E'}-\ln\frac{E_0}{E}}=\overline{\ln\frac{E}{E'}}=1-\frac{(A-1)^2}{2A}\ln\left(\frac{A+1}{A-1}\right) \tag{3-23}$$

对质量数 $A>10$ 的靶核可采用下列近似式来计算 ξ

$$\xi\approx\frac{2}{A+\frac{2}{3}} \tag{3-24}$$

由此可知,平均对数能降增量 ξ 只和原子核的质量数 A 有关,反而与中子的能量无关,属于原子核素的固有属性。各核素的 ξ 值可从核数据库获得。

利用平均对数能降增量可以容易地求出中子从某能量 E_1 慢化到另一能量 E_2 所需要的平均碰撞次数。N_c 为

$$N_c=\frac{\ln\frac{E_0}{E_2}-\ln\frac{E_0}{E_1}}{\xi}=\frac{1}{\xi}\ln\frac{E_1}{E_2} \tag{3-25}$$

例题 3:欲使 2×10^6 eV 能量的中子慢化到 0.025 3 eV,试求分别与氢核、石墨核^{238}U 核所需的平均碰撞次数。

解:中子从 2×10^6 eV 到 0.025 3 eV 的对数能降增量为

$$\Delta u=\ln\frac{E_1}{E_2}=18.185\ 6$$

由附录查得 3 种核的平均对数能降分别为

$$\xi_H=1,\xi_C=0.158,\xi_U=0.008\ 4$$

利用式(3-25)得

$$N_{C,H}=18,N_{c,C}=115,N_{c,U}=21\ 264$$

可见，中子与轻核还是重核碰撞，所需的碰撞次数是有很大差异的，该例题的结果说明，选用轻核作为核反应堆慢化剂会更有效。

设中子与原子核发生弹性散射后的散射角为 θ，称 $\cos\theta$ 为**散射角的余弦**。在质心系中，中子的散射总是各向同性的，因此，质心系内中子的平均散射角余弦 $\bar{\mu}_c$ 一定为零。而在 L 系中的平均散射角余弦 $\bar{\mu}_0$ 经过计算为

$$\bar{\mu}_0=\frac{2}{3A} \tag{3-26}$$

可见，一个原子核的平均散射角余弦值也是它的固有属性，与碰撞中子的能量大小无关。$\bar{\mu}_0\neq0$ 表明中子在 L 系中的散射是各向异性的。且 $\bar{\mu}_0>0$ 进一步表明中子在 L 系中散射后沿着它原来运动方向运动的概率比向后反弹的概率要大，$\bar{\mu}_0$ 数值的越大表明中子的散射各向异性越强。

另外从式(3-26)还可以得出结论：L 系中的平均散射角余弦 $\bar{\mu}_0$ 随着靶核质量数增大而减小，即靶核的质量数越大，中子散射后各向异性特征就越弱，相反，靶核的质量数越小，中子散射后各向异性特征就越强；当 $A\to\infty$ 时，$\bar{\mu}_0\to0$，这时 L 系中散射也就趋于各向同性了。

3.2.3　慢化剂的选择

在热中子核反应堆中把用于降低中子能量的材料称为**慢化剂**，选择什么样的材料作为慢化剂更有利于产生尽量多的热中子，对热中子核反应堆设计而言是极其重要的。为了便于定量分析慢化剂的好坏，首先引入两个基本概念。

从式(3-25)碰撞次数计算公式来看，中子跟原子核发生散射碰撞时，碰撞核的平均对数能降增量 ξ 值越大，中子能量的慢化越有效。当然，中子与原子核发生散射碰撞的概率也要大，否则 ξ 再大也没有慢化效果。因此通常要求慢化剂既要有较大的宏观散射截面 Σ_s，又要有较大的平均对数能降增量 ξ，即它们之间的乘积 $\xi\Sigma_s$ 越大，中子的慢化就越有效，所以通常把 $\xi\Sigma_s$ 称之为**慢化能力**。表 3-1 列出了常用四种慢化剂的慢化能力。

如果慢化剂具有很强的慢化能力，但同时具有较大的热中子吸收截面，对于热中子核反应堆而言显然也是不可取的。因此，对于慢化剂而言，既需要具有较大的慢化能力，还需要具有较小的热中子吸收截面，即 $\xi\Sigma_s/\Sigma_a$ 这个值要尽量大，我们把它称为**慢化比**。表 3-1 也列出了常用四种慢化剂的慢化比。

表 3-1　四种慢化剂的慢化能力和慢化比

慢化剂	慢化能力 $\xi\Sigma_s/\text{cm}^{-1}$	热中子吸收截面 Σ_a/cm^{-1}	慢化比 $\xi\Sigma_s/\Sigma_a$
重水	0.55	0.000 040 3	5 717
石墨	0.06	0.000 3	234
铍	0.21	0.001 1	156
轻水	2.06	0.022 4	92

从表 3-1 可以看出，轻水的慢化能力最大，但其热中子吸收截面也最大，导致其慢化比最小。重水的慢化能力并不大，但其热中子吸收截面非常小，导致其慢化比非常大。但轻水

的价格很便宜，工程使用起来也很方便，所以综合考虑后，热中子核反应堆一般选择轻水作为慢化剂。为了抵消轻水的热中子吸收缺陷，这时需要选择富集铀作为热中子核反应堆的燃料。重水的价格比较昂贵，工程使用也较复杂，所以一般不采用。当然如果采用重水作为慢化剂，由于其热中子的吸收很小，这时可以采用天然铀作为核燃料。天然铀的成本显然要比富集铀的成本低，因此，整个核反应堆系统的经济性需要综合考虑慢化剂和核燃料的因素。

石墨一般用于早期的核反应堆或实验堆，铍一般用于实验堆。

当然，慢化剂的选择还需要考虑化学性能、热力性能、技术成熟度等因素。

3.3　中子的扩散过程

3.3.1　中子扩散规律

中子慢化为热中子后，其能量就很小了。在热中子范围内，需要更加关注的是热中子在介质中的空间运动规律。为了简明介绍中子的扩散规律，不妨考虑无限均匀介质的稳态情况。

如图 3-4 所示，我们分析自 x-y 平面上方向下穿过 dA 的中子数。设自上而下穿过单位面积的中子数为 J_z^-，那么自 x-y 平面上方向下穿过 dA 的中子数为 $J_z^-\mathrm{d}A$。单位时间内沿着某一方向穿过单位面积的中子数称为**中子流密度**，一般用 J 表示，是矢量。

为了计算中子流密度，不妨选取一小体积元 dv（如图 3-4 所示）。

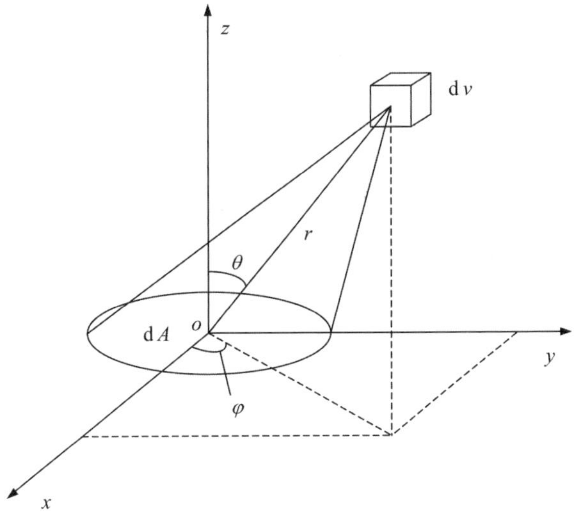

图 3-4　中子扩散分析示意图

在 dv 中，单位时间内发生散射的中子数为 $\Sigma_s\phi(r)\mathrm{d}v$，假设中子的散射是各向同性的，d$A$ 立体角所占总立体角的份额为 $\frac{\cos\theta\mathrm{d}A}{4\pi r^2}$，那么单位时间内在 d$v$ 中发生散射后飞向 dA 的中子数为 $\Sigma_s\phi(r)\frac{\cos\theta\mathrm{d}A\,\mathrm{d}v}{4\pi r^2}$。但这些中子未必能到达 d$A$，根据式(2-17)知，实际能到达 d$A$

的概率为 $e^{-\Sigma_t r}$，因此单位时间内在 dv 中发生散射后能达到 dA 的中子数为 $\Sigma_s\phi(r)e^{-\Sigma_t r}\dfrac{\cos\theta dA dv}{4\pi r^2}$。假设介质为弱吸收，即 $\Sigma_a \ll \Sigma_s$，那么单位时间内在 dv 中发生散射后能达到 dA 的中子数近似为 $\Sigma_s\phi(r)e^{-\Sigma_s r}\dfrac{\cos\theta dA dv}{4\pi r^2}$。把 dv 沿着整个上半平面进行体积分，就可得到自 x-y 平面上方向下穿过 dA 的中子数为

$$J_z^- dA = \frac{\Sigma_s dA}{4\pi}\int_0^{2\pi}\int_0^{\pi/2}\int_0^{\infty}\phi(r)e^{-\Sigma_s r}\cos\theta\sin\theta dr d\theta d\varphi \tag{3-27}$$

假设中子注量率变化是缓慢的，那么引入一阶泰勒展开

$$\phi(x,y,z)=\phi_0+x\left(\frac{\partial\phi}{\partial x}\right)_0+y\left(\frac{\partial\phi}{\partial y}\right)_0+z\left(\frac{\partial\phi}{\partial z}\right)_0 \tag{3-28}$$

根据直角坐标系和球坐标系的关系，$x=r\sin\theta\cos\varphi$，$y=r\sin\theta\sin\varphi$，$z=r\cos\theta$，加上 $\cos\varphi$ 和 $\sin\phi$ 在 $0\sim2\pi$ 的积分为零，得到沿负 z 方向的中子流密度为

$$\begin{aligned} J_z^- &= \frac{\Sigma_s}{4\pi}\int_0^{2\pi}\int_0^{\pi/2}\int_0^{\infty}e^{-\Sigma_s r}\left[\phi_0+\left(\frac{\partial\phi}{\partial z}\right)_0 r\cos\theta\right]\cos\theta\sin\theta dr d\theta d\varphi \\ &= \frac{\phi_0}{4}+\frac{1}{6\Sigma_s}\left(\frac{\partial\phi}{\partial z}\right)_0 \end{aligned} \tag{3-29}$$

同理可得，沿正 z 方向的中子流密度为

$$J_z^+ = \frac{\phi_0}{4}-\frac{1}{6\Sigma_s}\left(\frac{\partial\phi}{\partial z}\right)_0 \tag{3-30}$$

定义 z 方向净中子流密度为 $J_z=J_z^+-J_z^-$，可见其默认方向为正 z 方向。代入得

$$J_z=-\frac{\lambda_s}{3}\left(\frac{\partial\phi}{\partial z}\right)_0 \tag{3-31}$$

同理可得

$$J_x=-\frac{\lambda_s}{3}\left(\frac{\partial\phi}{\partial x}\right)_0 \tag{3-32}$$

$$J_y=-\frac{\lambda_s}{3}\left(\frac{\partial\phi}{\partial y}\right)_0 \tag{3-33}$$

定义中子流密度 $\boldsymbol{J}$ 为 (J_x, J_y, J_z) 构成的向量，那么

$$\boldsymbol{J}=-\frac{\lambda_s}{3}\left(\frac{\partial\phi}{\partial x},\frac{\partial\phi}{\partial y},\frac{\partial\phi}{\partial z}\right)=-\frac{\lambda_s}{3}\mathrm{grad}\phi \tag{3-34}$$

将其中 $\dfrac{\lambda_s}{3}$ 定义为**扩散系数**，用 D 表示。那么

$$\boldsymbol{J}=-D\,\mathrm{grad}\phi \tag{3-35}$$

式(3-36)就被称为**斐克定律**，因为它描述了中子扩散满足粒子扩散斐克定律的两个最基本特征：中子总是从浓度高的地方向浓度低的地方扩散，扩散的速率与中子浓度变化的梯度成正比。

如我们分析一维问题，如图 3-5 所示。在 $x=0$ 位置处，中子注量率 $\phi(x)$ 的梯度为负值，应用式(3-35)得中子流密度为正值，即中子沿正 x 方向从浓度高的地方向浓度低的地方扩散。单位时间内穿过单位面积的中子数与 $\dfrac{\partial\phi}{\partial x}$ 成正比，即与中子浓度变化成正比。

现在讨论任意平面情况，设其法线方向为 $\boldsymbol{n}$，那么穿过该平面的中子流密度为

$$J=\boldsymbol{J}\cdot\boldsymbol{n} \tag{3-36}$$

回顾一下，我们在推导斐克定律过程中共进行了四个假设：

1）介质是无限均匀的；

2）在实验室坐标系中散射是各向同性的；

3）介质是弱吸收的；

4）中子注量率分布变化是缓慢的。

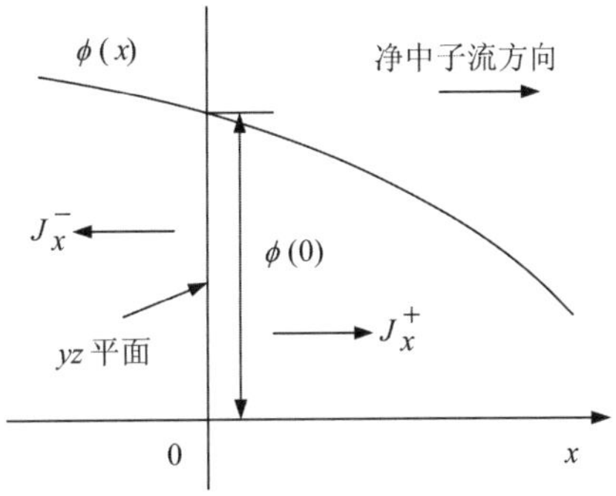

图 3-5 一维情况下的中子扩散示意图

这四个假设都是缺一不可的，对于一般核反应堆问题也是基本成立的，对于严重不成立的位置，可能会有较大误差，一般在工程应用中可采用各种技巧予以修正。如对于假设 2)，一般采用修正的扩散系数，即

$$D=\frac{\lambda_{\mathrm{tr}}}{3} \tag{3-37}$$

其中，$\lambda_{\mathrm{tr}}=\dfrac{\lambda_s}{1-\overline{\mu_0}}$ 为输运平均自由程，$\overline{\mu_0}$ 为平均散射角余弦。显然，散射为各向同性时，$\lambda_{\mathrm{tr}}=\lambda_s$。

3.3.2 单能中子扩散方程

假设不考虑中子能量的变化，或者假设中子以某一平均能量在介质中扩散，下面我们来分析中子注量率分布 $\phi(t,r)$ 是怎样的。在某一介质中选取一立方体进行分析，如图 3-6 所示。

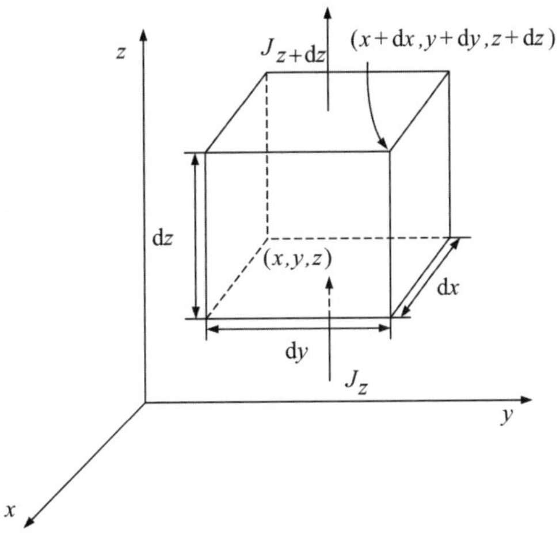

图 3-6 中子数守恒分析示意图

根据中子数守恒原则，即在给定体积内，单位时间内中子数的增加率等于该体积内中子的产生率减去中子的消失率。中子的消失包括该体积内中子的吸收和逃离该体积的中子的泄漏。假设中子密度为 $n(t,r)$，中子的平均速度为 v，该体积内中子的产生率为 S，吸收率为 A，泄漏率为 L，那么得到该体积内的中子守恒方程

$$\frac{\partial n(t,r)}{\partial t}=\frac{1}{v}\frac{\partial \phi(t,r)}{\partial t}=S-A-L \tag{3-38}$$

首先,我们来分析中子的泄漏率 L 项。该体积内中子的泄漏是通过三个方向的六个面泄漏出去的,不妨选择分析 z 方向的两个表面的泄漏率。根据斐克定律知,单位时间单位面积进入底面的净中子数为 J_z,单位时间单位面积流出顶面的净中子数为 J_{z+dz}。注意,由于中子流密度是矢量,如果其数值是负,说明中子沿相反方向流动。那么沿 z 方向的两个面泄漏出去的中子数为

$$\begin{aligned}(J_{z+dz}-J_z)\mathrm{d}x\mathrm{d}y &=\left(-D\frac{\partial \phi}{\partial z}\bigg|_{z+dz}+D\frac{\partial \phi}{\partial z}\bigg|_{z}\right)\mathrm{d}x\mathrm{d}y \\ &=-\frac{\partial}{\partial z}\left(D\frac{\partial \phi}{\partial z}\right)\mathrm{d}v \\ &=-D\frac{\partial^2 \phi}{\partial z^2}\mathrm{d}v\end{aligned} \tag{3-39}$$

同理可得出 x 方向和 y 方向从 $\mathrm{d}v$ 内泄漏出去的中子数,那么单位时间单位体积内泄漏出去的中子数 L 为

$$L=-D\left(\frac{\partial^2 \phi}{\partial x^2}+\frac{\partial^2 \phi}{\partial y^2}+\frac{\partial^2 \phi}{\partial z^2}\right)=-D\,\nabla^2\phi \tag{3-40}$$

根据核反应率定义知,单位时间单位体积内吸收率 A 为

$$A=\Sigma_a\phi \tag{3-41}$$

将式(3-40)、式(3-41)代入式(3-38)得中子扩散方程为

$$\frac{1}{v}\frac{\partial \phi(t,r)}{\partial t}=S-\Sigma_a\phi+D\,\nabla^2\phi \tag{3-42}$$

如果在稳态情况下,即中子注量率不随时间变化,那么得稳态中子扩散方程:

$$D\,\nabla^2\phi(r)-\Sigma_a\phi(r)+S(r)=0 \tag{3-43}$$

这是一个典型的非齐次椭圆型偏微分方程,求解这个中子扩散方程就能得到稳态时中子注量率分布 $\phi(r)$。在别的坐标系下,同理可以推出单能中子扩散方程,其形式与式(3-43)完全相同,不同的是拉普拉斯算子∇^2的表达式不同:

圆柱坐标系:$\nabla^2=\frac{\partial^2}{\partial r^2}+\frac{1}{r}\frac{\partial}{\partial r}+\frac{1}{r^2}\frac{\partial^2}{\partial \theta^2}+\frac{\partial^2}{\partial z^2}$

球坐标系:$\nabla^2=\frac{\partial^2}{\partial r^2}+\frac{2}{r}\frac{\partial}{\partial r}+\frac{1}{r^2}\frac{\partial^2}{\partial \theta^2}+\frac{1}{r^2}\cos\theta\frac{\partial}{\partial \theta}+\frac{1}{r^2\sin^2\theta}\frac{\partial^2}{\partial \varphi^2}$

3.3.3　边界条件

前节建立了单能中子扩散方程,通过求解这个方程可获得稳态下中子注量率在空间的分布。但要求解这个偏微分方程,必须提供边界条件。

首先,在求解区域内,中子注量率 $\phi(r)$必须为有限正值。这个条件一般被用于无限区域或含有奇点的区域,以确保方程的解是有意义的。

其次,当求解区域含有不同介质时,那么在不同介质的交界面上,要保持中子注量率连续、中子流密度连续。如图 3-7 所示,在两种介质 A 和 B 的交界面Γ处,满足:

$$D_A \frac{\partial \phi_A}{\partial x}\bigg|_\Gamma = D_B \frac{\partial \phi_B}{\partial x}\bigg|_\Gamma \tag{3-44}$$

$$\phi_A|_\Gamma = \phi_B|_\Gamma \tag{3-45}$$

再次，当求解区域边界外侧为真空(即没有介质)时，由于中子离开区域后就无法再返回，所以在该边界处入射中子流密度应该为零，如图 3-8 所示，即

$$J_x^-|_{x=0} = 0 \tag{3-46}$$

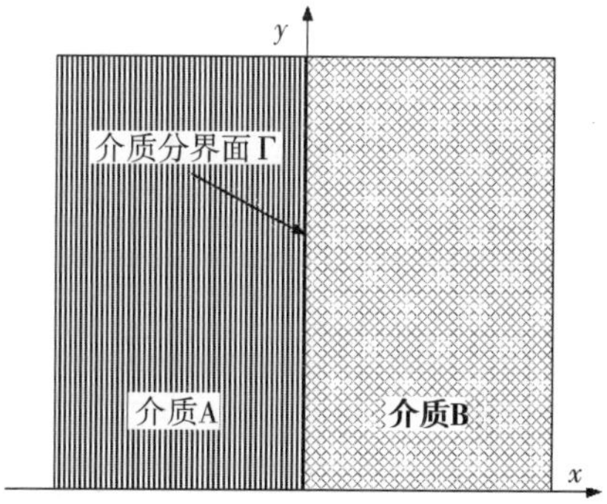

图 3-7　不同介质的交界面

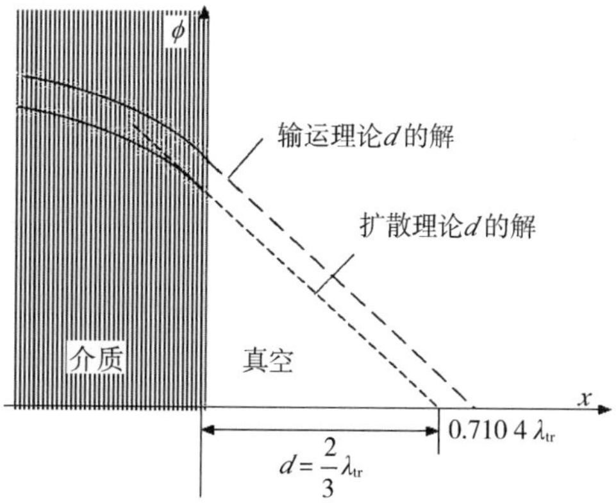

图 3-8　真空边界条件

应用式(3-29)得

$$\frac{\phi_0}{4} + \frac{\lambda_{tr}}{6}\frac{d\phi}{dx}\bigg|_{x=0} = 0 \tag{3-47}$$

那么

$$\frac{d\phi}{dx}\bigg|_{x=0} = -\frac{3}{2}\frac{\phi_0}{\lambda_{tr}} = -\frac{\phi_0}{\frac{2}{3}\lambda_{tr}} \tag{3-48}$$

由此可以看出，$\phi(x)$在 $x=0$ 处的切线与 x 轴的交点 $d=\frac{2}{3}\lambda_{tr}$。假设把中子注量率按切线外推，那么中子注量率在 d 处就应该为零。因此，我们把这个 d 称为**外推距离**。这样就可以把边界条件式(3-46)改成

$$\phi(x)|_{x=d} = 0 \tag{3-49}$$

从数学上讲，把第三类边界条件式(3-46)换成了第一类边界条件式(3-49)，给方程的求解带来了极大的方便。当然，事实上核反应堆中子在真空边界处并不严格符合切线外推的规律，但按照严格的中子输运理论分析得知，只需将外推距离取成 $d=0.710\ 4\lambda_{tr}$，就可以达到很高的精度了。因此，在实际应用中，真空边界条件式(3-49)广泛被采用。

在求解核反应堆实际问题时，有时并不关心反射层内的中子注量率分布，只关心活性区的中子注量率，这样就可以不把反射层区域作为求解区域，可大大节省计算时间，那么在活性区边界处就必须给出边界条件。由于中子逸出活性区到达反射层区域后，如图 3-9 所示，有部分中子会反射回来，这样，这里的边界条件就可表达为

$$J^{-x}|_\Gamma = \beta J^{+x}|_\Gamma \tag{3-50}$$

其中 β 称为**反照率**。

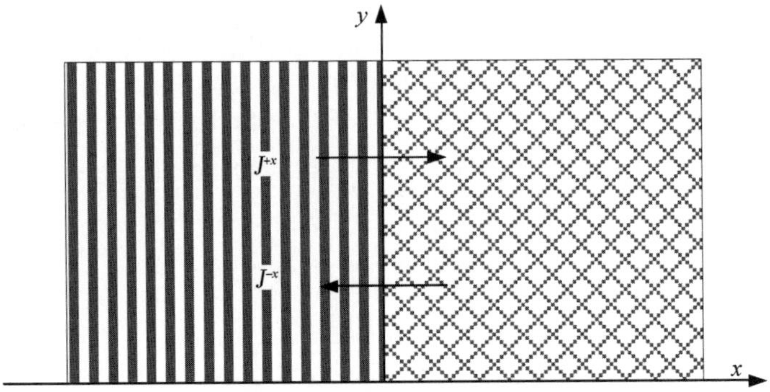

图 3-9　反照率边界条件

事实上，由于核反应堆的反射层在不同位置处是不严格相同的，各位置处的反照率 β 也应该是不同的，如通过数值计算获得 β 也是很复杂的，所以一般根据经验和数值分析结果获得近似的 β。

3.3.4　扩散方程的适用范围

前面基于斐克定律建立了单能中子扩散方程，而斐克定律的获得是基于四个基本假设的，所以，中子扩散方程在不满足四个假设的范围内是不适用的，或者说使用后会带来较大误差。因此，针对核反应堆问题，中子扩散方程应用于以下区域时要予以注意：

1）距核反应堆外表面几个自由程内区域，因离真空边界太近，不满足无限均匀的假设，所以不适用；

2）在强吸收体附近几个自由程内，因不满足弱吸收的假设，所以不适用；

3）距中子源几个自由程内，因不满足中子注量率变化缓慢的假设，所以不适用。

针对散射为各向同性的假设，前面已经针对扩散系数 D 进行了各向异性修正，所以一般都适用，不过，对散射强各向异性问题，应用时可能会带来较大误差。由于以上范围内中子扩散会带来较大误差，在实际应用中一般都采用降低误差的技巧，实践证明可以达到很高的计算精度，所以，至今中子扩散方程仍然在广泛应用中，并发挥着重要作用。

3.4　中子扩散长度、慢化长度和徙动长度

3.4.1　中子扩散长度

假设考察的区域没有中子产生项 S，那么方程(3-43)变成一个齐次偏微分方程

$$D\nabla^2\phi(r)-\Sigma_a\phi(r)=0 \tag{3-51}$$

在方程的两边除以扩散系数 D，得

$$\nabla^2\phi(r)-\frac{\phi(r)}{L^2}=0 \tag{3-52}$$

其中，$L^2=\frac{D}{\Sigma_a}$，$L=\sqrt{\frac{D}{\Sigma_a}}$，这个 L 称为中子的扩散长度，量纲为 m。扩散长度是一个非常重要的概念，为了阐述其物理意义，我们考察一个无限均匀介质中放有一个热中子产生源的系统，如图 3-10 所示。

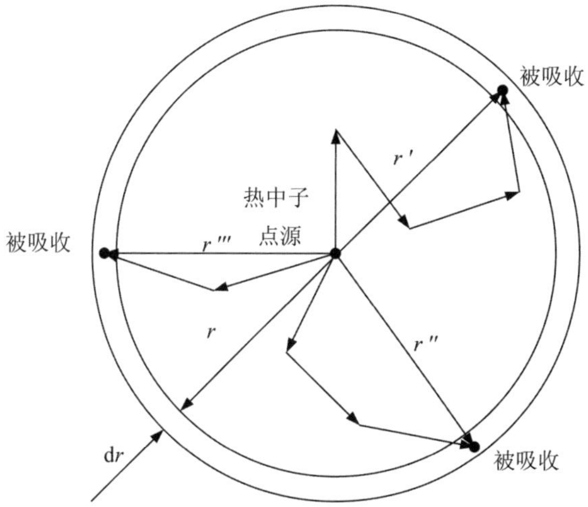

图 3-10　扩散长度的物理意义

在这一系统中，热中子从产生地扩散到某一位置被吸收时所穿行的直线距离是长短不等的，热中子从产生地到被吸收所穿行的直线距离的方均值为

$$\overline{r_d^2}=\frac{\int_V r^2(\text{穿行 } r \text{ 且被吸收的中子数})\mathrm{d}V}{\text{总的被吸收的热中子数}}$$

$$=\frac{\int_0^\infty r^2\Sigma_a\phi(r)4\pi r^2\mathrm{d}r}{\int_0^\infty \Sigma_a\phi(r)4\pi r^2\mathrm{d}r} \tag{3-53}$$

已知在这一系统中，$\phi(r)=\frac{S\mathrm{e}^{-r/L}}{4\pi Dr}$，代入上式后得

$$\overline{r_d^2}=6L^2 \tag{3-54}$$

即 $L^2=\frac{1}{6}\overline{r_d^2}$。可见，$L^2$ 反映了热中子从产生到被吸收所穿行直线距离的大小。即，在无限均匀介质中，热中子扩散长度的平方物理意义为热中子从产生至被吸收时所穿行的直线距离方均值的六分之一。

在热中子核反应堆中，中子穿行距离很短，相对而言，可近似看为无限介质点源。因此，我们经常把热中子核反应堆中的中子扩散长度的物理意义也理解为从热中子产生至被吸收时所穿行的直线距离方均值的六分之一。显然，扩散长度越长，热中子扩散不泄漏概率就越小，为了提高核反应堆的热中子扩散不泄漏概率，就必须选择扩散长度尽量小的材料作为慢化剂。

3.4.2 中子慢化长度

假如把中子分成快中子和热中子两部分，其分界能为 E_{th}，如图 3-11 所示。定义**移出截面** Σ_1 为一个快中子与原子核发生碰撞后变成热中子的概率，那么单位时间单位体积内慢化为热中子的数量为 $\Sigma_1\phi_1(r)$，其中 $\phi_1(r)$为快中子注量率。

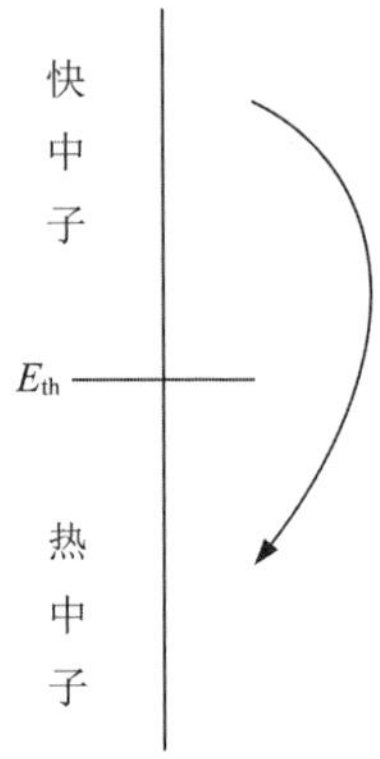

图 3-11 快中子和热中子分界示意图

设快中子的宏观散射截面为 Σ_s，那么单位时间单位体积内快中子与原子核发生散射的次数为 $\Sigma_s\phi_1(r)$。假如每次碰撞的平均对数能降增量为 ξ，那么一个源中子从初始能量 E_0 慢化到 E_{th} 以下需要的平均碰撞次数为 $\ln(E_0/E_{th})/\xi$。所以，单位时间单位体积内快中子慢化为热中子的数量 $\Sigma_1\phi_1(r)$为

$$\Sigma_1\phi_1(r)=\frac{\Sigma_s\phi_1}{\dfrac{1}{\xi}\ln\dfrac{E_0}{E_{th}}} \tag{3-55}$$

因此

$$\Sigma_1=\frac{\xi\Sigma_s}{\ln\dfrac{E_0}{E_{th}}} \tag{3-56}$$

根据中子数守恒，参照热中子扩散方程，可得到稳态情况下无限均匀非增殖介质快中子的守恒方程为

$$D_1\nabla^2\phi_1-\Sigma_1\phi_1=0 \tag{3-57}$$

定义 $L_1^2=D_1/\Sigma_1$，那么方程可改写成

$$\nabla^2\phi_1-\frac{\phi_1}{L_1^2}=0 \tag{3-58}$$

$$L_1^2=\frac{D_1}{\Sigma_1}=\frac{1}{3\xi\Sigma_s\Sigma_{tr}}\ln\frac{E_0}{E_{th}}=\int_{E_{th}}^{E_0}\frac{D_1}{\xi\Sigma_s}\frac{dE}{E} \tag{3-59}$$

L_1^2 具有长度平方的量纲，参照扩散长度，我们称 L_1 为**中子慢化长度**，曾经被称之为**热中子年龄**(用 τ_{th} 表示)，因为这个值的大小反映了快中子慢化成热中子所需要经历的直线距离长短。

初始能量相同的快中子慢化到热中子所穿行的直线距离是不同的，其方均值可用下式计算

$$\overline{r_s^2}=\frac{\displaystyle\int_V r^2(\text{穿行 } r \text{ 且慢化为热中子数})dV}{\text{总的慢化中子数}} \tag{3-60}$$

假设在一无限均匀介质中，放置一个快中子点源，那么经过计算，其快中子慢化到热中子时所穿行的直线距离的方均值为

$$\overline{r_s^2}=6\tau_{th} \tag{3-61}$$

即 $\tau_{th}=\dfrac{1}{6}\overline{r_s^2}$。可见，$\tau_{th}$ 反映了中子慢化所需穿行直线距离的大小。如图 3-12 所示，在无

限均匀介质中,中子慢化长度的平方物理意义为快中子从点源出发至慢化到热中子时所穿行的直线距离方均值的六分之一。显然,慢化长度越长,快中子慢化不泄漏概率就越小,为了提高核反应堆的快中子慢化不泄漏概率,就必须选择慢化长度尽量小的材料作为慢化剂。

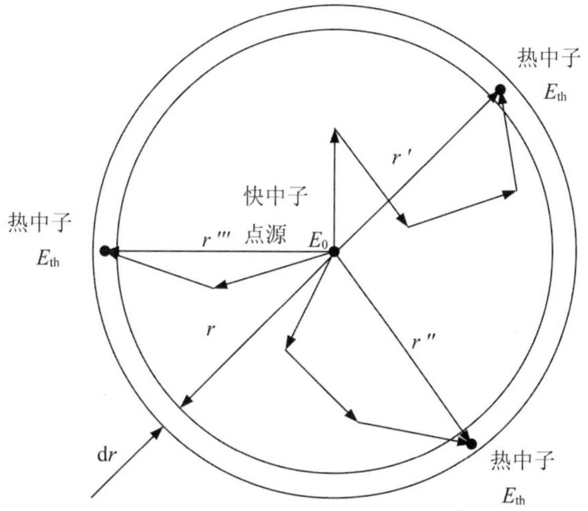

图 3-12 慢化长度的物理意义

如果取热中子分界能为 0.625 eV,那么几种常用慢化剂和堆型的中子慢化长度如表 3-2 所示。

表 3-2 常见慢化剂和堆型的中子慢化长度

慢化剂或堆型	H_2O	D_2O	C	Be	轻水堆	沸水堆	高温气冷堆
τ_{th}/cm^2	27.3	123	352	90	约 40	约 50	约 300

3.4.3 中子徙动长度

下面我们考察一个从快中子慢化到热中子再到被吸收的整个过程,首先定义

$$M^2=L^2+\tau_{th} \tag{3-62}$$

代入式(3-54)和式(3-61)得

$$M^2=\frac{1}{6}(\overline{r_s^2}+\overline{r_d^2}) \tag{3-63}$$

从图 3-13 可以看出,由于快中子的慢化过程和热中子的扩散过程是相对独立的,所以,从平均意义上讲,快中子慢化到热中子的直线路径与热中子扩散到吸收点的直线路径之间的夹角余弦的平均值应该为零,这样,根据勾股定律得

$$\overline{r_M^2}=\overline{r_s^2}+\overline{r_d^2} \tag{3-64}$$

所以

$$M^2=\frac{1}{6}\overline{r_M^2} \tag{3-65}$$

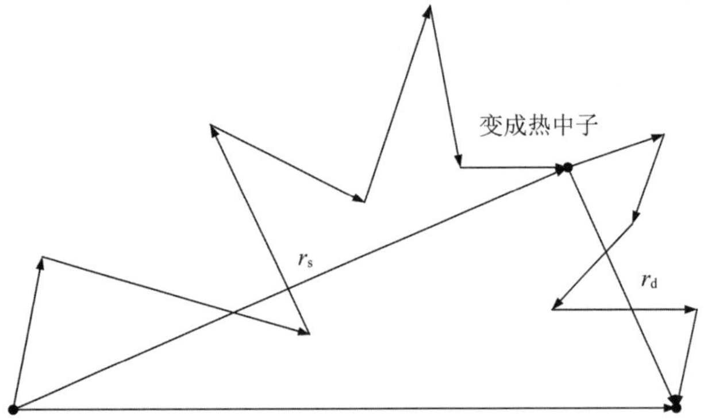

图 3-13 徙动长度的计算

即徙动长度的平方物理意义为快中子从产生到被吸收时所穿行的直线距离的方均值的六分之一，徙动长度越长，整个中子不泄漏概率就越小，为了提高核反应堆的中子不泄漏概率，就必须选择徙动长度尽量小的材料作为慢化剂。

3.5 中子慢化时间、扩散时间和中子寿命

我们把裂变中子从裂变能慢化到热中子分界能 E_{th} 所需的平均时间称为**中子慢化时间**，用 t_s 表示。假设中子的速度为 v，那么在 dt 时间间隔内中子与原子核发生的平均碰撞次数为$\frac{v}{\lambda_s(E)}dt$。如果平均对数能降增量为 ξ，那么在 dt 时间内的对数能量增量为$\frac{v\xi}{\lambda_s(E)}dt$，即

$$du=\frac{v\xi}{\lambda_s(E)}dt \tag{3-66}$$

或

$$dt=-\frac{\lambda_s(E)}{\xi v}\frac{dE}{E} \tag{3-67}$$

那么中子从裂变能 E_0 慢化到分界能 E_{th} 所需的时间便等于

$$\begin{aligned} t_s &= -\int_{E_0}^{E_{th}} \frac{1}{\xi v \Sigma_s(E)} \frac{dE}{E} \\ &= \sqrt{2}\,\frac{\overline{\lambda_s}}{\xi}\left(\frac{1}{\sqrt{E_{th}}}-\frac{1}{\sqrt{E_0}}\right) \end{aligned} \tag{3-68}$$

其中，$\overline{\lambda_s}$ 为平均的散射自由程。代入 E_0 和 E_{th}，可以得到 t_s 一般在 $10^{-6}\sim10^{-4}$ s 量级。

快中子慢化成热中子后，其扩散至吸收所需的平均时间称为**中子扩散时间**，一般用 t_d 表示。如果热中子的平均吸收自由程为 $\lambda_a(E)$，中子速度为 v，那么热中子在吸收前所需平均时间为

$$t_d=\frac{\lambda_a(E)}{v}=\frac{1}{\Sigma_a(E)v} \tag{3-69}$$

如果热中子吸收截面满足"$1/v$"率，那么

$$t_d=\frac{1}{\Sigma_a(0.0253)\times 2200} \tag{3-70}$$

其中，2 200 m/s 是中子能量为 0.025 3 eV 时所对应的速度。针对常用的慢化剂来讲，t_d 一般在 $10^{-4}\sim10^{-2}$ s 量级。

把快中子自裂变慢化到热中子，再扩散到被吸收所需的平均总时间称为**中子平均寿命**，用 l 表示，即

$$l=t_s+t_d \tag{3-71}$$

可见，对于热中子核反应堆来讲，中子平均寿命大约为 10^{-4} s，而快中子核反应堆的中子平均寿命要小得多，大约为 10^{-7} s。值得一提的是，前面所讨论均没有考虑中子的泄漏。如果考虑泄漏，中子的平均寿命还要稍微小些。

习　题

1. 名词解释：有效增殖因数，慢化过程，扩散过程，中子流密度，中子慢化长度，中子扩散长度，中子徙动长度，中子慢化时间，中子扩散时间，中子平均寿命。

2. 某裂变堆，快中子增殖因数 1.05，逃脱共振吸收概率 0.9，慢化不泄漏概率 0.952，扩散不泄漏概率 0.94，有效裂变中子数 1.335，热中子利用系数 0.882，试计算其无限介质增殖因数和有效增殖因数。

3. 某热中子核反应堆处于临界状态，每次裂变产生的中子数 $\nu=2.43$。已知该堆的中子泄漏损失占总中子数的 10%，试求：(1)用于维持裂变反应的中子数占总中子数的百分比 R_f；(2)除裂变以外，被吸收的中子数占总中子数的百分比 R_a。

4. 反应性的单位有哪些？

5. 为使铀的有效裂变中子数 $\eta=1.7$，试采用 $E_n=0.0253$ eV 时的截面估计铀中 ^{235}U 的质量富集度。

6. 某核反应堆堆芯内的平均宏观裂变截面为 5 m^{-1}，平均功率密度为 20 MW/m^3；假设每次裂变释放出的能量为 200 MeV，试求堆芯内的平均中子注量率。

7. H 和 O 在 1 000 eV 到 1 eV 能量范围内的散射截面近似为常数，分别为 20 b 和 38 b。计算 H_2O 的平均对数能降，以及中子在 H_2O 中从 1 000 eV 慢化到 1 eV 所需的平均碰撞次数。

4 中子扩散理论与计算

中子扩散过程是核反应堆中最主要的中子学过程之一,中子扩散理论是核反应堆物理分析与计算的最经典理论基础之一。为此,本章首先介绍单能稳态非增殖介质的中子扩散方程计算,然后介绍增殖介质的中子扩散方程计算,最后再介绍广泛应用于工程的非均匀核反应堆的多群中子扩散理论。

4.1 非增殖介质单能中子扩散方程计算

中子扩散方程式(3-43)一般情况下是没有解析解的,只能借助计算机进行数值求解。为了帮助大家了解中子注量率分布规律和边界条件如何应用,这里选择几种非增殖介质情况下的简单问题进行解析求解。

所谓非增殖介质就是指介质中没有裂变产生中子,这样中子扩散方程式(3-43)中的中子源项 S 就等于零,方程变成了齐次形式

$$\nabla^2 \phi(r)-\frac{\phi(r)}{L^2}=0 \tag{4-1}$$

这是一个标准的亥姆霍兹方程,有解析解,具体见表 4-1,我们只需要根据边界条件确定出其待定系数就可以获得中子注量率的分布表达式。

表 4-1 亥姆霍兹方程 $\nabla^2\phi(r)\pm B^2\phi(r)=0$ 的通解形式

	∇^2	解的形式	
		$+B^2$	$-B^2$
一维平板	$\nabla^2=\frac{\mathrm{d}^2}{\mathrm{d}x^2}$	$A\sin Bx+C\cos Bx$	$A\mathrm{e}^{-Bx}+C\mathrm{e}^{Bx}$ 或 $A\sinh Bx+C\cosh Bx$
球	$\nabla^2=\frac{\mathrm{d}^2}{\mathrm{d}r^2}+\frac{2}{r}\frac{\mathrm{d}}{\mathrm{d}r}$	$A\frac{\sin Br}{r}+C\frac{\cos Br}{r}$	$A\frac{\mathrm{e}^{-Br}}{r}+C\frac{\mathrm{e}^{Br}}{r}$ 或 $A\frac{\sinh Br}{r}+C\frac{\cosh Br}{r}$
一维圆柱	$\nabla^2=\frac{\mathrm{d}^2}{\mathrm{d}r^2}+\frac{1}{r}\frac{\mathrm{d}}{\mathrm{d}r}$	$AJ_0(Br)+CY_0(Br)$	$AI_0(Br)+CK_0(Br)$

注:$J_0(x)$,$Y_0(x)$分别是第一类和第二类零阶贝塞尔函数;$I_0(x)$,$K_0(x)$分别是第一类和第二类零阶修正贝塞尔函数。

下面我们就讨论几个具体问题,演示边界条件的应用和解的特征。

(1)无限介质中放置一点源

如图 4-1 所示,设在无限介质中放置一点源,该源单位时间各向同性地放出 S 个中子,

求解该介质中的中子注量率分布。

首先必须建立一合适的坐标系，针对这一以源为中心的无限均匀介质问题，选择以源为球心的一维球对称坐标系最为方便，如图 4-1 所示。除 $r=0$ 区域，应满足如下中子扩散方程

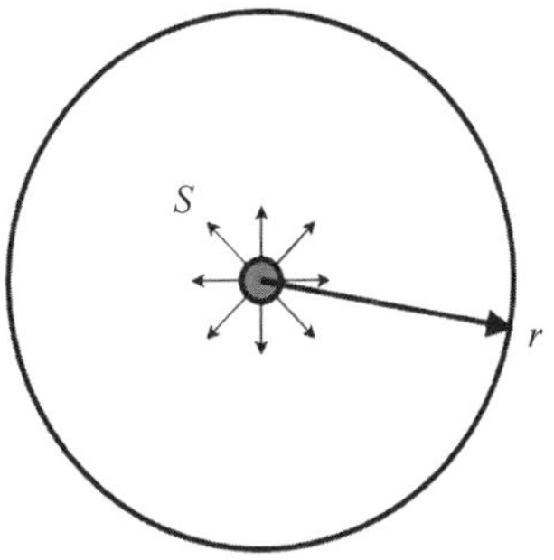

图 4-1　无限介质点源情形

$$\nabla^2\phi(r)-\frac{\phi(r)}{L^2}=0,\quad r>0 \tag{4-2}$$

从表 4-1 可查得这个方程的通解为

$$\phi(r)=A\,\frac{e^{-r/L}}{r}+C\,\frac{e^{r/L}}{r} \tag{4-3}$$

为了确定解的系数 A 和 C，需要给出两个边界条件。由于这是个无限介质问题，也就是说 r 可以取到无穷大，那么就必须采用 $\phi(r)$ 为有限正值这个边界条件。根据这一条件，很显然可得 $C=0$。

再一个边界条件就是在 $r=0$ 处有一中子源。由于式(4-2)在 $r=0$ 处是不成立的，式(4-3)在 $r=0$ 处也就不成立了，所以不能简单地用式(4-3)给出 $r=0$ 处的表达式。这里需要借用极限的概念，即在 $r=0$ 处给定一个小球，通过小球表面发射出的中子总数为 S，然后令 $r\to0$ 取极限，可得到点源的表达式，即

$$\lim_{r\to0}4\pi r^2J(r)=S \tag{4-4}$$

应用斐克定律

$$J(r)=-D\,\frac{d\phi(r)}{dr}=DA\left(\frac{1}{rL}+\frac{1}{r^2}\right)e^{-r/L} \tag{4-5}$$

代入式(4-4)得 $A=\dfrac{S}{4\pi D}$，因此，中子注量率分布为

$$\phi(r)=\frac{Se^{-r/L}}{4\pi Dr}\quad,\quad r>0 \tag{4-6}$$

由此可见，中子注量率分布与源强成正比，且按指数衰减。

(2)无限介质中放置一平面源

如图 4-2 所示，在无限介质中放置一平面源，该源强为单位时间单位面积各向同性地放出 S 个中子，求解该介质中的中子注量率分布。

针对这一以无限平面源为对称的无限均匀介质问题，选择以平面源为坐标中心的一维直角坐标系最为方便。除 $x=0$ 外，应满足如下中子扩散方程

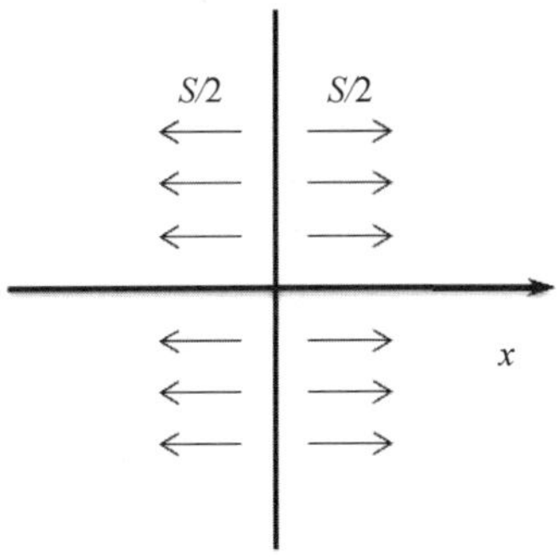

图 4-2　无限介质平面源情形

$$\nabla^2\phi(x)-\frac{\phi(x)}{L^2}=0,\quad x\neq0 \tag{4-7}$$

从表 4-1 可查得这个方程的通解为

$$\phi(x)=Ae^{-x/L}+Ce^{x/L} \tag{4-8}$$

为了确定解的系数 A 和 C，需要给出两个边界条件。由于这是个无限介质问题，也就是说 x 可以取到无穷大，那么就必须采用 $\phi(x)$ 为有限正值这个边界条件。

从式(4-8)可以看出,其解关于 $x=0$ 是对称的,所以我们不妨考察 $x>0$ 区域。在该区域,应用 $\phi(x)$ 为有限正值这一条件,可得 $C=0$。

再一个边界条件就是在 $x=0$ 处有一平面中子源。由于方程式(4-7)在 $x=0$ 处是不成立的,所以不能简单地用(4-8)式给出 $x=0$ 处的表达式。跟上面的情形类似,需要借用极限的概念。由于这里是平面源,且左右对称,所以针对 $x>0$ 区域,可以直接用中子流密度的极限来表示

$$\lim_{x^+\to 0} J(x)=S/2 \tag{4-9}$$

应用斐克定律后得 $A=\frac{SL}{2D}$,因此,中子注量率分布为

$$\phi(x)=\frac{SL}{2D}e^{-x/L}\quad,\quad x>0 \tag{4-10}$$

再根据对称性,得整个区域的中子注量率分布为

$$\phi(x)=\frac{SL}{2D}e^{-|x|/L}\quad,\quad x\neq 0 \tag{4-11}$$

(3)有限介质中放置一平面源

下面考察有限介质情况,如图 4-3 所示,在厚度为 a 的介质中放置一平面源,该源强为单位时间单位面积各向同性地放出 S 个中子,求解该介质中的中子注量率分布。

与前面情况类似,选择以平面源为坐标中心的一维直角坐标系最为方便。除 $x=0$ 外,应满足中子扩散方程式(4-7),从表 4-1 可查得这个方程的通解为式(4-8)。

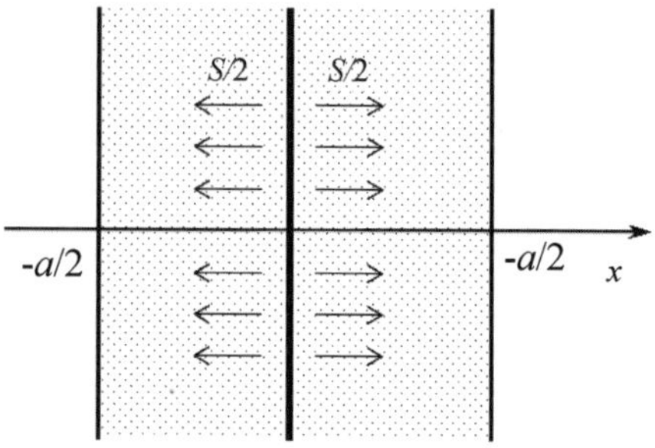

图 4-3　有限介质平面源情形

由于这是个有限介质问题,也就是说 x 只能取有限值,从通解式(4-8)可以看出,$\phi(x)$ 为有限正值是自然满足的,所以这个条件是不能用于确定待定系数的。

类似我们不妨考察 $x>0$ 区域。在该区域的真空边界处,应满足

$$\phi\left(\frac{a}{2}\right)=0 \tag{4-12}$$

这里,假设了介质厚度 a 已经包含了外推距离。再一个边界条件就是在 $x=0$ 处有一平面中子源,即满足式(4-9)。

根据式(4-12)和式(4-9)两个条件,可以求出 A 和 C,代入通解式(4-8)得中子注量率分布为

$$\phi(x)=\frac{SL}{2D}\frac{e^{-x/L}-e^{-(a-x)/L}}{1+e^{-a/L}}\quad,\quad x>0 \tag{4-13}$$

再根据对称性,得整个区域的中子注量率分布为

$$\phi(x)=\frac{SL}{2D}\frac{e^{-|x|/L}-e^{-(a-|x|)/L}}{1+e^{-a/L}}\quad,\quad x\neq 0 \tag{4-14}$$

(4)两种介质中放置一平面源

最后我们再考察一个包含两种介质的情况,如图 4-4 所示,在厚度为 a 的介质中放置一平面源,该源强为单位时间单位面积各向同性地放出 S 个中子,在该介质外包围着无限均匀

的另一介质，求解该介质中的中子注量率分布。

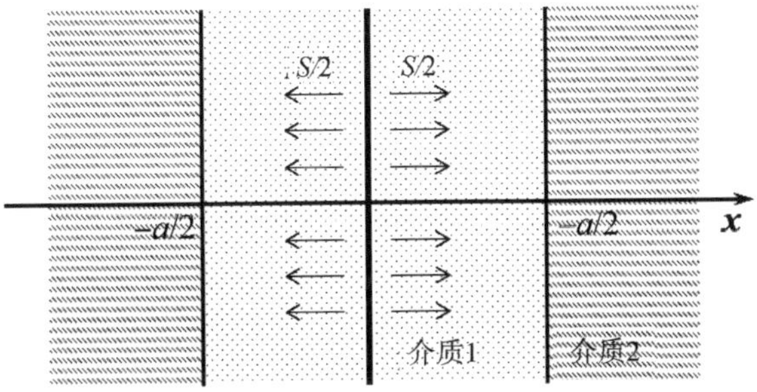

图 4-4　两种介质平面源情形

与前面情况类似，选择以平面源为坐标中心的一维直角坐标系最为方便。由于包含两种介质，所以在不同介质中满足的中子扩散方程是不一样的。下面我们用下标“1”表示里面的介质，用下标“2”表示外面的介质，那么它们的中子扩散方程分别为

$$\nabla^2 \phi_1(x) - \frac{\phi_1(x)}{L_1^2} = 0, \quad x \neq 0, |x| \leqslant a/2 \tag{4-15}$$

$$\nabla^2 \phi_2(x) - \frac{\phi_2(x)}{L_2^2} = 0 \quad , |x| > a/2 \tag{4-16}$$

从表 4-1 可分别查得这两个方程的通解为

$$\phi_1(x) = A_1 \sinh(x/L_1) + C_1 \cosh(x/L_1) \tag{4-17}$$

$$\phi_2(x) = A_2 \mathrm{e}^{-x/L_2} + C_2 \mathrm{e}^{x/L_2} \tag{4-18}$$

那么需要写出四个边界条件确定其四个待定系数。

类似我们不妨考察 $x>0$ 情形。由于介质 2 是无限介质，所以 $\phi_2(x)$ 应为有限正值。

对于介质 1 应满足平面源条件，即

$$\lim_{x^+ \to 0} J_1(x) = S/2 \tag{4-19}$$

还缺两个条件，那就是在两种介质交界面处，应满足中子注量率连续、中子流密度连续，即

$$\phi_1\left(\frac{a}{2}\right) = \phi_2\left(\frac{a}{2}\right) \tag{4-20}$$

$$J_1\left(\frac{a}{2}\right) = J_2\left(\frac{a}{2}\right) \tag{4-21}$$

根据四个条件确定出四个系数为

$$C_1 = \frac{SL_1}{2D_1} \frac{D_1 L_2 \cosh(a/2L_1) + D_2 L_1 \sinh(a/2L_1)}{D_2 L_1 \cosh(a/2L_1) + D_1 L_2 \sinh(a/2L_1)} \tag{4-22}$$

$$A_1 = -\frac{SL_1}{2D_1} \tag{4-23}$$

$$A_2 = \frac{SL_1 L_2}{2} \mathrm{e}^{a/2L_2} [D_2 L_1 \cosh(a/2L_1) + D_1 L_2 \sinh(a/2L_1)]^{-1} \tag{4-24}$$

$$C_2 = 0 \tag{4-25}$$

4.2　增殖介质单能中子扩散方程计算

通过前面的分析，我们得到了非增殖介质内中子源引起的中子注量率分布，那么在增殖介质下，核反应堆会不断产生新的中子，这时怎样才能达到稳定(临界)，或维持临界的条件是什么，稳定(临界)时中子注量率分布如何，这是核反应堆物理分析的重要内容。为了分析方便，这里不妨以单群情况下的均匀裸堆为分析对象，讲解其中子扩散方程的计算及相关基本概念。

4.2.1　均匀裸堆的单群中子扩散方程计算

我们选择一个非常简单的一维平板核反应堆为例，如图 4-5 所示，核反应堆的厚度为 a，由于核反应堆的外推距离一般很小，这里假设 a 已经包含了外推距离。

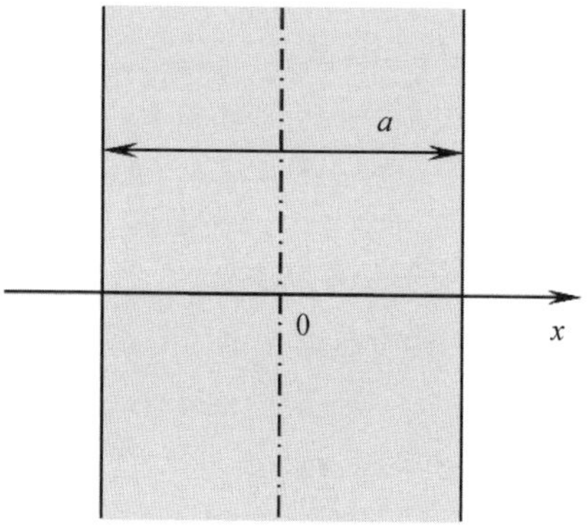

图 4-5　一维平板核反应堆

根据中子扩散方程(3-42)得该平板核反应堆的中子扩散方程为

$$\frac{1}{v}\frac{\partial\phi(x,t)}{\partial t}=D\,\nabla^2\phi(x,t)-\Sigma_a\phi(x,t)+S(x,t) \tag{4-26}$$

其中 $S(x,t)$为裂变中子源，根据 k_∞ 的定义知

$$S(x,t)=k_\infty\Sigma_a\phi(x,t) \tag{4-27}$$

代入式(4-26)两边除以 D 得

$$\frac{1}{Dv}\frac{\partial\phi(x,t)}{\partial t}=\nabla^2\phi(x,t)+\frac{k_\infty-1}{L^2}\phi(x,t) \tag{4-28}$$

在外推距离处满足边界条件

$$\phi(x,t)\big|_{x=\pm a/2}=0 \tag{4-29}$$

根据分离变量法的思想，设

$$\phi(x,t)=\varphi(x)T(t) \tag{4-30}$$

代入方程式(4-28)两端同时除以 $\varphi(x)T(t)$后，方程左边只跟 t 相关，右边只跟 x 相关，因此左右都等于常数，假设该常数为$-B^2$，即可得到两个分别关于空间变量和时间变量的方程如下

$$\nabla^2\varphi(x)+B^2\varphi(x)=0 \tag{4-31}$$

$$\frac{1}{DvT(t)}\frac{\mathrm{d}T(t)}{\mathrm{d}t}=\frac{k_\infty-1}{L^2}-B^2 \tag{4-32}$$

一般而言，常数 B^2 有无穷可数个，不妨设为 B_n，那么对应 B_n 就有无穷可数个 $\varphi_n(x)$和 $T_n(t)$，最终中子注量率分布为这些无穷可数个解的线性组合

$$\phi(x,t)=\sum_{n=1}^{\infty}A_n\varphi_n(x)T_n(t) \tag{4-33}$$

其中，A_n 为组合系数。从方程(4-32)可知，这是一个一阶常微分方程，如果给定初始条件，其解析解为

$$T_n(t)=T_n(0)\mathrm{e}^{(k_n-1)t/l_n} \tag{4-34}$$

其中，

$$l_n=\frac{l_0}{1+L^2B_n^2} \tag{4-35}$$

$$k_n=\frac{k_\infty}{1+L^2B_n^2} \tag{4-36}$$

$$l_0=\frac{L^2}{Dv} \tag{4-37}$$

针对方程(4-31)，可查出其解析解为

$$\varphi_n(x)=A_n\cos B_nx+C_n\sin B_nx \tag{4-38}$$

根据边界条件式(4-36)得

$$\varphi_n(x)=A_n\cos B_nx \tag{4-39}$$

且根据 $\varphi\left(\pm\frac{a}{2}\right)=0$，可得

$$B_n=\frac{(2n-1)\pi}{a},\quad n=1,2,3,\cdots \tag{4-40}$$

将式(4-34)、式(4-39)、式(4-40)代入式(4-33)得

$$\phi(x,t)=\sum_{n=1}^{\infty}A'_n\cos\frac{(2n-1)\pi}{a}x\,\mathrm{e}^{(k_n-1)t/l_n} \tag{4-41}$$

下面通过分析式(4-41)，看看中子注量率随时间的变化规律。设 B_n 为从小到大的顺序排列，那么 k_n 就是从大到小的顺序排列，即 k_1 最大。

1)如果 $k_1<1$，那么所有的 $k_n<1$，从式(4-41)可以看出 $\phi(x,t)$会随时间的增加变得越来越小，核反应堆处于次临界状态。

2)如果 $k_1>1$，那么后面的 k_n 有可能大于 1 也可能小于 1，但小于 1 的指数项很快就衰减为 0，而大于 1 的项将继续增长，所以 $\phi(x,t)$会随时间的增加变得越来越大，核反应堆处于超临界状态。

3)如果 $k_1=1$，那么后面的 $k_n<1$，小于 1 的指数项很快就衰减为 0，而第一项一直稳定不变，所以 $\phi(x,t)$会随时间的增加趋于稳定，核反应堆处于临界状态。

可见，k_1 就像前面介绍的 k_{eff}，$k_1=1$ 时核反应堆处于临界，即核反应堆的临界条件为

$$k_1=\frac{k_\infty}{1+L^2B_1^2}=1 \tag{4-42}$$

这里 $B_1^2=\left(\frac{\pi}{a}\right)^2$，并称之为核反应堆的**几何曲率**，用 B_g^2 表示。这样核反应堆的临界条件可写成

$$\frac{k_\infty}{1+L^2B_g^2}=1 \tag{4-43}$$

且核反应堆临界时，中子注量率分布满足方程

$$\nabla^2\varphi(\boldsymbol{r})+B_g^2\varphi(\boldsymbol{r})=0 \tag{4-44}$$

对于其他类型的核反应堆，同理可推出临界条件方程(4-43)和临界时中子注量率分布方程(4-44)，只是不同形状核反应堆在不同坐标系下，其几何曲率 B_g^2 的表达式不同而已。式(4-43)也被称为**单群理论的临界方程**。

表 4-2 为坐标中心取在核反应堆中心时，不同形状均匀核反应堆的几何曲率和临界时中子分布形状。其中的待定系数 A 可参照式(2-43)由功率算得。

表 4-2　不同形状核反应堆的几何曲率和临界时中子注量率分布

几何形状	几何曲率	热中子注量率
球形(半径 R)	$B_g^2=\left(\frac{\pi}{R}\right)^2$	$A\ \frac{1}{r}\sin\left(\frac{\pi}{R}r\right)$
直角立方体 (边长：a,b,c)	$B_g^2=B_x^2+B_y^2+B_z^2$ $B_g^2=\left(\frac{\pi}{a}\right)^2+\left(\frac{\pi}{b}\right)^2+\left(\frac{\pi}{c}\right)^2$	$A\ \cos\left(\frac{\pi}{a}x\right)\cos\left(\frac{\pi}{b}y\right)\cos\left(\frac{\pi}{c}z\right)$
圆柱体 (半径 R，高 H)	$B_g^2=B_r^2+B_z^2$ $B_g^2=\left(\frac{2.405}{R}\right)^2+\left(\frac{\pi}{H}\right)^2$	$A\ J_0\left(\frac{2.405}{R}r\right)\cos\left(\frac{\pi}{H}z\right)$

其实我们通过简单分析不难得到，在单群近似下 k_1 就是核反应堆的 k_{eff}。根据中子不泄漏概率的定义知，不泄漏概率 P_L 为

$$P_L=\frac{\text{中子吸收率}}{\text{中子吸收率}+\text{中子泄漏率}}=\frac{\Sigma_a\int_v\phi\,\mathrm{d}v}{\Sigma_a\int_v\phi\,\mathrm{d}v-D\int_v\nabla^2\phi\,\mathrm{d}v} \tag{4-45}$$

根据式(4-44)得

$$P_L=\frac{\Sigma_a\int_v\varphi\,\mathrm{d}v}{\Sigma_a\int_v\varphi\,\mathrm{d}v+DB_g^2\int_v\varphi\,\mathrm{d}v}=\frac{1}{1+L^2B_g^2} \tag{4-46}$$

再根据 k_{eff} 和 k_∞ 的关系得

$$k_{\text{eff}}=\frac{k_\infty}{1+L^2B_g^2} \tag{4-47}$$

比较式(4-42)和式(4-47)得 k_1 就是 k_{eff}。

由式(4-47)可知，核反应堆临界时，核反应堆的几何曲率满足

$$B_g^2=\frac{k_\infty-1}{L^2} \tag{4-48}$$

可以看出，式(4-48)的左端反映的是核反应堆的几何特性，而右端仅跟核反应堆的材料特性有关。为此，为了讨论方便，参照几何曲率的思想，不妨定义一个**材料曲率**的概念，用 B_m^2 表示，并令

$$B_m^2=\frac{k_\infty-1}{L^2} \tag{4-49}$$

这样临界方程(4-48)就变为

$$B_g^2=B_m^2 \tag{4-50}$$

式(4-50)可形象地描述为核反应堆的临界条件就是材料特性必须与几何特性相匹配，即几何曲率等于材料曲率。

临界方程(4-47)中其实包含了三类自变量：几何、材料和 k_{eff}，给定其中的任意两个，可以求出第三个。因此，我们常说的临界计算任务包括三类：

1)给定核反应堆材料，可以求出核反应堆的临界尺寸；

2)给定核反应堆几何，可以求出核反应堆的临界材料；

3)给定核反应堆的材料和几何，可以求出核反应堆的 k_{eff} 或反应性 ρ。

例题 1：设一平板核反应堆材料的 $k_\infty=1.06$，$L^2=0.03\ \text{m}^2$，$\lambda_{\text{tr}}=0.022\ 8\ \text{m}$，试求：

(1)该核反应堆临界厚度 H 和临界时中子注量率分布；

(2)如果该核反应堆的厚度 $H=2.5\ \text{m}$，核反应堆的反应性是多少？

求解：(1)建立一维平板坐标系如图 4-5 所示，该核反应堆达到临界时，其几何曲率为

$$B_g^2=\frac{k_\infty-1}{L^2}=\frac{1.06-1}{0.03}=2.0\ \text{m}^{-2}$$

根据一维平板核反应堆的几何曲率公式 $B_g^2=(\frac{\pi}{H})^2$ 得平板核反应堆的厚度(包含外推距离)为 $H=2.222\ \text{m}$，再去掉核反应堆两边的外推距离 $d=0.710\ 4\lambda_{\text{tr}}$，得平板核反应堆的实际厚度为 2.190 m。

临界时核反应堆中子注量率分布为

$$\varphi(x)=A\cos\frac{\pi}{2.222}x$$

其中，A 为待定系数，可由核反应堆的功率水平来确定。

(2)给定核反应堆的厚度后，可求出该核反应堆的几何曲率为

$$B_g^2=\left(\frac{\pi}{2.5+2d}\right)^2=1.539\ \text{m}^{-2}$$

代入临界公式得

$$k=\frac{k_\infty}{1+L^2B_g^2}=1.013\ 2$$

那么反应性为 $\rho=\dfrac{k-1}{k}=0.013\ 05$，显然核反应堆处于超临界状态。

4.2.2 修正单群临界方程

前面介绍的单群临界公式是基于单群中子扩散方程推导而来的，这对于一般的核反应堆来讲过于粗糙。对于热中子核反应堆，一般至少需把中子分成两群，即快中子群和热中子群。这样就应该从双群中子扩散方程出发推导出临界条件。尽管推导的理论与思路是一致的，也没有原则性困难，但得到的临界方程要比单群临界方程复杂得多，且也不实用，所以这里不作介绍。但我们可以通过一个很简单的推理，可以得到一个修正单群临界方程，大大改善单群带来的误差。

从式(4-46)可以看出，根据扩散长度的物理意义，$\frac{1}{1+L^2B_g^2}$应该是中子扩散过程中的不泄漏概率，即

$$P_d=\frac{1}{1+L^2B_g^2} \tag{4-51}$$

类似地，根据慢化长度的物理意义，可以得到中子慢化过程的不泄漏概率，即

$$P_s=\frac{1}{1+\tau_{th}B_g^2} \tag{4-52}$$

因此，整个过程的中子不泄漏概率应该为

$$\begin{aligned}P_L&=\frac{1}{1+L^2B_g^2}\cdot\frac{1}{1+\tau_{th}B_g^2}\\&\approx\frac{1}{1+M^2B_g^2}\end{aligned} \tag{4-53}$$

这里，考虑到 $L^2\tau_{th}B_g^4$ 一般为很小的数，因此约去了 $L^2\tau_{th}B_g^4$ 项。从而得到临界方程为

$$k_{eff}=\frac{k_\infty}{1+M^2B_g^2} \tag{4-54}$$

式(4-54)就被称为**修正单群临界方程**。这时核反应堆的材料曲率也相应修正为

$$B_m^2=\frac{k_\infty-1}{M^2} \tag{4-55}$$

例题 2：设一圆柱形裸堆材料的 $k_\infty=1.072$，$L^2=0.047\ \mathrm{m}^2$，$\tau_{th}=0.0048\ \mathrm{m}^2$，$\lambda_{tr}=0.097\ \mathrm{m}$，试求：

(1)该核反应堆高度 $H=3.55\ \mathrm{m}$ 时，核反应堆的临界半径是多少？

(2)如果该核反应堆的半径 $R=3\ \mathrm{m}$ 时，核反应堆的反应性是多少？

求解：(1)根据外推距离公式知，该核反应堆的外推距离为

$$d=0.7104\lambda_{tr}=0.0689\ \mathrm{m}$$

该核反应堆的材料曲率为

$$B_m^2=\frac{1.072-1}{0.047+0.0048}=1.39\ \mathrm{m}^{-2}$$

那么其几何曲率也应该为 1.39，即

$$1.39=\left(\frac{\pi}{3.55+2\times0.0689}\right)^2+\left(\frac{2.405}{R+0.0689}\right)^2$$

可求得半径为 $R=2.88\ \mathrm{m}$。

(2)给定核反应堆的高度和半径,得该核反应堆的几何曲率为

$$B_g^2=\left(\frac{\pi}{3.55+2\times0.0689}\right)^2+\left(\frac{2.405}{3+0.0689}\right)^2=1.34$$

$$k_{\mathrm{eff}}=\frac{1.072}{1+0.0518\times1.34}=1.00242$$

$$\rho=\frac{1.00242-1}{1.00242}=0.00241$$

4.2.3 有反射层核反应堆的单群扩散计算

(1)反射层的作用

如果核反应堆真正是裸的,那么将会有大量中子逃出堆芯,一来很不经济,二来对环境也造成了污染,因此世界上没有一个核反应堆是裸的,都要在核反应堆堆芯四周围上一种材料,这种材料能把从堆芯逸出的中子再反射回去,所以该材料称之为**反射层**。

要满足反射要求,从中子学角度来讲,首先这种材料应该具有较大的散射截面 Σ_s,保证逸出中子与该材料具有较大的发生散射作用的概率,从而反射回中子;其次,由于逸出中子一般都具有较大能量,如果反射回去的中子能够被慢化下来就更好了,也就是最好具备较大的平均对数能降增量 ξ;最后该材料最好具有较小的中子吸收截面 Σ_a,以节约中子。到此,我们不难发现,对反射层的要求跟对慢化剂的要求是一样的,所以,良好的慢化剂材料通常就是良好的反射层材料。

当然,反射层材料的选择还要考虑经济上的成本和工程上的实用,有时还要考虑核反应堆自身的特殊要求。

带有反射层时,由于其材料与堆芯材料完全不同,使得中子扩散方程的形式变得更加复杂。这里,我们仅以一座圆柱形核反应堆的四周一侧带有反射层的情况为例,简述其单群中子扩散方程。

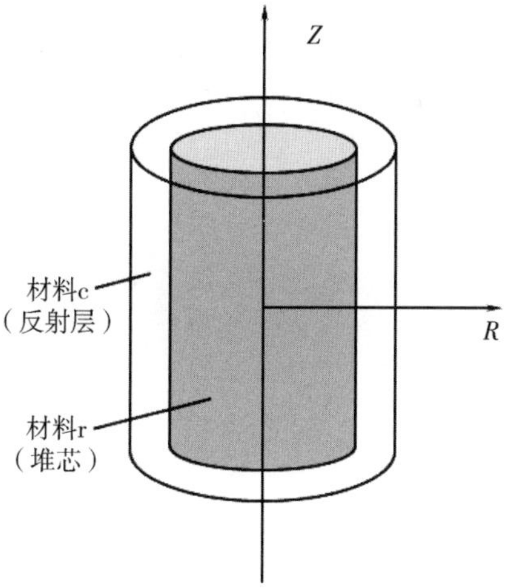

图 4-6　一侧带有反射层的圆柱形核反应堆

如图 4-6 所示建立圆柱坐标系,堆芯材料用 c 表示,反射层材料用 r 表示。

堆芯稳态(临界)时,中子扩散方程为

$$D_c\nabla^2\phi_c-\Sigma_{a,c}\phi_c+k_\infty\Sigma_{a,c}\phi_c=0 \tag{4-56}$$

如果核反应堆不是处于临界状态,那么上式是不成立的,因为中子数不守恒。不过,可以在上式中引入一变量,使得上式成立

$$D_c\nabla^2\phi_c-\Sigma_{a,c}\phi_c+\frac{k_\infty}{k}\Sigma_{a,c}\phi_c=0 \tag{4-57}$$

通过变形式(4-57)可得

$$k=\frac{k_\infty\Sigma_{a,c}\phi_c}{-D_c\nabla^2\phi_c+\Sigma_{a,c}\phi_c}=\frac{\text{产生}}{\text{泄漏}+\text{吸收}} \tag{4-58}$$

可见，这个 k 实际上就是核反应堆的有效增殖系数 k_{eff}。

方程(4-57)可变形为

$$\nabla^2 \phi_c + B_c^2 \phi_c = 0 \tag{4-59}$$

其中

$$B_c^2 = \frac{k_\infty / k - 1}{L_c^2} \tag{4-60}$$

针对反射层，由于其本身没有中子的产生，所以中子扩散方程为

$$-D_r \nabla^2 \phi_r + \Sigma_{a,r} \phi_r = 0 \tag{4-61}$$

变形为

$$\nabla^2 \phi_r - \frac{1}{L_r^2} \phi_r = 0 \tag{4-62}$$

其中，$L_r^2 = \dfrac{D_r}{\Sigma_{a,r}}$。

求解方程组式(4-59)、式(4-62)的边界条件为

$$\phi_c \big|_{交界面} = \phi_r \big|_{交界面} \tag{4-63}$$

$$J_c \big|_{交界面} = J_r \big|_{交界面} \tag{4-64}$$

$$\phi_c \big|_{外推边界} = 0 \tag{4-65}$$

$$\phi_r \big|_{外推边界} = 0 \tag{4-66}$$

堆芯的中子扩散方程式(4-59)和反射层的中子扩散方程式(4-62)都具有亥姆霍兹方程的形式，可以查出其通解，根据边界条件就可以求出方程的解。解的表达式比较复杂，这里就不给出了。

图 4-7 为某一核反应堆带有反射层时的快中子和热中子注量率分布示意图。从图中可以看出，与裸堆的中子注量率分布相比，有了反射层后，堆芯外边缘处的中子注量率分布会提高，这就是因为反射层的反射效果。所以反射层还具有展平堆芯功率分布的效果。

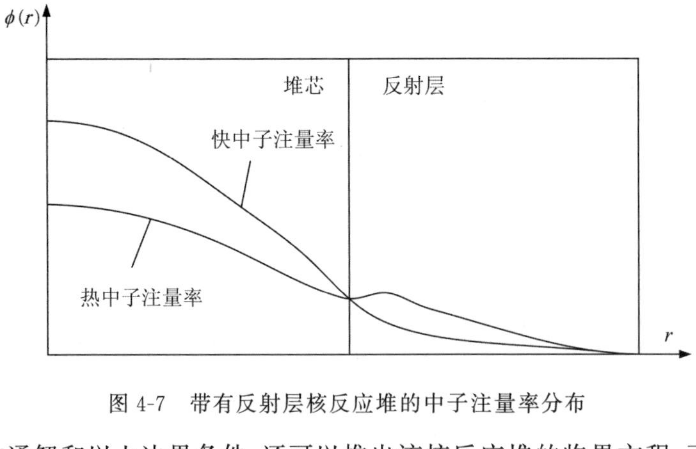

图 4-7　带有反射层核反应堆的中子注量率分布

根据方程的通解和以上边界条件，还可以推出该核反应堆的临界方程，不过临界方程的表达式非常复杂，无法解析求解，一般不采用，所以这里就不介绍了。

(2)反射层节省与等效裸堆

如前所述，核反应堆有了反射层可以节约中子，因此可以预见，同样的核反应堆堆芯，有

反射层核反应堆的临界尺寸一定比裸堆时的临界尺寸要小，其差值就称之为**反射层节省**，一般用符号 δ 表示。

$$\delta = R_0(\text{裸堆临界尺寸}) - R(\text{有反射层临界尺寸}) \tag{4-67}$$

如对于圆柱形核反应堆，裸堆时的临界半径与有侧面反射层时的临界半径之差称为**径向反射层节省** $\boldsymbol{\delta_r}$，裸堆时的临界半高度与两端有反射层时的临界半高度之差称为**轴向反射层节省** $\boldsymbol{\delta_z}$，即

$$\delta_r = R_0 - R \tag{4-68}$$

$$\delta_z = H_0/2 - H/2 \tag{4-69}$$

反过来讲，假如事先知道反射层节省，那么在原来核反应堆芯部尺寸基础上加上相应的反射层节省量，去掉反射层，应该等同于原来的核反应堆。也就是说，可以用一个加上反射层节省的裸堆来等效原来那个带有反射层的核反应堆，这个核反应堆称之为**等效裸堆**，如图4-8所示，其等效的尺寸为：

$$R_{eff} = R + \delta_r \tag{4-70}$$

$$H_{eff} = H + 2\delta_z \tag{4-71}$$

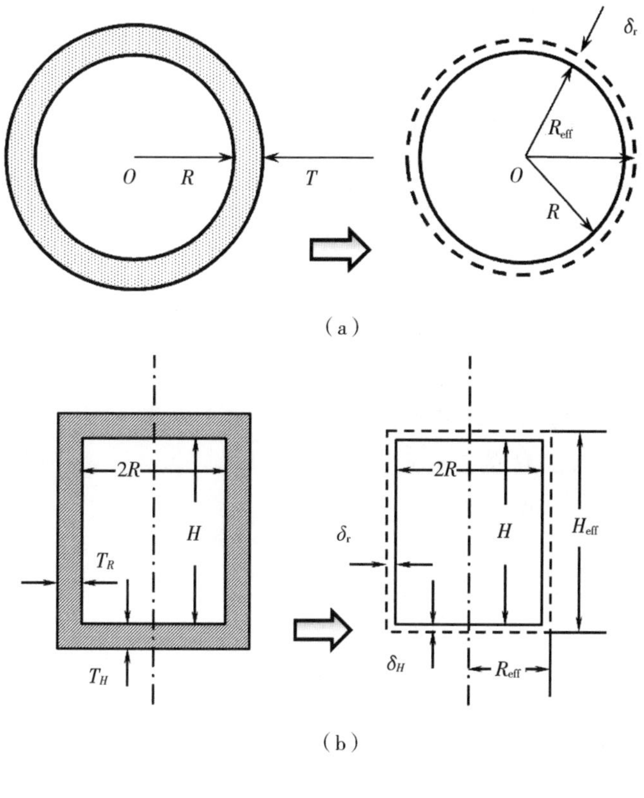

图 4-8　等效裸堆示意图

(a)$R_{eff} = R + \delta_r$；(b)$H_{eff} = H + 2\delta_H$，$R_{eff} = R + \delta_r$

知道等效尺寸后，该核反应堆就可以用前面所讲的裸堆临界方程进行求解了，变得非常容易。如有反射层的圆柱形核反应堆的几何曲率可以用下式计算

$$B_g^2=(\frac{\pi}{H_{eff}})^2+(\frac{2.405}{R_{eff}})^2 \tag{4-72}$$

然而,反射层节省的严格计算是很难的,要求得反射层节省就必须求出有反射层核反应堆的临界尺寸,既然有反射层核反应堆的临界尺寸都已经求出,也就没有必要再去等效成裸堆了。不过,反射层节省的物理意义依然是重要的。尽管严格计算是很难的,但我们可以用下式来近似估算反射层节省:

$$\delta\approx L_r \mathrm{th}(\frac{T}{L_r}) \tag{4-73}$$

其中,L_r 为反射层的扩散长度,T 为反射层厚度。从式(4-73)还可以得出两个非常重要的结论:

1)当反射层厚度 T 很大时,反射层节省 $\delta\to L_r$,也就是说反射层再厚,节省也不会增加,而是为常数 L_r。

2)当反射层厚度 T 很小时,反射层节省 $\delta\to T$,也就是说反射层很薄时,节省量就是反射层厚度。

4.3 多群中子扩散方程计算

4.3.1 中子输运方程的扩散近似

设中子在空间位置 $\boldsymbol{r}$ 处的运行速度为 $\mathbf{V}$,那么中子速度向量可表达成

$$\mathbf{V}=v\boldsymbol{\Omega} \tag{4-74}$$

这里,$v(=|\mathbf{V}|)$为中子速率,$\boldsymbol{\Omega}$ 为运动方向的单位矢量。

单位方向矢量 $\boldsymbol{\Omega}$ 在极坐标系中如图 4-9 所示,如果极角为 θ,幅角为 φ,那么 $\boldsymbol{\Omega}$ 的笛卡儿坐标为

$$\begin{aligned}\Omega_x&=\sin\theta\cos\varphi\\ \Omega_y&=\sin\theta\sin\varphi\\ \Omega_z&=\cos\theta\end{aligned} \tag{4-75}$$

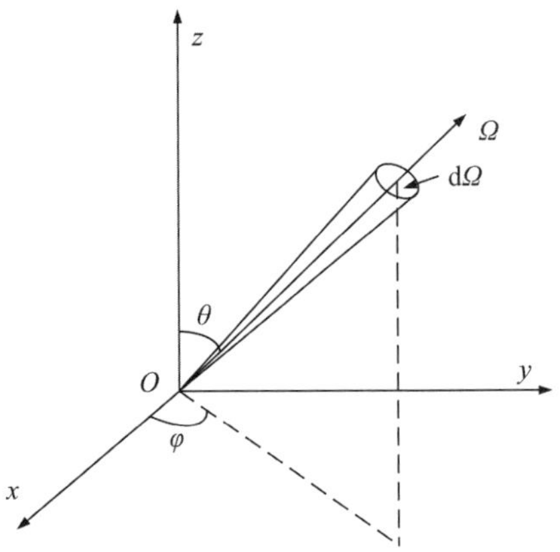

图 4-9 中子运动方向坐标

定义位置 $\boldsymbol{r}$ 处,能量为 E,运动方向为 $\boldsymbol{\Omega}$,时刻 t 的单位体积单位立体角单位能量内的中子数为**中子角密度**,一般用 $N(\boldsymbol{r},\boldsymbol{\Omega},E,t)$表示。那么,$N(\boldsymbol{r},\boldsymbol{\Omega},E,t)\mathrm{d}\mathbf{V}\mathrm{d}\Omega\mathrm{d}E$ 就表示在位置 $\boldsymbol{r}$ 处的体积元 $\mathrm{d}V$ 内运动方向为 $\boldsymbol{\Omega}$ 附近 $\mathrm{d}\Omega$ 内能量为 E 处 $\mathrm{d}E$ 间隔内时刻 t 的中子数(如图 4-10 所示)。

在极坐标系中,$\mathrm{d}\Omega=\sin\theta\mathrm{d}\theta\mathrm{d}\varphi=-\mathrm{d}\mu\mathrm{d}\varphi$,其中 $\mu=\cos\theta$,那么中子密度 $n(\boldsymbol{r},E,t)$为

$$n(\boldsymbol{r},E,t)=\int_{4\pi}N(\boldsymbol{r},\boldsymbol{\Omega},E,t)\mathrm{d}\Omega=\int_{-1}^{1}\int_{0}^{2\pi}N(r,\Omega,E,t)\mathrm{d}\varphi\mathrm{d}\mu \tag{4-76}$$

中子速度 $\mathbf{V}$ 与中子角密度的乘积 $\mathbf{V}N(\boldsymbol{r},\boldsymbol{\Omega},E,t)$称为**中子角流密度**,而中子速率 v 与中子角密度的乘积 $vN(\boldsymbol{r},\boldsymbol{\Omega},E,t)$称为**中子角注量率**,即

$$\Phi(\boldsymbol{r},\boldsymbol{\Omega},E,t)=vN(\boldsymbol{r},\boldsymbol{\Omega},E,t) \tag{4-77}$$

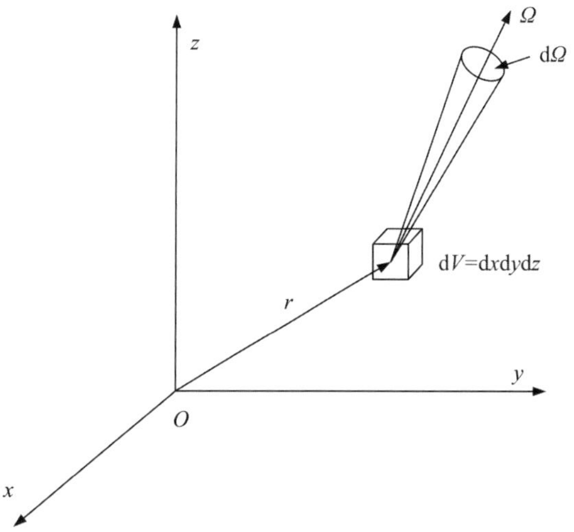

图 4-10　体积元 dV 和单位立体角 dΩ

中子角注量率在整个立体角上的积分称为**中子注量率**，即

$$\Phi(\boldsymbol{r},E,t)=\nu n(\boldsymbol{r},E,t)=\int_{4\pi}\Phi(\boldsymbol{r},\boldsymbol{\Omega},E,t)\mathrm{d}\Omega \tag{4-78}$$

设某一表面 d∂的外法线方向为 $\boldsymbol{n}$，那么该面积元在法线方向 $\boldsymbol{n}$ 上的投影就是 $\boldsymbol{n}\mathrm{d}\partial$，所以 $\boldsymbol{n}\mathrm{d}\partial\cdot VN(\boldsymbol{r},\boldsymbol{\Omega},E,t)$ 就是单位时间单位能量单位立体角内垂直穿过该面积元的中子数，单位时间单位能量内穿过 d∂的净中子数就是其对所有方向的积分，即

$$\text{穿过 d}\partial\text{的净中子数}=\boldsymbol{n}\mathrm{d}\partial\cdot\int_{4\pi}VN(\boldsymbol{r},\boldsymbol{\Omega},E,t)\mathrm{d}\Omega \tag{4-79}$$

设

$$\begin{aligned}\boldsymbol{J}(\boldsymbol{r},E,t)&=\int_{4\pi}\boldsymbol{V}N(\boldsymbol{r},\boldsymbol{\Omega},E,t)\mathrm{d}\Omega=\nu\int_{4\pi}\boldsymbol{\Omega}N(\boldsymbol{r},\boldsymbol{\Omega},E,t)\mathrm{d}\Omega\\&=\int_{4\pi}\boldsymbol{\Omega}\Phi(\boldsymbol{r},\boldsymbol{\Omega},E,t)\mathrm{d}\Omega\end{aligned} \tag{4-80}$$

$\boldsymbol{J}(\boldsymbol{r},E,t)$ 就是**中子流密度**，指在能量为 E 空间位置 r 处时刻 t 单位时间单位能量穿过单位面积的净中子数。现在我们来考察这些中子经过时间间隔 Δt 后的变化情况。这里不妨先假设截面是空间变量 $\boldsymbol{r}$ 的连续函数。

在时间 Δt 内中子移动的距离为 $\boldsymbol{V}\Delta t$，在这段路程内中子发生碰撞的概率为 $\Sigma_t(\boldsymbol{r},E)v\Delta t$，那么不发生碰撞的概率就是 $1-\Sigma_t(\boldsymbol{r},E)v\Delta t$，因此，没有发生碰撞的中子数为 $N(\boldsymbol{r},\boldsymbol{\Omega},E,t)[1-\Sigma_t(\boldsymbol{r},E)v\Delta t]\mathrm{d}v\mathrm{d}\Omega\mathrm{d}E$，这些中子将在 $t+\Delta t$ 时刻达到 $\boldsymbol{r}+\boldsymbol{\Omega}v\Delta t$ 位置（如图 4-11 所示）。

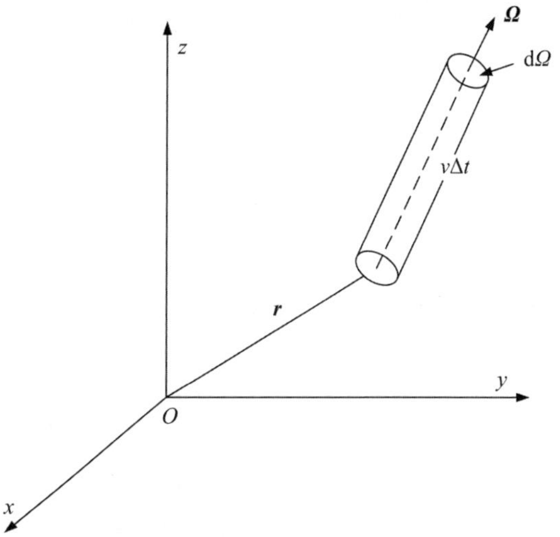

图 4-11　中子移动 $v\Delta t$ 示意图

另一方面，在这移动过程中，由其他角度和能量的中子因碰撞变为角度 $\boldsymbol{\Omega}$ 和能量 E 的中子数为

$$\left[\iint \Sigma_s(\boldsymbol{r},E')f(\boldsymbol{r},\boldsymbol{\Omega}',E'\to\boldsymbol{\Omega},E)\nu' N(\boldsymbol{r},\boldsymbol{\Omega}',E',t)\mathrm{d}\Omega'\mathrm{d}E'\right]\mathrm{d}V\mathrm{d}\Omega\mathrm{d}E\Delta t$$

将这两项相加，再加上中子源项（包含裂变中子源和外中子源）$Q(\boldsymbol{r},\boldsymbol{\Omega},E,t)\mathrm{d}V\mathrm{d}\Omega\mathrm{d}E$，方程两边均消去 $\mathrm{d}V\mathrm{d}\Omega\mathrm{d}E$ 项后得，在时刻 $t+\Delta t$ 位置 $\boldsymbol{r}+\boldsymbol{\Omega}v\Delta t$ 的中子密度为

$$\begin{aligned}&N(\boldsymbol{r}+\boldsymbol{\Omega}\boldsymbol{v}\Delta t,\boldsymbol{\Omega},E,t+\Delta t)=N(\boldsymbol{r},\boldsymbol{\Omega},E,t)[1-\Sigma_t(\boldsymbol{r},E)v\Delta t]+\\&\left[\iint \Sigma_s(\boldsymbol{r},E')f(\boldsymbol{r},E'\to E,\boldsymbol{\Omega}'\to\boldsymbol{\Omega})v' N(\boldsymbol{r},\boldsymbol{\Omega}',E',t)\mathrm{d}\Omega'\mathrm{d}E'\right]\Delta t+Q\Delta t\end{aligned}\tag{4-81}$$

两边同除以 Δt，并取极限 $\Delta t\to 0$ 后得

$$\begin{aligned}&\lim_{\Delta t\to 0}\left[\frac{N(\boldsymbol{r}+\boldsymbol{\Omega}\nu\Delta t,\boldsymbol{\Omega},E,t+\Delta t)-N(\boldsymbol{r},\boldsymbol{\Omega},E,t)}{\Delta t}\right]+\Sigma_t(\boldsymbol{r},E)vN(\boldsymbol{r},\boldsymbol{\Omega},E,t)\\&=\iint \Sigma_s(\boldsymbol{r},E')f(\boldsymbol{r},E'\to E,\boldsymbol{\Omega}'\to\boldsymbol{\Omega})v' N(\boldsymbol{r},\boldsymbol{\Omega}',E',t)\mathrm{d}\Omega'\mathrm{d}E'+Q\end{aligned}\tag{4-82}$$

在方程左端的极限项中，加上并减去 $N(\boldsymbol{r},\boldsymbol{\Omega},E,t+\Delta t)$ 项，则该极限项变成两项

$$\lim_{\Delta t\to 0}\left[\frac{N(\boldsymbol{r},\boldsymbol{\Omega},E,t+\Delta t)-N(\boldsymbol{r},\boldsymbol{\Omega},E,t)}{\Delta t}\right]=\frac{\partial N}{\partial t}\tag{4-83}$$

和

$$\lim_{\Delta t\to 0}\left[\frac{N(\boldsymbol{r}+\boldsymbol{\Omega}\nu\Delta t,\boldsymbol{\Omega},E,t+\Delta t)-N(\boldsymbol{r},\boldsymbol{\Omega},E,t+\Delta t)}{\Delta t}\right]=\nu\boldsymbol{\Omega}\cdot\nabla N(\boldsymbol{r},\boldsymbol{\Omega},E,t)\tag{4-84}$$

将式(4-83)、式(4-84) 代入式(4-82)得

$$\frac{\partial N}{\partial t}+\nu\boldsymbol{\Omega}\cdot\nabla N+\Sigma_t vN=\iint \Sigma_s f v' N'\mathrm{d}\Omega'\mathrm{d}E'+Q\tag{4-85}$$

其中，$N=N(\boldsymbol{r},\boldsymbol{\Omega},E,t)$，$N'=N(\boldsymbol{r},\boldsymbol{\Omega}',E',t)$。这个方程就称之为**中子输运方程**，可以看出中子输运方程是由中子数守恒严格推导而来的，没有做任何近似。因此如果能对该方程实施求解，就能高精度地获得中子密度分布。

假设裂变各向同性，并没有外中子源，则中子输运方程可简化为

$$\begin{aligned}&\frac{1}{\boldsymbol{v}}\frac{\partial\Phi(\boldsymbol{r},\boldsymbol{\Omega},E,t)}{\partial t}+\boldsymbol{\Omega}\cdot\nabla\Phi(\boldsymbol{r},\boldsymbol{\Omega},E,t)+\Sigma_t(\boldsymbol{r},E)\Phi(\boldsymbol{r},\boldsymbol{\Omega},E,t)\\&=\iint \Sigma_s(\boldsymbol{r},E')f(\boldsymbol{r},E'\to E,\boldsymbol{\Omega}'\to\boldsymbol{\Omega})\Phi(\boldsymbol{r},\boldsymbol{\Omega}',E',t)\mathrm{d}\Omega'\mathrm{d}E'\\&+\frac{\chi(E)}{4\pi}\iint \nu\Sigma_f(\boldsymbol{r},E')\Phi(\boldsymbol{r},\boldsymbol{\Omega}',E',t)\mathrm{d}\Omega'\mathrm{d}E'\end{aligned}\tag{4-86}$$

稳态时，中子输运方程为

$$\begin{aligned}\boldsymbol{\Omega}\cdot\nabla\Phi(\boldsymbol{r},\boldsymbol{\Omega},E)+\Sigma_t(\boldsymbol{r},E)\Phi&=\iint \Sigma_s(\boldsymbol{r},E')f(\boldsymbol{r},E'\to E,\boldsymbol{\Omega}'\to\boldsymbol{\Omega})\Phi(\boldsymbol{r},\boldsymbol{\Omega}',E')\mathrm{d}\Omega'\mathrm{d}E'\\&+\frac{\chi(E)}{4\pi k}\iint \nu\Sigma_f(\boldsymbol{r},E')\Phi(\boldsymbol{r},\boldsymbol{\Omega}',E')\mathrm{d}\Omega'\mathrm{d}E'\end{aligned}\tag{4-87}$$

然而中子输运方程(4-87)的求解是极其复杂的，特别是计算条件的限制下，人们不得不进行合理的近似，从而近似求解出中子注量率和有效增殖系数。

这里不妨以一维平板核反应堆为例说明最常用的近似技术——**扩散近似**。如图 4-12 所示，这时中子角注量率仅是一维坐标 z 及 $\boldsymbol{\Omega}$ 与 z 轴夹角余弦 μ 的函数。这时

$$\Omega\ \nabla\phi=\mu\ \frac{\partial\phi}{\partial z} \tag{4-88}$$

如图 4-12 所示，中子角注量率关于辐角 φ 是对称的，所以

$$\phi(z,E,\mu)=2\pi\phi(z,E,\Omega) \tag{4-89}$$

同理，中子源项为

$$S(z,E,\mu)=2\pi S(z,E,\Omega) \tag{4-90}$$

假设散射函数 $f(z;E'\to E,\Omega'\to\Omega)$ 仅是散射前后运动角度夹角余弦 $\mu_0=\cos(\Omega',\Omega)$ 的函数，那么同样可得

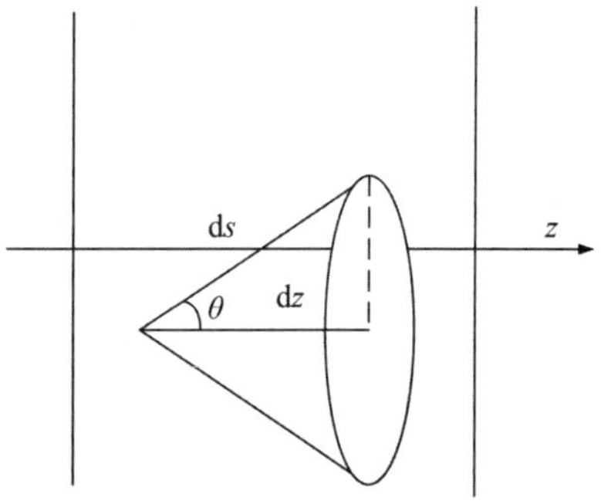

图 4-12　一维平面坐标系

$$f(z;E'\to E,\mu_0)=2\pi f(z;E'\to E,\Omega'\to\Omega) \tag{4-91}$$

将这些代入中子输运方程得一维平几何稳态中子输运方程为

$$\mu\ \frac{\partial\varphi(z,E,\mu)}{\partial z}+\Sigma_t(r,E)\varphi(z,E,\mu)=$$

$$\frac{1}{2\pi}\int_0^{\infty}\mathrm{d}E'\int_{-1}^{+1}\int_0^{2\pi}\Sigma_s(r,E')f(z;E'\to E,\mu_0)\varphi(z,E',\mu')\mathrm{d}\phi'\mathrm{d}\mu'+S(z,E,\mu) \tag{4-92}$$

针对角度变量 μ 和 μ_0，应用勒让德多项式 P_n 进行展开，即

$$\phi(z,E,\mu)=\sum_{n=0}^{\infty}\frac{2n+1}{2}\phi_n(z,E)P_n(\mu) \tag{4-93}$$

$$\begin{aligned}\Sigma_s(z,E'\to E,\mu_0)&=\Sigma_s(E')f(z;E'\to E,\mu_0)\\&=\sum_{n=0}^{\infty}\frac{2n+1}{2}\Sigma_{sn}(z,E'\to E)P_n(\mu_0)\end{aligned} \tag{4-94}$$

如果展开式只取一阶，即 P_1 **近似**，那么

$$\phi(z,E,\mu)=\frac{1}{2}[\varphi(z,E)+3J(z,E)\mu] \tag{4-95}$$

其中 $\varphi(z,E)=\phi_0(z,E)$，$J(z,E)=\phi_1(z,E)$。

将一阶展开式代入方程(4-92)，应用勒让德多项式 P_n 的正交性，可以得到两个关于展开系数 $\phi(z,E)$ 和 $J(z,E)$ 的方程：

$$\frac{\mathrm{d}\varphi(r,E)}{\mathrm{d}z}+3\Sigma_{tr}(r,E)J(r,E)=0 \tag{4-96}$$

$$\frac{\mathrm{d}J(r,E)}{\mathrm{d}z}+\Sigma_a(r,E)\varphi(r,E)=S(r,E) \tag{4-97}$$

其中，$\Sigma_{tr}=\Sigma_t-\Sigma_s\overline{\mu_0}$，这里在推导中用到了平均散射角余弦近似。由式(4-96)得

$$J=-D\ \frac{\mathrm{d}\varphi}{\mathrm{d}z} \tag{4-98}$$

其中 $D=\dfrac{1}{3\Sigma_{tr}}$，可见 J 就是中子流密度，式(4-98)等同于斐克定律。再将式(4-98)代入到式(4-97)得

$$-\frac{\mathrm{d}}{\mathrm{d}z}D(r,E)\frac{\mathrm{d}\varphi(r,E)}{\mathrm{d}z}+\Sigma_a\varphi(r,E)=S(r,E) \tag{4-99}$$

可见,P_1 近似的中子输运方程就是中子扩散方程。同理在其他多维几何下,一样可以根据中子输运方程的 P_1 近似推导获得中子扩散方程。

4.3.2 能量相关的中子扩散方程

中子扩散方程也可以通过考察某一体积某一时间某一能量处的中子数守恒推出,所谓中子数守恒就是中子数 $n(r,E,t)$ 相对时间的变化率应等于中子的产生率减去中子的损失率和泄漏率,写成表达式为

$$\frac{\partial n(r,E,t)}{\partial t}=\text{产生率}(S)-\text{泄漏率}(L)-\text{损失率}(R) \tag{4-100}$$

下面,我们分别推出 S,L,R 项。

首先考察空间 r 处的微体积元 $\mathrm{d}V$,设体积元外表面的外法线方向为 n,那么 $J(r,E,t)\cdot n$ 就等于中子通过垂直于外法线方向 n 的单位面积的净中子数。假设外表面积为 $\mathrm{d}S$,那么 $J(r,E,t)\cdot n\mathrm{d}S$ 就等于中子向外通过外表面 $\mathrm{d}S$ 的净中子数。如果把整个外表面积分起来,就得到该体积元 $\mathrm{d}V$ 内通过整个外表面泄漏出去的中子数,所以

$$\text{泄漏中子数}=\int_S J(r,E,t)\cdot n\mathrm{d}S \tag{4-101}$$

应用奥高公式,把面积分转换为体积分

$$\text{泄漏中子数}=\int_V \mathrm{div}J(r,E,t)\mathrm{d}V \tag{4-102}$$

那么,单位体积内泄漏的中子数,即泄漏率为

$$L=\mathrm{div}J(r,E,t) \tag{4-103}$$

根据斐克定律得

$$\begin{aligned}L&=-\mathrm{div}D(r,E,t)\mathrm{grad}\phi(r,E,t)\\&=-\nabla D(r,E,t)\nabla\phi(r,E,t)\end{aligned} \tag{4-104}$$

其次,我们考察损失率。某一体积某一时间某一能量处的中子损失应包括该处中子的吸收和中子的散射,因为一旦发生散射,中子的能量会从 E 变成其他能量 E'。因此,损失率为

$$\begin{aligned}R&=[\Sigma_a(r,E,t)+\Sigma_s(r,E,t)]\phi(r,E,t)\\&=\Sigma_t(r,E,t)\phi(r,E,t)\end{aligned} \tag{4-105}$$

最后,我们考察产生率。某一体积某一时间某一能量处的中子产生应包括外中子源产生、裂变中子源产生和从其他能量散射后变成这一能量的中子。外中子源的产生一般都是给定的,常用 $S(r,E,t)$ 表示。假定裂变中子能谱为 $\chi(E)$,即裂变中子能量为 E 的概率,那么裂变产生率为

$$S_f(r,E,t)=\chi(E)\int_0^{\infty}\nu(E')\Sigma_f(r,E',t)\phi(r,E',t)\mathrm{d}E' \tag{4-106}$$

散射中子源项为

$$S_s(r,E,t)=\int_0^{\infty}\Sigma_s(r,E'\to E,t)\phi(r,E',t)\mathrm{d}E' \tag{4-107}$$

将以上各项代入方程(4-100)得能量相关的中子扩散方程

$$\frac{1}{v}\frac{\partial\phi(r,E,t)}{\partial t}=\nabla D\,\nabla\phi(r,E,t)-\Sigma_t(r,E,t)\phi(r,E,t)+\int_0^\infty\Sigma_s(r,E'\to E,t)\phi(r,E',t)\mathrm{d}E'+\chi(E)\int_0^\infty\nu(E')\Sigma_f(r,E',t)\phi(r,E',t)\mathrm{d}E'+S(r,E,t)\tag{4-108}$$

稳态无外源时的中子扩散方程为

$$-\nabla D\,\nabla\phi(r,E)+\Sigma_t(r,E)\phi(r,E)=\int_0^\infty\Sigma_s(r,E'\to E)\phi(r,E')\mathrm{d}E'+\chi(E)\int_0^\infty\nu(E')\Sigma_f(r,E')\phi(r,E')\mathrm{d}E'\tag{4-109}$$

如果核反应堆没有处于临界状态，可以在方程中加入有效增殖因子，可以得到中子扩散方程为

$$-\nabla D\,\nabla\phi(r,E)+\Sigma_t(r,E)\phi(r,E)=\int_0^\infty\Sigma_s(r,E'\to E)\phi(r,E')\mathrm{d}E'+\frac{\chi(E)}{k_{\mathrm{eff}}}\int_0^\infty\nu(E')\Sigma_f(r,E')\phi(r,E')\mathrm{d}E'\tag{4-110}$$

4.3.3　多群中子扩散方程

方程(4-110)是一关于空间和能量的四维二阶偏微分方程，针对能量变量通常采用多群的思想进行离散[5,6]，即将中子能量分成若干群，如图 4-13 所示。

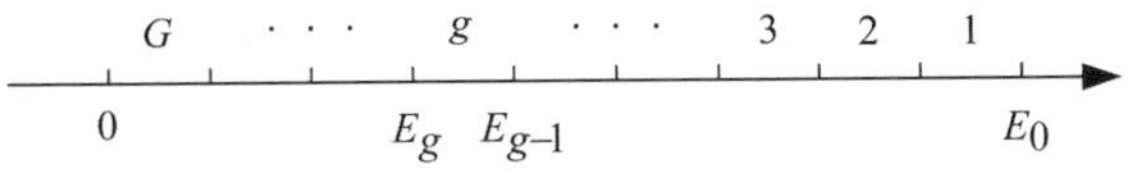

图 4-13　中子能群的划分

在某一个能群间隔内 $\Delta E_g=(E_{g-1},E_g)$，对式(4-110)两边进行能量积分

$$-\nabla\cdot\int_{\Delta E_g}D\,\nabla\phi\mathrm{d}E+\int_{\Delta E_g}\Sigma_t\phi\mathrm{d}E=\int_{\Delta E_g}\mathrm{d}E\int_0^\infty\Sigma_s(r,E'\to E)\phi(r,E')\mathrm{d}E'+\frac{1}{k_{\mathrm{eff}}}\int_{\Delta E_g}\chi(E)\mathrm{d}E\int_0^\infty\nu(E')\Sigma_f(r,E')\phi(r,E')\mathrm{d}E'\tag{4-111}$$

定义

$$\phi_g(r)=\int_{\Delta E_g}\phi(r,E)\mathrm{d}E\tag{4-112}$$

$$\chi_g=\int_{\Delta E_g}\chi(E)\mathrm{d}E\tag{4-113}$$

可见 ϕ_g 就是空间 r 处能群 g 内的总中子注量率。根据核反应率守恒定义第 g 群的中子总截面和中子产生截面为

$$\Sigma_{t,g}(r)=\frac{\int_{\Delta E_g}\Sigma_t(r,E)\phi(r,E)\mathrm{d}E}{\phi_g}\tag{4-114}$$

$$\nu\Sigma_{\mathrm{f},g}(r)=\frac{\int_{\Delta E_g}\nu\Sigma_f(r,E)\phi(r,E)\mathrm{d}E}{\phi_g} \tag{4-115}$$

再定义第 g 群的扩散系数为

$$D_g(r)=\frac{\int_{\Delta E_g}D(r,E)\nabla\phi(r,E)\mathrm{d}E}{\int_{\Delta E_g}\nabla\phi(r,E)\mathrm{d}E} \tag{4-116}$$

最后定义从一个能群 g'到能群 g 的散射截面为

$$\Sigma_{g'\to g}(r)=\frac{1}{\phi_{g'}}\int_{\Delta E_g}\mathrm{d}E\int_{\Delta E_{g'}}\Sigma_s(r,E'\to E)\phi(r,E')\mathrm{d}E' \tag{4-117}$$

将式(4-112)～式(4-117)代入到式(4-111)得**多群中子扩散方程**

$$-\nabla D_g\nabla\phi_g(r)+\Sigma_{t,g}(r)\phi_g(r)=\sum_{g'=1}^{G}\Sigma_{g'\to g}\phi_{g'}(r)+\frac{\chi_g}{k_{\mathrm{eff}}}\sum_{g'=1}^{G}\nu\Sigma_{\mathrm{f},g'}\phi_{g'}(r)\quad g=1,2,\cdots,G \tag{4-118}$$

这样，一个空间和能量相关的中子扩散方程就变成了由 G 个只跟空间相关的偏微分方程耦合在一起的偏微分方程组，其中 $D_g,\Sigma_{t,g},\Sigma_{g'\to g},\nu\Sigma_{\mathrm{f},g}$ 称为**群常数**。只要事先能求出群常数，多群扩散方程式(4-118)就成为普通的偏微分方程组了。很显然，群常数的计算不能简单地用式(4-114)～式(4-117)这些定义来严格求解，因为事先不可能知道 $\phi(r,E)$，所以必须另辟蹊径，采取适当的近似方法，具体将在下一章予以介绍。

4.3.4　多群中子扩散方程的源迭代方法

仔细观察方程(4-118)会发现，这是一个齐次特征值方程，最大特征值就是 k_{eff}，对应的特征函数就是 $\phi_g(r)$。一般采用求解特征值的幂法，这里称之为**源迭代法**。

首先给定中子注量率的初值 $\phi_g^{(n-1)}(r)$和有效增殖系数的初值 $k_{\mathrm{eff}}^{(n-1)}$，然后求出裂变源项

$$Q^{(n-1)}(r)=\sum_{g'=1}^{G}\nu\Sigma_{f,g'}\phi_{g'}^{(n-1)}(r) \tag{4-119}$$

将它们代入式(4-118)就可求出新的中子注量率 $\phi_g^{(n)}(r)$

$$-\nabla D_g\nabla\phi_g^{(n)}(r)+\Sigma_{t,g}(r)\phi_g^{(n)}(r)-\sum_{g'=1}^{G}\Sigma_{g'\to g}\phi_{g'}^{(n)}(r)=\frac{\chi_g}{k_{\mathrm{eff}}^{(n-1)}}Q^{(n-1)}(r)\quad g=1,2,\cdots,G \tag{4-120}$$

根据新的中子注量率 $\phi_g^{(n)}(r)$，利用式(4-120)可求出新的 $Q^{(n)}(r)$，利用下式更新 k_{eff}

$$k_{\mathrm{eff}}^{(n)}=\frac{\int_V Q^{(n)}(r)\mathrm{d}V}{\frac{1}{k_{\mathrm{eff}}^{(n-1)}}\int_V Q^{(n-1)}(r)\mathrm{d}V} \tag{4-121}$$

这样，再重复利用式(4-120)可得到更新的 $\phi_g^{(n+1)}(r)$和有效增殖系数 $k_{\mathrm{eff}}^{(n+1)}$，直至收敛。收敛的判断准则为

$$\left|\frac{k_{\mathrm{eff}}^{(n+1)}-k_{\mathrm{eff}}^{(n)}}{k_{\mathrm{eff}}^{(n+1)}}\right|<\varepsilon_1 \tag{4-122}$$

$$\left|\frac{Q^{(n+1)}(r)-Q^{(n)}(r)}{Q^{(n+1)}(r)}\right|<\varepsilon_2 \tag{4-123}$$

其中,ε_1,ε_2 为两个很小的数,一般分别取为 10^{-5},10^{-4}。

在少群计算中,中子发生上散射的情况很少出现,即中子不会从低能量的群散射到高能量的群,所以求解方程(4-120)时,可以简化为

$$-\nabla D_g \nabla \phi_g^{(n)}(r)+\Sigma_{t,g}(r)\phi_g^{(n)}(r)-\sum_{g'=1}^{g}\Sigma_{g'\to g}\phi_{g'}^{(n)}(r)=\frac{\chi_g}{k_{\text{eff}}^{(n-1)}}Q^{(n-1)}(r) \quad g=1,2,\cdots,G \tag{4-124}$$

这样,只要由高能量群(第 1 群)计算起,逐群向下求解式(4-124),直至 G 群,就摆脱了能群之间的耦合。

针对每个能群的中子扩散方程求解,纯粹就是求解一个二阶偏微分方程了,可以直接应用现成的数值方法或工具进行求解,如差分方法、有限元方法等。具体计算流程如图 4-14 所示。

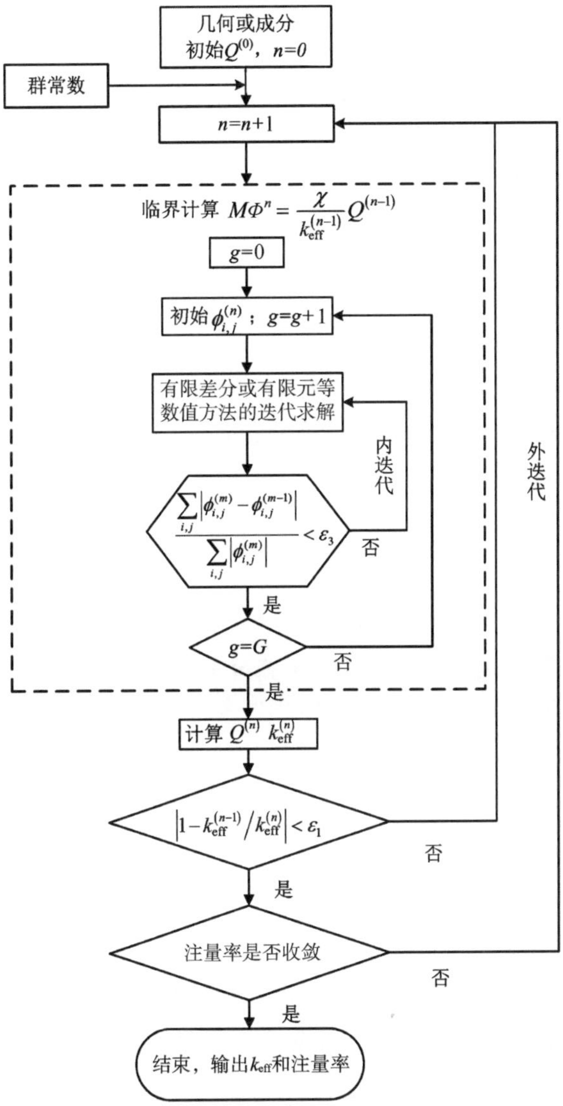

图 4-14 多群中子扩散方程计算流程

4.4 核反应堆功率计算

4.4.1 功率分布与不均匀系数

为了提高计算效率，核反应堆计算一般先进行多群（70～300 群）计算，然后利用计算得到的多群中子注量率分布对多群中子截面进行加权合并，获得少群（2～4 群）中子截面，这一过程称为**并群**。详细内容见第 5 章。然后再利用少群中子截面求解少群中子扩散方程，最后利用求得的少群中子注量率计算核反应堆的裂变功率分布

$$P(r)=\sum_{g=1}^{G}\kappa\Sigma_{\mathrm{f},g}(r)\varphi_g(r) \tag{4-125}$$

其中，κ 为每次裂变放出的能量。如果核反应堆在空间上被划分为若干个网格，那么该网格内的裂变功率为

$$P_i=\sum_{g=1}^{G}\kappa\Sigma_{\mathrm{f},g}^{i}\varphi_g^{i} \tag{4-126}$$

假如该网格的体积为 V_i，则核反应堆的总功率为

$$P=\sum_{i=1}^{I}P_iV_i \tag{4-127}$$

有时为了与其他程序的计算结果进行比较，我们经常需要对自己计算得到的功率分布进行功率归一。所谓功率归一就是在已计算获得的功率分布乘以一个统一的系数 C，使得核反应堆的总功率等于总体积，即

$$C=\frac{\sum_{i=1}^{I}V_i}{\sum_{i=1}^{I}P_iV_i} \tag{4-128}$$

当然，有时也需要把核反应堆总功率归一到给定的功率水平。

对于核反应堆来讲，核反应堆功率分布越平，就越安全、越经济。因此，工程上对核反应堆功率分布的不均匀性非常关切。为了定量描述核反应堆功率的不均匀性，需引入**功率分布不均匀系数**的概念，它是指核反应堆最大功率与平均功率之比，即

$$K_{\mathrm{H}}=\frac{P_{\max}}{\frac{1}{V}\sum_{i=1}^{I}P_iV_i} \tag{4-129}$$

显然 $K_{\mathrm{H}}>1$，它越接近 1 功率分布就越平。如果能够分别获得核反应堆的轴向功率分布和径向功率分布，那么可以按照式(4-129)的思想分别定义轴向功率分布不均匀系数 K_z 和径向功率分布不均匀系数 K_r，并由它们按下式保守地获得核反应堆的功率分布不均匀系数

$$K_{\mathrm{H}}=K_z\cdot K_r \tag{4-130}$$

为了展平核反应堆的功率分布，工程上采用了许多功率分布展平措施，如燃料分区布置、可燃毒物的应用、提棒程序的优化等，具体细节这里不做介绍。

4.4.2　组件单棒功率计算

核反应堆中发生的核反应主要有裂变(重核)以及辐射俘获(所有核素),它们都是释放能量的,而且裂变的能量释放是堆内能量释放的主体以及根源,因此燃料棒内能量释放计算采用下式进行:

$$P_{\mathrm{m}}=V_{\mathrm{m}}\sum_{i}\sum_{g}\kappa_{i}\sigma_{\mathrm{f},i}^{g}\phi_{\mathrm{m},g}N_{\mathrm{m},i} \tag{4-131}$$

式中,核素 i 平均每次裂变释放能量 κ_i 包括三个部分:**直接裂变能** $W_{\mathrm{fiss},i}$、**平均入射中子能量** $W_{\mathrm{n},i}$ 和**平均每次裂变引起的辐射俘获反应释放能量** $Q_{\mathrm{c},i}$,即

$$\kappa_i=W_{\mathrm{fiss},i}+W_{\mathrm{n},i}+Q_{\mathrm{c},i} \tag{4-132}$$

质子数为 Z,中子数为 $A-Z$ 的核素 i 被一个能量为 W_{n} 的入射中子轰击后发生的裂变反应过程可以用式(4-133)表示

$$\begin{gathered}{}_{Z}^{A}X_i+\mathrm{n}+W_{\mathrm{n}}\rightarrow X_{\mathrm{L}}+X_{\mathrm{H}}+\nu_i\mathrm{n}+\gamma+\beta+\bar{\nu}+\\ W_{\mathrm{L}}+W_{\mathrm{H}}+W_{\mathrm{n}}'+W_{\gamma}+W_{\beta}+W_{\bar{\nu}}\end{gathered} \tag{4-133}$$

其中,L 和 H 分别代表轻裂变碎片核和重裂变碎片核,n 代表中子,ν_i 代表裂变产生的所有瞬发和缓发中子数,γ、β、$\bar{\nu}$ 分别代表光子、电子和反中微子;方程中所有的 W 代表相应粒子携带的动能,其中 W_{n}'表示出射中子动能,且所有能量都基于实验室坐标。核反应堆中,只有反中微子的动能不能被堆芯束缚而泄漏出去,其他粒子的动能都会在堆芯内转换成热能被加以利用,所以每次裂变直接释放的能量中可利用的部分为:

$$W_{\mathrm{fiss},i}=W_{\mathrm{L}}+W_{\mathrm{H}}+W_{\mathrm{n}}'+W_{\gamma}+W_{\beta} \tag{4-134}$$

该能量称之为**直接裂变能**,相应数据是粒子的物理性质,可以在评价核数据库中直接读取。

关于**平均入射中子能量** $W_{\mathrm{n},i}$,只给出其计算公式,细节予以省略:

$$W_{\mathrm{n},i}=\frac{\sum_{g}\bar{E}_{g}\sigma_{\mathrm{f},i}^{g}\Phi_{g}}{\sum_{g}\sigma_{\mathrm{f},i}^{g}\Phi_{g}} \tag{4-135}$$

与裂变反应只会发生在几种重核素身上不同,中子可能被堆内所有材料吸收而发生辐射俘获反应,但是像计算裂变反应释能一样对核素逐个进行辐射俘获反应率的统计是比较麻烦的,尤其是在燃耗过程中核素种类非常多的情况下。

传统的做法中考虑到核反应堆是临界的,总体来看堆内任意重核素 i 的每一次裂变都将伴随着大约 ν_i-1 次的辐射俘获反应。从这个意义上来讲,辐射俘获反应源于裂变反应,其产生的能量是由裂变间接造成的,那么 ν_i-1 次的辐射俘获反应释能就可以归结到重核素 i 的裂变能量释放之中。因此辐射俘获释能 $Q_{\mathrm{c},i}$ 的计算表达式可以写成:

$$Q_{\mathrm{c},i}=(\nu_i-1)\bar{Q}=(\nu_i-1)\frac{\sum_{j}N_j\sigma_{\mathrm{c},j}\Phi q_j}{\sum_{j}N_j\sigma_{\mathrm{c},j}\Phi} \tag{4-136}$$

式中,$\bar{Q}$ 表示堆芯内平均每次辐射俘获释放能量;N_j、$\sigma_{\mathrm{c},j}$ 分别表示核素 j 的原子核密度及其单群微观俘获截面;Φ 表示堆芯内平均单群通量;q_j 是指核素 j 的每次辐射俘获释放能量,其值可以在评价核数据库中直接查到。

式(4-136)说明 $\bar{Q}$ 是一个与材料、通量分布等相关的量，但是对于具有众多材料种类、工况变化复杂的核反应堆而言，实时严格地求解 $\bar{Q}$ 是不现实的。鉴于此，可以根据堆型的不同计算相应堆芯中在其典型条件下的 $\bar{Q}$ 值，并认为该值恒定不变、且适用于相应堆型的所有工况。

James 在 1969 年和 1971 年提出了热堆 $\bar{Q}$ 的参考值 6.1 MeV；1990 年，Tasaka 在另一个参考值 6.25 MeV 基础上修正了氢与氘核素的辐射俘获释能，提出新的热堆 $\bar{Q}$ 参考值为 5.991 MeV。传统单棒功率计算中的 κ 就是基于 James 和 Tasaka 等人的参考值得到的，目前大多数程序仍在使用这样的计算方式。

经检验，利用 James 等人的 $\bar{Q}$ 参考值计算全堆芯尺度的功率分布时精度是比较好的，但对于个别单棒，例如钆棒，误差就比较大。原因有两个：James 等人的参考值计算过程中并没有考虑钆同位素的存在，也就是说根本没有考虑钆同位素的能量释放。表 4-3 给出了某压水堆组件钆棒内主要核素俘获释能占总释放能量的比例情况，其中 ^{235}U 和 ^{238}U 的传统裂变释能之和就是按照 Tasaka 提供的 $\bar{Q}$ 参考值得到的 κ 计算求得的钆棒"总功率"(其中已经包含了除钆同位素之外的典型堆芯材料下的辐射俘获释能)。可见，传统的"总功率"因忽略了钆同位素的辐射俘获释能而对钆棒的实际功率估计偏低了近 40%。

表 4-3　某钆棒($Gd_2O_3+UO_2$)各核素能量释放情况

分类	对象	能量值/MeV	所占比例/%
总释放能量	所有核素	2.824 6	
传统裂变释能	^{235}U	2.128 6	45.8
	^{238}U	$6.951\ 8\times10^{-1}$	15.0
钆同位素辐射俘获释能	^{154}Gd	$6.190\ 2\times10^{-3}$	0.1
	^{155}Gd	$5.081\ 0\times10^{-1}$	10.9
	^{156}Gd	$1.768\ 4\times10^{-2}$	0.4
	^{157}Gd	1.282 4	27.6
	^{158}Gd	$1.120\ 0\times10^{-2}$	0.2
	$^{154}Gd+^{155}Gd+^{156}Gd+^{157}Gd+^{158}Gd$	1.825 6	39.3

其二，钆棒内的钆同位素组分含量比全堆芯的平均钆同位素含量大得多，而参考值的概念是基于全堆水平的，所以不适用于单个的钆棒。

另外，需要注意的是 James 等人的参考值是常数，不随燃料燃耗等因素变化。图 4-15 给出钆棒内的主要裂变核素 ^{235}U、^{238}U 的传统裂变释能，^{154}Gd～^{158}Gd 五种钆同位素以及 ^{135}Xe、^{149}Sm 两种主要毒物的辐射俘获释能占实际总释放能量的比重随燃耗的变化关系。从图中可以看出，随着燃耗的加深，^{155}Gd 和 ^{157}Gd 的辐射俘获释能变化是很剧烈的，而且变化情况与材料消耗相关。因此，计算单棒功率时，不能简单地以常数的形式将其纳入 $\bar{Q}$ 之中，需要单独考虑钆同位素的俘获释能。

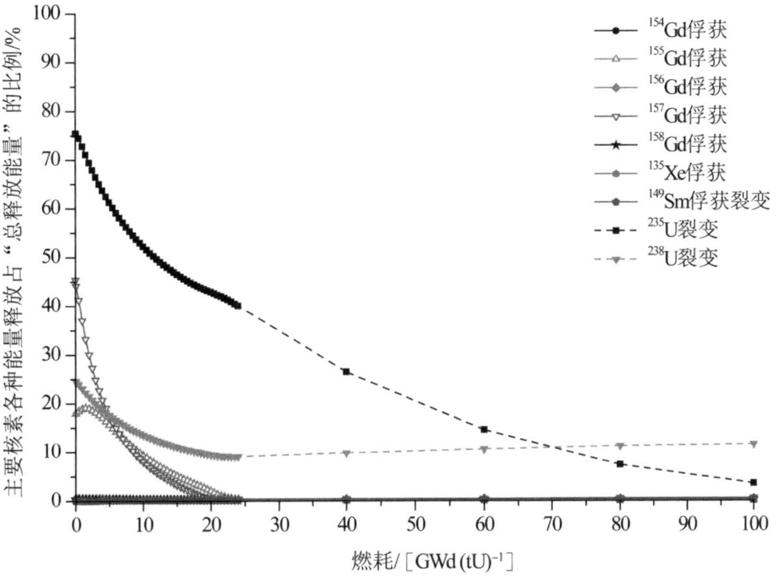

图 4-15　某钆棒中各核素释放能量占总释放能量比例随燃耗的变化曲线

习　题

1. 试总结中子扩散理论的适用范围。

2. 有两束方向相反的平行热中子束射到^{235}U薄片上，设其上某点自左面入射的中子束强度为 $10^{12}\ cm^{-2}\cdot s^{-1}$。自右面入射的中子束强度 $2\times10^{12}\ cm^{-2}\cdot s^{-1}$。计算：

(1)该点的中子注量率；

(2)该点的中子流密度；

(3)设 $\Sigma_a = 19.2\times10^2\ m^{-1}$，求该点的吸收率。

3. 在某球形裸堆($R=0.5$ m)内中子注量率分布为：

$$\phi(r)=\frac{5\times10^{13}}{r}\sin\left(\frac{\pi r}{R}\right)\ cm^{-2}\cdot s^{-1}$$

试求：

(1)$\phi(0)$；

(2)$J(r)$的表达式，设 $D=0.8\times10^{-2}$ m；

(3)每秒从堆表面泄漏的总中子数(假设外推距离很小可忽略不计)。

4. 无限纯吸收介质(中子扩散系数为 D，中子平均自由程为 λ)内，在坐标$(-a,0,0)$和$(a,0,0)$处分别有两个源强为 $S\ s^{-1}$ 的点源，试求坐标原点 P_1 和坐标$(0,a,0)P_2$ 处的中子注量率和中子流密度。

5. 试求边长为 a,b,c(包括外推距离)的长方体裸堆的几何曲率和中子注量率分布。设有一边长 $a=b=0.5$ m，$c=0.6$ m(包括外推距离)的长方体裸堆，$L=0.043\ 4$ m，$\tau=6\ cm^2$。(1)求达到临界时所必需的 k_∞；(2)如果功率为 5 000 kW，$\Sigma_f=4.01\ m^{-1}$，假设每次裂片释放出的能量为 200 MeV，求中子注量率分布。

6. 设一座重水-铀核反应堆堆芯的 $k_\infty=1.28$，$L^2=1.8\times10^{-2}\ m^2$，$\tau=1.20\times10^{-2}\ m^2$。

试按单群理论，修正单群理论的临界方程分别求出该堆芯的材料曲率和达到临界时总的中子不泄漏概率。

7. 设有圆柱形铀一水栅格装置，$R=0.50$ m，水位高度 $H=1.0$ m，设栅格参数为：$k_{\infty}=1.19$，$L^2=6.6\times10^{-4}$ m^2，$\tau=0.50\times10^{-2}$ m^2。(1)试求该装置的有效增殖因数 k_{eff}；(2)当该装置恰好达到临界时，水位高度 H 等于多少？(3)设某压水堆以该铀一水栅格作为芯部，堆芯的尺寸为 $R=1.66$ m，$H=3.5$ m，若反射层节省估算为 $\delta_{\text{r}}=0.07$ m，$\delta_{\text{H}}=0.1$ m，试求核反应堆的初始反应性 ρ_0。

8. 一球壳形核反应堆，内半径为 R_1，外半径为 R_2(包含外推距离)，如果球的内外均为真空，求证单群理论的临界条件为：

$$\tan BR_2=\frac{\tan BR_1-BR_1}{BR_1\tan BR_1+1}$$

9. 一维无限平板几何下，坐标原点左侧和右侧分别为两种非增殖但含中子源的材料，两种材料的扩散系数相同、中子扩散长度的倒数分别为 κ_{l}^2 和 κ_{r}^2，相应的中子源强分别为 $\kappa_{\text{r}}^2\Phi_{\text{l}}$ 和 $\kappa_{\text{l}}^2\Phi_{\text{r}}$。(1)试计算该一维无限平板内的中子注量率分布和原点处的中子注量率；(2)试画出区间[$-5/\kappa_{\text{l}}$, $5/\kappa_{\text{r}}$]内在 $\Phi_{\text{l}}=0$、$\Phi_{\text{r}}=1$、$\kappa_{\text{l}}=\kappa_{\text{r}}=\kappa$ 时的中子注量率分布；(3)试画出区间[$-5/\kappa_{\text{l}}$, $5/\kappa_{\text{r}}$]内在 $\Phi_{\text{l}}=2$、$\Phi_{\text{r}}=1$、$\kappa_{\text{l}}=3\kappa$、$\kappa_{\text{r}}=\kappa$ 时的中子注量率分布。

5 中子能谱与群常数计算

由第 4 章可知，要求解多群中子扩散方程，首先必须利用下式求得群常数

$$\Sigma_{x,g}(r)=\frac{\int_{\Delta E_g}\Sigma_x(r,E)\phi(r,E)\mathrm{d}E}{\int_{\Delta E_g}\phi(r,E)\mathrm{d}E} \tag{5-1}$$

而其中的 $\phi(r,E)$ 是未知的，所以必须采用一定的近似技术。最常用的就是假设中子注量率分布满足空间和能量的分离特性，即

$$\phi(r,E)=\Phi(r)\cdot\varphi(E) \tag{5-2}$$

那么代入式(5-1)可消去空间函数，就得

$$\Sigma_{x,g}(r)=\frac{\int_{\Delta E_g}\Sigma_x(r,E)\varphi(E)\mathrm{d}E}{\int_{\Delta E_g}\varphi(E)\mathrm{d}E} \tag{5-3}$$

其中 $\varphi(E)$ 称为**中子能谱**，即中子注量率随中子能量的分布函数。为此，本章着重介绍中子能谱计算以及利用中子能谱获得群常数的办法。

5.1 裂变中子能谱

由第 2 章可知，^{235}U 核每次裂变反应会释放出 2～3 个瞬发中子和缓发中子，瞬发中子的能量分布在 0.05～10 MeV，其平均能量大约为 2 MeV。在某一能量 E 处瞬发中子所占的份额称之为瞬发中子能谱，用 $\chi_p(E)$ 表示。如 ^{235}U 的瞬发中子能谱为[7]

$$\chi_p(E)=0.453\mathrm{e}^{-1.036E}\sinh\sqrt{2.29E} \tag{5-4}$$

其中 E 的量纲为 MeV，其分布形状如图 5-1 所示。

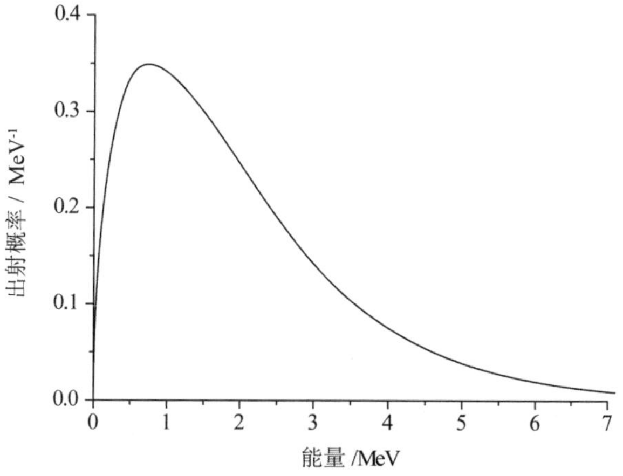

图 5-1 ^{235}U 瞬发中子能谱

当然严格地讲，^{235}U 在不同能量中子引起裂变产生的瞬发中子能谱是不尽相同的，工程设计计算时，需以核数据库中给定的数值为准。

缓发中子的主体能量分布在 0.05～0.6 MeV，其平均能量大约为 0.5 MeV，缓发中子一般按先驱核半衰期的长短分为 6 组，每组的缓发中子能谱分布是不一样的，分别用 $\chi_i(E)$，$i=1\sim6$ 表示，具体数值可从核数据库中查得，其分布形状如图 5-2 所示。

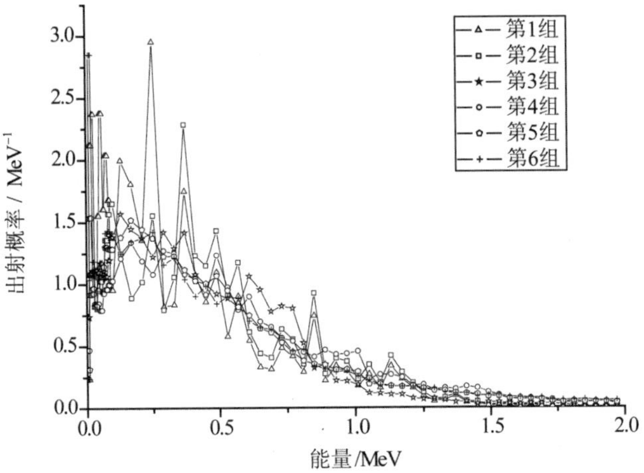

图 5-2　^{235}U 缓发中子能谱

5.2　无限均匀介质的中子慢化能谱

在热中子核反应堆中，裂变中子产生后要经历一个慢化过程，从而变为热中子，因此在慢化过程中中子随能量的分布就显得非常重要，慢化过程中的中子能谱称之为**慢化能谱**。如式(5-3)所示，我们需要的能谱不需要跟空间有关，所以不妨先讨论与空间无关的无限均匀介质的中子慢化能谱。

5.2.1　无限均匀介质的中子慢化方程

为了讨论方便，先定义一个**慢化密度**的概念，即：单位时间单位体积内慢化到能量 E 以下的中子数，用 $q(E)$ 表示。如图 5-3 所示，在能量 E' 处单位时间单位体积内发生散射作用的次数为 $\Sigma_s(E')\varphi(E')$，再乘以散射后能量变为 E'' 的概率 $\boldsymbol{f(E'\to E'')}$，就得到 E' 处中子慢化到 E'' 处的中子数为 $\Sigma_s(E')\varphi(E')f(E'\to E'')$。再把 E' 从 E 到 ∞ 进行积分，把 E'' 从 E 到 0 进行积分，就得到 E 处的中子慢化密度为

$$q(E)=\int_E^\infty \mathrm{d}E'\int_E^0 \Sigma_s(E')\phi(E')f(E'\to E'')\mathrm{d}E'' \tag{5-5}$$

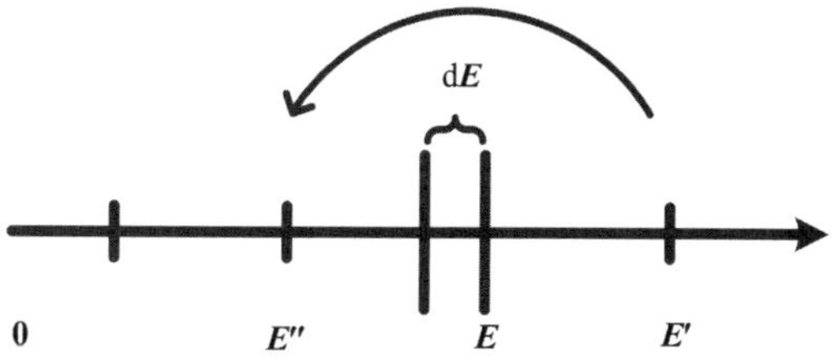

图 5-3 中子的慢化

下面考察图 5-3 中的微小 $\mathrm{d}E$ 间隔内的中子数守恒。首先讨论微小间隔 $\mathrm{d}E$ 内中子的产生数，根据上述分析，可知单位时间散射到 $\mathrm{d}E$ 间隔内的中子数为 $\mathrm{d}E\int_E^{\infty}\Sigma_s(E')\varphi(E')f(E'\to E)\mathrm{d}E'$，再加上外中子源产生数 $S(E)\mathrm{d}E$，就是 $\mathrm{d}E$ 间隔内中子的产生数。其次讨论微小间隔 $\mathrm{d}E$ 内中子的消失数，由于是无限介质，因此不考虑中子的泄漏，只有单位时间单位体积内的中子散射数和中子吸收数，即 $\Sigma_t(E)\varphi(E)\mathrm{d}E$。这样根据 $\mathrm{d}E$ 内的中子数守恒，并且两边同时约去 $\mathrm{d}E$，就得到**中子慢化方程**：

$$\Sigma_t(E)\varphi(E)=\int_E^{\infty}\Sigma_s(E')\varphi(E')f(E'\to E)\mathrm{d}E'+S(E) \tag{5-6}$$

其中，散射概率函数为

$$f(E'\to E)=\begin{cases}\dfrac{1}{(1-\alpha)E'}, & E<E'<E/\alpha\\ 0, & \text{其他}\end{cases} \tag{5-7}$$

代入式(5-6)后，中子慢化方程可简化为

$$\Sigma_t(E)\varphi(E)=\int_E^{E/\alpha}\frac{\Sigma_s(E')\varphi(E')}{(1-\alpha)E'}\mathrm{d}E'+S(E) \tag{5-8}$$

通过求解该方程，就可求得中子慢化能谱 $\varphi(E)$。

5.2.2 无吸收单核素氢介质的中子慢化能谱

方程(5-8)一般情况下是没有解析解的，只有在一些简单情况下可求出近似解。考虑到热中子核反应堆一般靠氢介质进行慢化，且吸收相对弱，这里我们不妨讨论无吸收单核素氢介质的慢化情况，以得到具有参考意义的中子慢化能谱的分布规律。

由于不考虑吸收，且氢的 $\alpha=0$，那么方程(5-8)变成

$$\Sigma_s(E)\varphi(E)=\int_E^{\infty}\frac{\Sigma_s(E')\varphi(E')}{E'}\mathrm{d}E' \tag{5-9}$$

该方程的解为 $\varphi(E)=\dfrac{C}{E}$，其中 C 为待定常数。

将散射函数 $f(E'\to E'')$ 和 $\varphi(E)=\dfrac{C}{E}$ 代入到中子慢化密度公式(5-5)得

$$q(E)=\int_E^{E/\alpha}\mathrm{d}E'\int_{\alpha E'}^{E}\Sigma_s(E')\varphi(E')\frac{1}{(1-\alpha)E'}\mathrm{d}E''$$
$$=\int_E^{E/\alpha}\Sigma_s(E')\varphi(E')\frac{E-\alpha E'}{(1-\alpha)E'}\mathrm{d}E' \tag{5-10}$$
$$=\frac{C}{1-\alpha}\int_E^{E/\alpha}\Sigma_s(E')\frac{E-\alpha E'}{E'^2}\mathrm{d}E'$$

由于氢核的散射截面近似为常数，求解式(5-10)积分可得

$$q(E)=C\Sigma_s(1+\frac{\alpha}{1-\alpha}\ln\alpha)=C\xi\Sigma_s \tag{5-11}$$

所以 $C=\frac{q(E)}{\xi\Sigma_s}$，代入 $\varphi(E)$ 的表达式得

$$\varphi(E)=\frac{q(E)}{\xi\Sigma_s E} \tag{5-12}$$

假设中子初始源强为 S_0，由于介质没有吸收，所以 $q(E)=S_0$，代入式(5-12)得中子慢化能谱为

$$\varphi(E)=\frac{S_0}{\xi\Sigma_s E} \tag{5-13}$$

$\xi\Sigma_s$ 为介质的慢化能力，一般为常数，可见中子慢化能谱服从 $1/E$ 分布规律，所以也称为 $1/E$ **谱**或**费米谱**。该结论可以推广到其他一般情况，如果介质不是单核素，是混合物的话，可近似将式(5-13)中的 $\xi\Sigma_s$ 替换成混合物的慢化能力 $\bar{\xi}\Sigma_s$，$\bar{\xi}$ 为混合物的平均对数能降，即

$$\bar{\xi}=\frac{\sum_i N_i\sigma_{si}\xi_i}{\Sigma_s} \tag{5-14}$$

如果介质是弱吸收的，那么在 E 到 $E-\mathrm{d}E$ 的能量间隔内，慢化密度的变化应该等于在 $\mathrm{d}E$ 内被吸收的中子数，即

$$\mathrm{d}q=q(E)-q(E-\mathrm{d}E)=\Sigma_a\varphi(E)\mathrm{d}E \tag{5-15}$$

将式(5-12)代入得

$$\frac{\mathrm{d}q}{q}=\frac{\Sigma_a}{\bar{\xi}\Sigma_s}\frac{\mathrm{d}E}{E} \tag{5-16}$$

由于 $q(E_0)=S_0$，因而方程(5-16)的解为

$$q(E)=S_0\exp(-\int_E^{E_0}\frac{\Sigma_a}{\bar{\xi}\Sigma_s}\frac{\mathrm{d}E'}{E'}) \tag{5-17}$$

再把 $q(E)$ 代回式(5-12)就得到弱吸收情况下的慢化能谱为

$$\varphi(E)=\frac{S_0}{\bar{\xi}\Sigma_s E}\exp(-\int_E^{E_0}\frac{\Sigma_a}{\bar{\xi}\Sigma_s}\frac{\mathrm{d}E'}{E'}) \tag{5-18}$$

根据逃脱共振吸收概率的定义，有

$$p(E)=\frac{q(E)}{S_0}=\exp(-\int_E^{E_0}\frac{\Sigma_a}{\bar{\xi}\Sigma_s}\frac{\mathrm{d}E'}{E'}) \tag{5-19}$$

可见，式(5-18)后面的指数项刚好就是逃脱共振吸收概率。因此，在弱吸收情况下慢化

能谱仍然近似满足 $1/E$ 谱，只不过需乘上一个逃脱共振吸收概率。

5.3 共振能谱

快中子慢化成超热中子时，其与很多重核素和部分中等核素会发生共振吸收反应，如图5-4所示，这时显然不能近似看成弱吸收了。

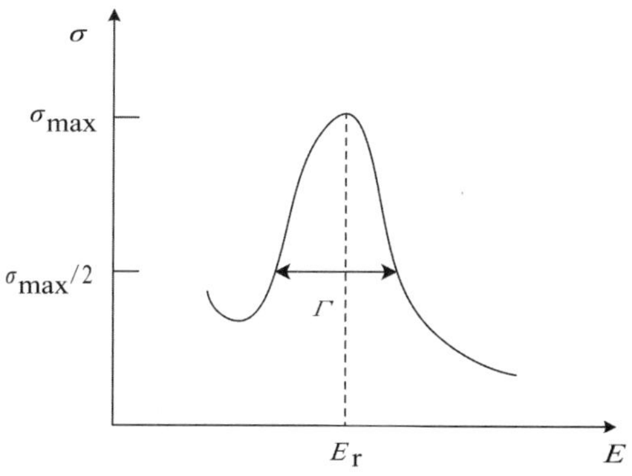

图 5-4 共振峰示意图

假如，某个共振峰的宽度为 ΔE_i，那么在这个共振峰内发生吸收的核反应率为

$$R_i = N_A \int_{\Delta E_i} \sigma_a(E)\varphi(E)\mathrm{d}E \tag{5-20}$$

其中 N_A 为共振吸收剂的核素密度，那么整个共振区的共振吸收核反应率为

$$R = \sum_i R_i = N_A \int_{\Delta E} \sigma_a(E)\varphi(E)\mathrm{d}E \tag{5-21}$$

我们通常把式(5-21)中的积分项称为**有效共振积分**，一般用 I 表示，即

$$I = \int_{\Delta E} \sigma_a(E)\varphi(E)\mathrm{d}E \tag{5-22}$$

显然，这个积分值的计算对于核反应率的计算至关重要。不过由于 $\sigma_a(E)$ 和 $\varphi(E)$ 在共振峰内非常复杂，有效共振积分的计算非常困难。一般只有在非常简单的情况下才有近似解。所以，下面我们仅讨论均匀介质情况的共振吸收和非均匀情况的等价原理。在实际工程应用中，一般采用更加精确的数值方法，如子群共振方法等，由于篇幅所限这里不做介绍。

5.3.1 均匀介质中的共振吸收

现在我们讨论一个由一种慢化剂 M 和一种吸收剂 A 组成的无限均匀介质的最简单情形，假设 $\Sigma_{s,M}$ 与能量无关，$\Sigma_{a,M}$ 忽略不计，这时中子慢化方程(5-8)可写成

$$\Sigma_t(E)\varphi(E) = \int_E^{E/\alpha_M} \frac{\Sigma_{s,M}\varphi(E')}{(1-\alpha_M)E'}\mathrm{d}E' + \int_E^{E/\alpha_A} \frac{\Sigma_{s,A}(E')\varphi(E')}{(1-\alpha_A)E'}\mathrm{d}E' \tag{5-23}$$

式中 $\Sigma_t(E) = \Sigma_{s,M} + \Sigma_{\gamma,A}(E) + \Sigma_{s,A}(E)$。由于吸收剂的散射截面 $\Sigma_{s,A}(E)$ 除包括了势散射外，还包括了共振散射，所以与能量有关。

中子与慢化剂核发生弹性散射的平均能量损失要远大于共振峰的实际宽度，因而相对

于慢化剂 M 而言,可以认为共振峰是足够狭窄的,也就是说,式(5-23)中的第一项积分的主要贡献来源于共振峰以外,所以可以近似用 $1/E$ 谱来近似 $\varphi(E)$,即

$$\int_E^{E/\alpha_M} \frac{\Sigma_{s,M}\varphi(E')}{(1-\alpha_M)E'}dE' = \frac{\Sigma_{s,M}}{1-\alpha_M}\int_E^{E/\alpha_M} \frac{1}{(E')^2}dE' = \frac{\Sigma_{s,M}}{E} \tag{5-24}$$

将式(5-24)代入式(5-23)得

$$\Sigma_t(E)\varphi(E) = \frac{\Sigma_{s,M}}{E} + \int_E^{E/\alpha_A} \frac{\Sigma_{s,A}(E')\varphi(E')}{(1-\alpha_A)E'}dE' \tag{5-25}$$

对于第二个积分项,可分三种情况进行近似处理。

(1)窄共振(NR)近似

如果对于吸收剂也满足如上所述的足够窄近似,那么同样可以近似用 $1/E$ 谱来近似 $\varphi(E)$,同时近似假设吸收剂的散射主要是势散射,即 $\Sigma_{s,A}(E)\approx\Sigma_{p,A}$,那么

$$\int_E^{E/\alpha_A} \frac{\Sigma_{s,A}(E')\varphi(E')}{(1-\alpha_A)E'}dE' \approx \frac{\Sigma_{p,A}}{E} \tag{5-26}$$

将式(5-26)代入式(5-25)得

$$\varphi_{NR}(E) = \frac{\Sigma_{s,M}+\Sigma_{p,A}}{\Sigma_t(E)E} \tag{5-27}$$

将式(5-27)代入有效共振积分公式,就可计算得到窄共振近似下的有效共振积分值。

(2)无限质量(NRIM)近似

如果吸收剂不能满足如上所述的足够窄近似,这时我们不妨假设它走向相反的极端,即中子与原子核发生碰撞时每次能量损失很小,相当于假定吸收剂的质量为无限大。这时 $\alpha_A \to 1$,这时

$$\lim_{\alpha_A\to 1}\int_E^{E/\alpha_A} \frac{\Sigma_{s,A}(E')\phi(E')}{(1-\alpha_A)E'}dE' = \Sigma_{s,A}(E)\phi(E) \tag{5-28}$$

将式(5-28)代入式(5-25)得

$$\varphi_{NRIM}(E) = \frac{\Sigma_{s,M}}{[\Sigma_{s,M}+\Sigma_{r,A}(E)]E} \tag{5-29}$$

(3)中间近似

比较式(5-27)和式(5-29),可以把它们写成一个通式

$$\varphi_R(E) = \frac{\Sigma_{s,M}+\lambda\Sigma_{p,A}}{(\Sigma_{s,M}+\Sigma_{\gamma,A}+\lambda\Sigma_{s,A})E} \tag{5-30}$$

$\lambda=1$ 时为 NR 近似,$\lambda=0$ 时为 NRIM 近似。

对于某些共振峰,NR 近似和 NRIM 近似都不能很好地满足,这时可采用“中间近似”,即把 λ 取成(0,1)之间的某一值。不同核素的 λ 值可从核数据库中获取。

将式(5-30)代入有效共振积分计算公式,分子分母同除以吸收剂的原子核密度 N_A 得

$$I_i = \int_{\Delta E_i} \sigma_{\gamma,A}(E)\frac{\Sigma_{S,M}/N_A+\lambda\sigma_{P,A}}{\sigma_{\gamma,A}+\lambda\sigma_{S,A}+\Sigma_{S,M}/N_A}\frac{dE}{E} \tag{5-31}$$

总之,如前所述,如果没有共振峰,慢化中子能谱近似服从 $1/E$ 分布,但遇到某一共振峰时,由于共振核素的吸收截面极大,从式(5-30)得知,$\varphi_R(E)$将会变得很小,从而 $1/E$ 曲线在共振峰出会出现急剧下陷,如图 5-5 所示,这种现象称之为**能量自屏效应**。从物理意义上看,这种中子注量率的急剧下陷是因为:在共振能附近吸收截面极大,使得中子在接近到共

振峰时就被吸收掉，无法继续慢化到共振峰内部能量处，所以共振峰内部能量处的中子注量率分布就低。这相当于由于能量上的共振原因，将内部屏蔽掉了，所以形象地称为能量自屏效应。

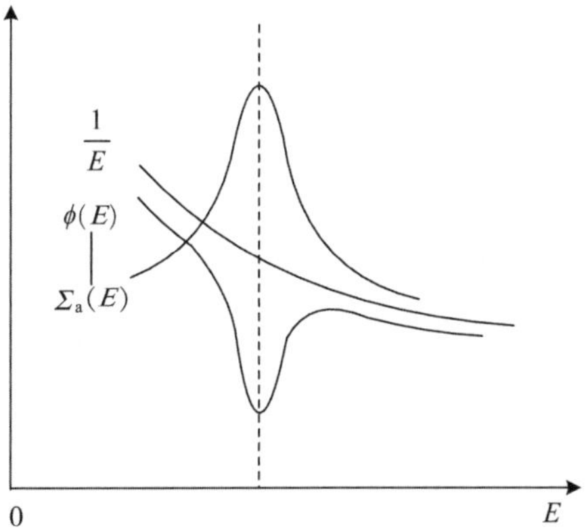

图 5-5 能量自屏效应示意图

5.3.2 非均匀介质中的共振吸收

非均匀栅格的共振能谱获得要比均匀问题复杂得多，一般无法获得解析表达式。为了简化起见，这里我们首先讨论最简单的孤立棒栅元情况。一般的热中子核反应堆燃料芯块之间的距离大于中子在慢化剂内的平均自由程，也就是说，假设从一个燃料块飞出的共振中子不可能在穿过慢化剂时未经任何碰撞而仍以原来的能量进入相邻的燃料块，这时就可以近似看成孤立棒栅元情形。

由于孤立棒栅元的燃料和慢化剂是分开的，所以用 $\varphi_F(E)$ 和 $\varphi_M(E)$ 分别表示燃料块和慢化剂内的共振中子能谱。为讨论方便，用 $P_{F0}(E)$ 表示在燃料块内产生的均匀和各向同性分布的、能量为 E 的中子未经碰撞逃出芯块在慢化剂内发生首次碰撞的概率，也称之为燃料的**首次飞行逃脱概率**。类似地用 $P_{M0}(E)$ 表示在慢化剂内均匀和各向同性分布的，能量为 E 的中子在燃料块内发生首次碰撞的概率。

下面我们考察燃料块内某一能量 E 附近 $\mathrm{d}E$ 能量间隔内（如图 5-6 所示）的中子平衡。

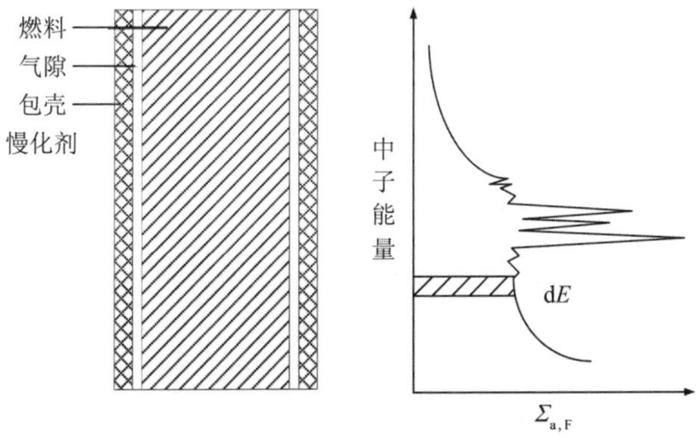

图 5-6 孤立燃料栅元的中子平衡

首先考察燃料块，在燃料块内能量高于 E 的中子与燃料核散射碰撞后能量变成 E 落到 $\mathrm{d}E$ 范围内的中子数为

$$V_{\mathrm{F}}\mathrm{d}E\int_{E}^{E/\alpha_{\mathrm{F}}}\frac{\Sigma_{\mathrm{S,F}}(E')\varphi_{\mathrm{F}}(E')}{(1-\alpha_{\mathrm{F}})E'}\mathrm{d}E' \tag{5-32}$$

式中，V_{F} 为燃料芯块的体积。这些中子在燃料块内发生首次碰撞的数目为

$$V_{\mathrm{F}}[1-P_{\mathrm{F0}}(E)]\mathrm{d}E\int_{E}^{E/\alpha_{\mathrm{F}}}\frac{\Sigma_{\mathrm{S,F}}(E')\varphi_{\mathrm{F}}(E')}{(1-\alpha_{\mathrm{F}})E'}\mathrm{d}E' \tag{5-33}$$

其次考察慢化剂，在慢化剂内能量高于 E 的中子与慢化剂核散射碰撞后能量变成 E 落到 $\mathrm{d}E$ 范围内的中子，然后在燃料块内发生首次碰撞的数目为

$$V_{\mathrm{M}}P_{\mathrm{M0}}(E)\mathrm{d}E\int_{E}^{E/\alpha_{\mathrm{M}}}\frac{\Sigma_{\mathrm{S,M}}(E')\varphi_{\mathrm{M}}(E')}{(1-\alpha_{\mathrm{M}})E'}\mathrm{d}E' \tag{5-34}$$

由于慢化剂主要是由轻核组成的，中子与慢化剂核发生一次碰撞后的平均能量损失远大于共振峰宽度，所以可以假设共振峰非常窄，可以用 $1/E'$ 近似 $\varphi_{\mathrm{M}}(E')$，同时可假设 $\Sigma_{\mathrm{SM}}(E')$ 近似为常数，这时式(5-34)变为

$$V_{\mathrm{M}}P_{\mathrm{M0}}(E)\mathrm{d}E\ \frac{\Sigma_{\mathrm{S,M}}}{1-\alpha_{\mathrm{M}}}\int_{E}^{E/\alpha_{\mathrm{M}}}\frac{1}{(E')^2}\mathrm{d}E' \tag{5-35}$$

通过积分，再利用首次飞行碰撞概率的互易关系式

$$\Sigma_{t,\mathrm{F}}V_{\mathrm{F}}P_{\mathrm{F0}}(E)=\Sigma_{t,\mathrm{M}}V_{\mathrm{M}}P_{\mathrm{M0}}(E)\approx\Sigma_{\mathrm{S,M}}V_{\mathrm{M}}P_{\mathrm{M0}}(E) \tag{5-36}$$

式(5-35)变为

$$\frac{\Sigma_{t,\mathrm{F}}V_{\mathrm{F}}P_{\mathrm{F0}}}{E}\mathrm{d}E \tag{5-37}$$

将式(5-37)加上式(5-33)就得到在燃料块内 $\mathrm{d}E$ 能量间隔内发生碰撞的总中子数 $\Sigma_{t,\mathrm{F}}(E)\varphi_{\mathrm{F}}(E)V_{\mathrm{F}}\mathrm{d}E$，两边同时消去 $V_{\mathrm{F}}\mathrm{d}E$，就得到了燃料块内的中子慢化方程

$$\Sigma_{t,\mathrm{F}}(E)\varphi_{\mathrm{F}}(E)=[1-P_{\mathrm{F0}}(E)]\int_{E}^{E/\alpha_{\mathrm{F}}}\frac{\Sigma_{\mathrm{S,F}}(E')\varphi_{\mathrm{F}}(E')}{(1-\alpha_{\mathrm{F}})E'}\mathrm{d}E'+\frac{P_{\mathrm{F0}}(E)\Sigma_{t,\mathrm{F}}(E)}{E} \tag{5-38}$$

与均匀情况下的慢化方程(5-25)在形式上非常类似，只要 $P_{\mathrm{F0}}(E)$ 已知，就可以参照均匀情况的思路解出 $\varphi_{\mathrm{F}}(E)$。

遗憾的是，$P_{\mathrm{F0}}(E)$ 与燃料块的形状、尺寸等量有关，是一个非常复杂的函数，一般没有解析表达式。不过维格纳(E. P. Wigner)提出了一种近似计算方法，假想用一个移出截面 σ_{e} 表示中子逃脱燃料棒的概率，它是燃料块的几何形状及大小的函数，那么 $P_{\mathrm{F0}}(E)$ 可以用一个有理函数来近似表达，即**有理近似**为：

$$P_{\mathrm{F0}}=\frac{\sigma_{\mathrm{e}}}{\sigma_{\mathrm{e}}+\sigma_{t,\mathrm{F}}} \tag{5-39}$$

这时(5-38)的解为

$$\varphi_{\mathrm{F}}(E)=\frac{\lambda\sigma_{\mathrm{P,F}}+\sigma_{\mathrm{e}}}{\sigma_{\mathrm{a,F}}+\lambda\sigma_{\mathrm{S,F}}+\sigma_{\mathrm{e}}}\frac{1}{E} \tag{5-40}$$

代入有效共振积分计算公式得

$$I_i=\int_{\Delta E_i}\sigma_{\mathrm{a,F}}(E)\ \frac{\sigma_{\mathrm{e}}+\lambda\sigma_{\mathrm{P,A}}}{\sigma_{\mathrm{a,F}}+\lambda\sigma_{\mathrm{S,F}}+\sigma_{\mathrm{e}}}\frac{\mathrm{d}E}{E} \tag{5-41}$$

比较式(5-31)和式(5-41)不难发现，只要将式(5-31)中的 $\Sigma_{\mathrm{S,M}}/N_{\mathrm{A}}$ 换成 σ_{e}，两个积分值

就完全一样了。从这可以得到启发,如果我们事先计算好均匀情形下在不同 $\Sigma_{S,M}/N_A$ 值下的有效共振积分,那么具体计算非均匀孤立棒情形的有效共振积分时,只要求得该非均匀孤立棒情形的 σ_e,就可以应用事先算好的均匀情况下的有效共振积分进行插值获得。即将非均匀孤立棒情形等价成了某一个均匀情形。这就是所谓的**等价原理**,$\Sigma_{S,M}/N_A$ 称为**稀释截面**。

根据能群平均截面的定义和共振积分值,可根据下式求得共振能群的平均截面:

$$\sigma_{a,g}=\frac{\sum\limits_{i\in g}I_i}{\int_{\Delta E_g}\varphi_F(E)\mathrm{d}E} \tag{5-42}$$

然而核反应堆一般都是由若干个燃料棒组成的,是由若干个一个挨着一个的稠密栅格组成的,并不是孤立棒栅元。前面关于中子一旦逸出燃料芯块必定将在慢化剂中发生下一次碰撞的假设就不成立了,因为它有可能在相邻燃料块中发生碰撞,这种相邻燃料棒间的相互影响通常叫做**丹可夫(Dancoff)效应**。稠密栅格的结构将增大中子和燃料共振吸收的概率,如图 5-7 所示。

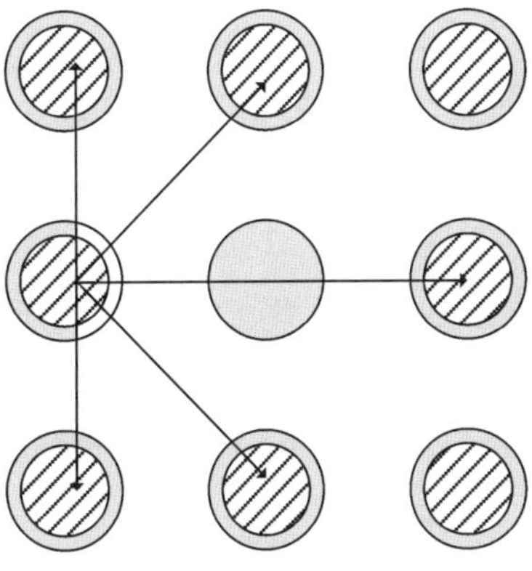

图 5-7　丹可夫效应示意图

在孤立棒情况下,燃料棒内产生的中子在燃料棒内被吸收的概率 P_a 应等于 $1-P_{F0}$。但在稠密栅格情况下,由于丹可夫效应,显然 P_a 增大了,所以首次飞行逃脱概率减小了。如用 P_F^* 表示考虑丹克夫效应后的首次飞行逃脱概率,那么 $P_F^*<P_{F0}$。因此,只要在前面孤立棒计算模型中用修正后的 P_F^* 代替 P_{F0} 就可以求解稠密栅格的共振问题了。具体修正方法这里就不介绍了。

通过丹克夫修正还可以解决燃料组件周围水隙或水洞栅元对旁边栅元的影响。

具有一般意义的均匀情况的共振积分计算是可以事先计算的,我们可以预先建立不同稀释截面下的有效共振积分数据库,实际应用时只需求得具体问题的移出出截面 σ_e,应用等价原理很容易插值获得有效共振积分。等价原理在工程计算中获得了广泛应用,并取得了良好的结果。当然,如果实际问题结构非常复杂,σ_e 很难求出,且 $P_{F0}(E)$的有理近似失效时,等价原理就势必带来很大的误差。所以,人们后来又相继发展了许多精确度更高、适用范围更广的先进共振计算方法,如广义等价方法、子群方法、超细群方法和小波展开法等。

5.4　热中子能谱

中子能量慢化到分界能(压水堆通常取 $E_c=0.625$ eV)以下时,就成为热中子了,其能量已经很低了。不过即使在这么小的能量范围内,其中子能谱分布 $\varphi(E)$对热中子核反应堆来讲仍然是非常重要的。

确切地讲,所谓热中子是指与周围介质的原子核达到热平衡的中子。而众所周知,处于热平衡的粒子的热运动速度是服从于麦克斯韦-玻尔兹曼分布的,因此,在无限大、无源、无吸收介质中,热中子的运动速度分布也应服从麦克斯韦-玻尔兹曼分布,即

$$n(v)=4\pi\left(\frac{m}{2\pi kT_M}\right)^{\frac{3}{2}}v^2\mathrm{e}^{-\frac{mv^2}{2kT_M}} \tag{5-43}$$

其中，n 为中子密度，k 为玻尔兹曼常数，$k=0.861\ 735\times10^{-4}$ eV/K，T_M 为介质温度，单位为 K。把中子速度换算成中子动能，就得到中子密度随能量的分布

$$n(v)=\frac{2\pi}{(\pi kT_M)^{\frac{3}{2}}}\mathrm{e}^{-\frac{E}{kT_M}} \tag{5-44}$$

室温下 $n(E)$ 的分布曲线如图 5-8 中的 1 号线所示。

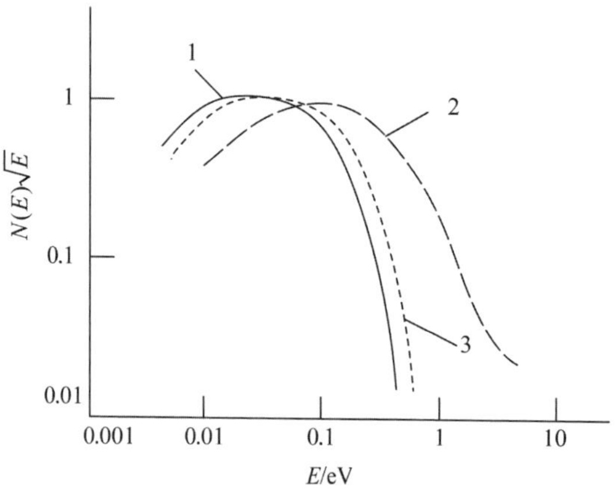

图 5-8　$T_M=293$ K 麦克斯韦-玻尔兹曼分布

1—室温下分布曲线；2—谱硬化；3—修正后分布曲线

从 $n(v)$ 的分布曲线看，其分布概率有一个峰值。我们把对应于 $n(v)$ 最大值的速度 v 称之为**最可几速度**。根据求极值的方法，令 $\frac{\partial n(v)}{\partial v}=0$ 可得

$$v=\left(\frac{2kT_M}{m}\right)^{1/2}=1.28\times10^2\sqrt{T_M}\ \text{m/s} \tag{5-45}$$

将 $T_M=293.4$ K 代入得，室温情况下最可几速度为 $v=2\ 200$ m/s，其对应的中子能量为 $E=0.025\ 3$ eV。

事实上，在热中子核反应堆中，热中子不可能与周围介质达到完全理想的热平衡，这是因为两个原因：①在热中子核反应堆中，热中子总是从能量高的地方不断慢化而来的，这就使得在能量较高区热中子数目要相对多些；②热中子在扩散过程中，总是要被介质或多或少地吸收，这就使得在能量较低区域热中子数目要相对少些。这两个原因作用的共同结果，就使得麦克斯韦-玻尔兹曼分布发生了**谱硬化**现象，如图 5-8 中的 2 号线所示。

可以看出，将理想状态下的麦克斯韦谱向能量高的一侧进行适当平移就可近似获得实际状态下的麦克斯韦谱。也就是说，可以通过修正式(5-44)中的介质温度就可以近似获得真实的麦克斯韦谱。

考虑到导致麦克斯韦谱硬化的两个原因，可以用下式对介质温度进行修正

$$T_n=T_M\left(1+C\frac{\Sigma_a(kT_M)}{\xi\Sigma_s}\right) \tag{5-46}$$

其中 C 为经验系数，对于铀-水稠密栅元，$C=1.4$。为了区别于介质温度，人们常常称 T_n 为**中**

子温度，其实这并不是中子真正的温度。这样用 T_n 代入式(5-44)就得到修正后的麦克斯韦谱

$$n(E)=\frac{2\pi}{(\pi kT_n)^{3/2}}e^{-E/kT_n}\sqrt{E} \tag{5-47}$$

其分布曲线如图 5-8 中的 3 号线所示，更接近核反应堆真实的热中子能谱。由此可得到修正后的热中子能谱表达式为

$$\varphi(E)=\frac{2\sqrt{2}\pi}{(\pi kT_n)^{3/2}}e^{-E/kT_n}E \tag{5-48}$$

有了热中子能谱，就可以根据核反应率守恒计算得到热中子的平均截面，即

$$\bar{\sigma}=\frac{\int_0^{E_c}\sigma(E)\varphi(E)\mathrm{d}E}{\int_0^{E_c}\varphi(E)\mathrm{d}E} \tag{5-49}$$

对于吸收截面服从 $1/v$ 率或 $1/\sqrt{E}$ 率，利用上式就很容易求得热中子的平均吸收截面为

$$\overline{\sigma_a}=\frac{\sqrt{\pi}}{2}\sqrt{\frac{0.0253}{kT_n}}\sigma_a(0.0253)=\frac{\sigma_a(0.0253)}{1.128}\sqrt{\frac{293}{T_n}} \tag{5-50}$$

如果吸收截面不严格服从 $1/v$ 率，那么可以在上式中乘以修正因子 g_a，各核素的 g_a 因子可从核数据库中查得。

例题：已知某一核反应堆堆芯介质在 0.025 3 eV 能量时的宏观吸收截面为 $\Sigma_a(0.0253)=9.71\ \mathrm{m^{-1}}$，慢化能力 $\xi\Sigma_s=69.5\ \mathrm{m^{-1}}$，介质的热力学温度为 $T_M=535.5$ K，求 ^{235}U 的平均热中子截面。

解：根据 $1/v$ 率，求出介质在 kT_M 能量下的宏观吸收截面

$$\Sigma_a(kT_M)=\Sigma_a(0.0253)\sqrt{\frac{0.0253}{kT_M}}=7.19\ \mathrm{m^{-1}}$$

代入中子温度公式得

$$T_n=T_M\left[1+1.4\frac{\Sigma_a(kT_M)}{\xi\Sigma_s}\right]=613\ \mathrm{K}$$

查表得 ^{235}U 的吸收截面和 g_a 因子，代入热中子平均吸收截面公式得

$$\overline{\sigma_a}=\frac{\sigma_a(0.0253)}{1.128}\sqrt{\frac{293}{T_n}}g_a=\frac{680.9}{1.128}\sqrt{\frac{293}{613}}\times 0.9343=389.91\ \mathrm{b}$$

5.5 非均匀核反应堆能谱计算

前面已经系统介绍了中子裂变产生、慢化、共振和热中子的能谱，但都局限于理想的均匀无限介质。而真实的核反应堆一般都是燃料和慢化剂(或冷却剂)分开的，且结构非常复杂、有限大小的系统，因此要获得真实核反应堆的能谱，往往还需要借助于一些数值方法。在介绍这些数值方法之前，我们首先介绍非均匀的布置会给核反应堆带来的影响，然后再应用核反应率守恒原则等效成均匀问题。

5.5.1 非均匀效应与空间自屏效应

不妨以热中子核反应堆为例，如图 5-9 所示，燃料和慢化剂分开规则排列。与均匀布置

相比，这种非均匀布置势必给快中子、超热中子、热中子的分布带来大的变化，如图 5-10 所示。

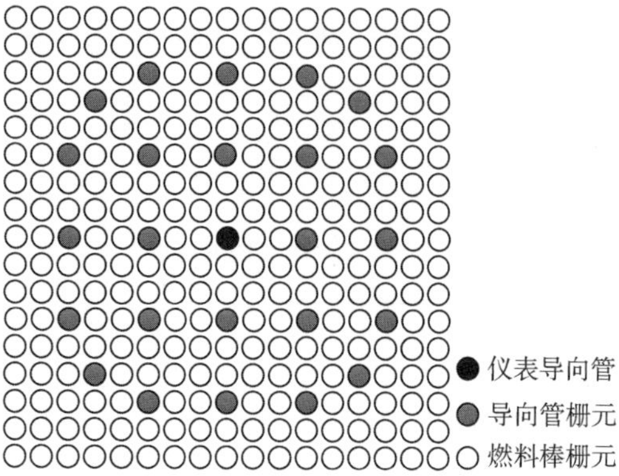

图 5-9　压水堆栅元布置示意图

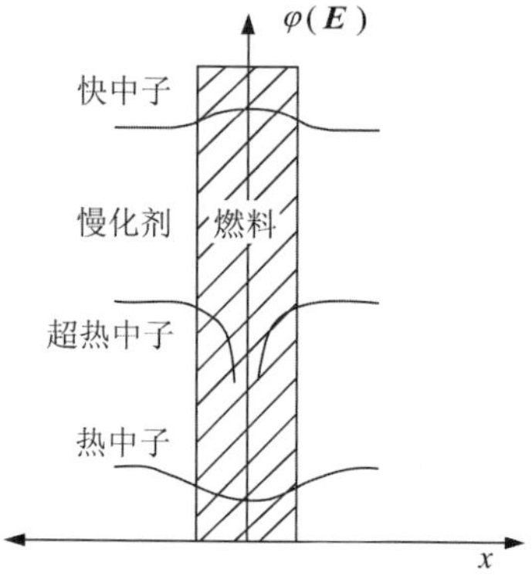

图 5-10　栅元内中子注量率空间分布

由于快中子是在燃料棒内裂变产生的，所以快中子在燃料块内的分布要高于慢化剂中，这样可以增加可裂变核素^{238}U的裂变可能性，会导致快中子倍增系数 ε 稍有增加，不过这个增加是非常有限的。

由于超热中子是由慢化产生的，所以慢化剂中的超热中子要比燃料棒中多，且由于燃料棒中^{238}U对超热中子具有很强的共振吸收，使得慢化剂中产生的超热中子刚刚进入到燃料棒表面时就会被吸收，所以超热中子几乎没有机会进入到燃料棒内部，这种燃料外层对内层起的屏蔽作用称之为**空间自屏效应**。这种空间自屏效应使得超热中子的共振吸收减少了，也就是说逃脱共振吸收概率 p 增加了。

由于热中子是在慢化剂中产生的，所以显然慢化剂中的热中子要比燃料棒中的多，因此燃料吸收热中子的概率就减少了，即热中子的利用系数 f 就减少了。

可见，非均匀栅元布置会使四因子模型中的三个因子发生变化，其中 ε 变化很小，所以我们一般考虑 p 和 f 的变化，或者 $p\times f$ 的变化就可以了。

我们经常用**水-铀比**来描述慢化剂体积与燃料芯块体积之比，水-铀比的大小可以反映栅元的非均匀程度。在不同的水-铀比下的 p 和 f 的变化趋势如图 5-11 所示，水-铀比增加时，栅元的慢化能力增强，超热中子数减少，共振吸收减少，导致逃脱共振吸收概率 p 增加；水-铀比增加，慢化剂增多，慢化剂吸收中子增加，导致热中子利用系数 f 减少。一个增加，另一个减少，根据四因子模型得栅元的 k_∞ 随着水-铀比增加，有个先增加后减少的过程，如图 5-12 所示。可见要使栅元 k_∞ 尽量大，水-铀比有个最佳选择的问题。

我们经常把 k_∞ 最大值所对应的水-铀比右侧称为**过慢化区**，因为这里的慢化剂偏多，左侧则称为**欠慢化区**，因为这里的慢化剂偏少。目前压水核反应堆大多采用的是稠密栅格，属于欠慢化。

水-铀比的概念长期在工程被应用，发挥了很好的作用。但它很难表述真正的裂变核素^{235}U含量和慢化核素 H 密度之间的比例，因此，最近人们开始引入更精确的概念$^{235}U/H$之比了。

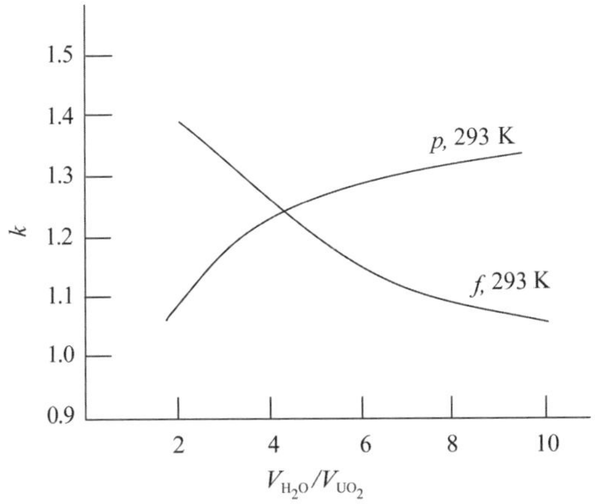

图 5-11　不同水-铀比下的 p 和 f 的变化

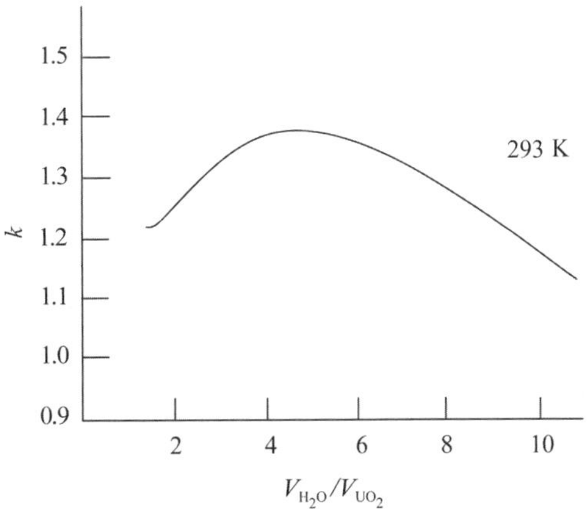

图 5-12　不同水-铀比下的 k_∞ 变化

5.5.2　栅元的均匀化计算

由于常见的动力堆中一般包括上百个组件，每个组件又包含上百个栅元，这样全堆芯就包含了成千上万个燃料栅元，燃料栅元外围还有围板和反射层。如直接进行全堆芯非均匀计算，其计算量是难以接受的，所以通常采用栅元均匀化、组件均匀化、堆芯计算"三步法"计算技术，在空间均匀化的同时，同步进行能群归并，从而为后续的高计算效率提供保障，具体流程如图 5-13 所示。

首先介绍栅元均匀化。应用核反应率守恒，可以将一个非均匀栅元等效成一个均匀栅元，这个过程称为空间均匀化，如图 5-14 所示。

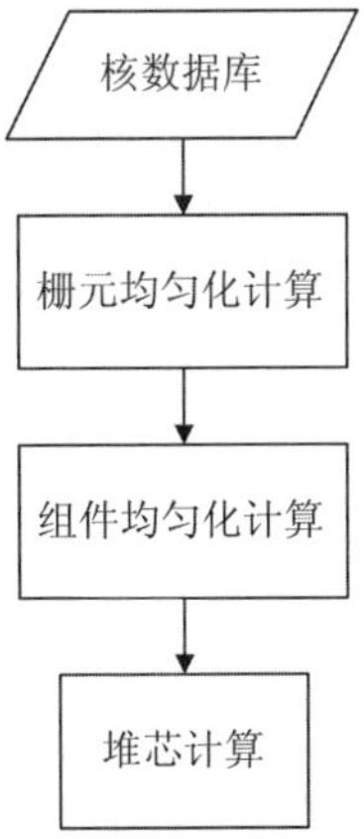

图 5-13　"三步法"计算流程示意图

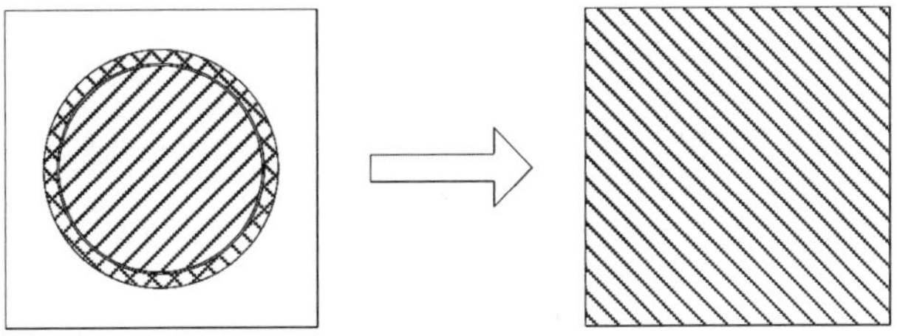

图 5-14　栅元均匀化

均匀化后的栅元平均截面为

$$\overline{\Sigma}_g = \frac{\sum_{n\in g}\sum_{i}\Sigma_n^i\overline{\varphi}_n^i V_i}{\sum_{n\in g}\sum_{i}\overline{\varphi}_n^i V_i} \tag{5-51}$$

其中，n 表示栅元计算多群的编号，g 表示并群后中等能群的编号。也就是说，针对栅元进行多群(一般为 70～300 群)中子输运计算，获得栅元的各群各区的中子注量率 $\overline{\varphi}_n^i$，利用式(5-51)就可以获得栅元中等能群数(一般为 15～30 群)的平均截面$\overline{\Sigma}_g$。由于在核反应堆中有上万个栅元，所以在进行栅元计算时一般取对称边界条件，为了保证计算精度，一般求解一维圆柱几何下的多群中子输运方程，其多群截面可直接从多群核数据库获得。

在进行压水堆栅元计算时，为提高计算效率，一般将外边界的方形等效成圆形，使得栅元问题简化为一维圆柱问题，如图 5-15 所示，且边界条件采用白边界条件来代替对称边界条件，以提高计算精度。所谓白边界条件就是假设中子到达边界后按各向同性反射。

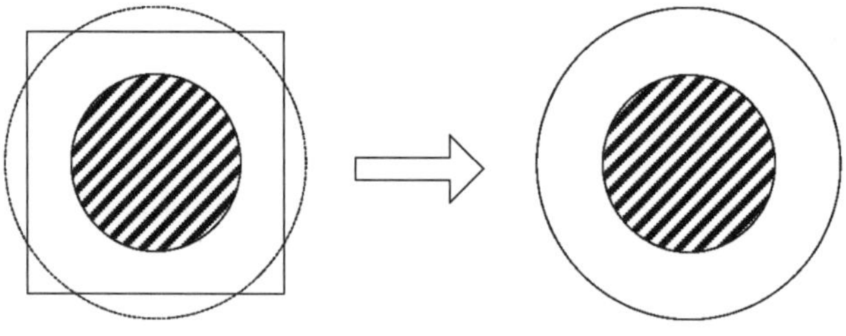

图 5-15 栅元的边界等效

对于非燃料栅元(如控制棒、水洞)，必须在其周围相邻区域加入燃料栅元，否则中子输运方程无法求解。如图 5-16 所示，将其等效成一个大的超栅元。进行中子输运计算后，就可以利用得到的中子注量率分布并群并区，获得非燃料栅元的均匀化截面。

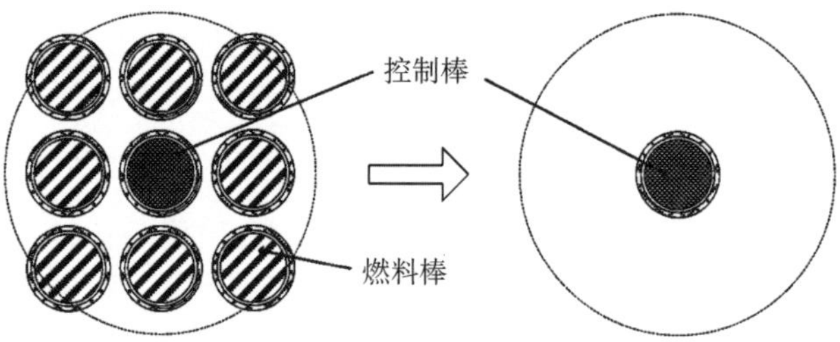

图 5-16 非燃料栅元的超栅元等效

5.5.3 组件的均匀化计算

针对不同类型的栅元，根据上述栅元均匀化计算过程就可以获得各类型栅元的平均截面，这样就可以得到某一组件的各类栅元平均截面。再对这一组件进行中等能群数的中子输运计算，就可获得各群各区中子注量率。类似地利用式(5-51)，就可以获得该组件的少群(一般为 2～4 群)平均截面，如图 5-17 所示。组件计算时，一般求解二维直角坐标系下的多群中子输运方程，四边取对称边界条件。

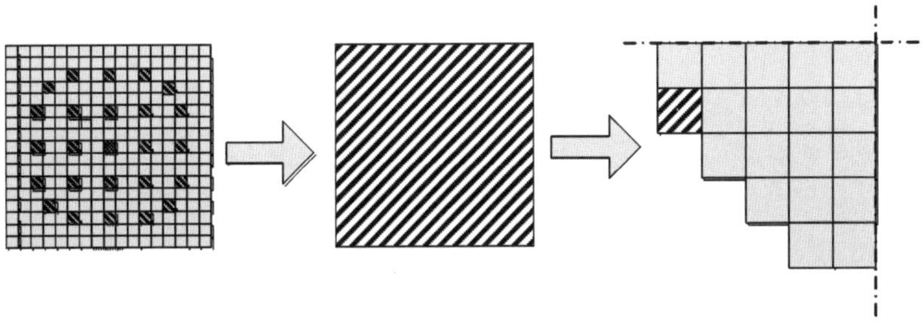

图 5-17　组件均匀化

针对不同类型的组件，重复上述组件均匀化计算过程就可以获得各类组件的少群平均截面，这样就可以提供给堆芯计算，获得堆芯中子注量率。

对于反射层组件，必须连带其旁边的燃料组件一起求解，燃料一侧的外边界用对称边界条件，反射层一侧的外边界用真空边界条件，如图 5-18 所示。进行中子输运计算后，就可以利用得到的反射层内部的中子注量率分布并群并区，获得反射层的均匀化截面。因篇幅所限，具体细节这里不做介绍，请参阅相关文献[5,8]。

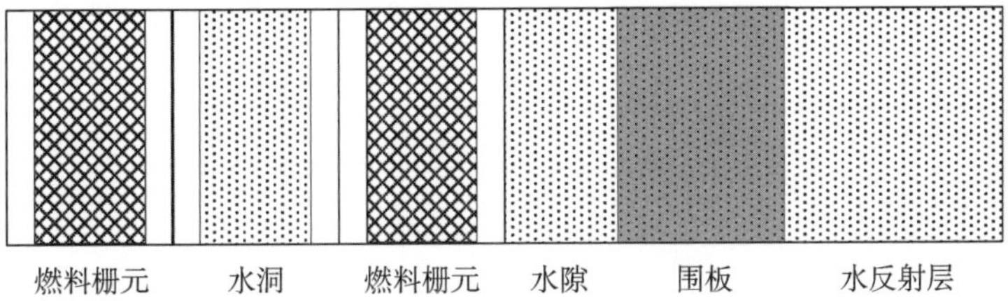

图 5-18　反射层参数计算

如图 5-13 所示的三步均匀化方法有时也称为**两步均匀化方法**，即将栅元均匀化和组件均匀化合并成一步参数均匀化，第二步就是堆芯计算，该思想在核反应堆设计计算中发挥了重要作用。但随着计算条件的不断发展和人们对计算精度要求的不断提高，最近新发展起了一种组件非均匀计算方法，即直接针对组件进行一步非均匀多群中子输运计算，然后直接进行组件均匀化。还有一种思想是进行全堆芯 pin-by-pin 计算[9]，即只对栅元(pin)进行均匀化，然后就对全堆芯进行基于均匀化栅元的计算。当然，随着计算条件的不断改善，还可以直接对全堆芯进一次性非均匀中子输运计算，彻底消除均匀化思想带来的误差。

根据上述思想，就得到了少群(2～4 群)组件均匀化截面，这时就可以利用节块方法求解全堆芯的中子注量率分布了。在堆芯计算时，一般计算二维或三维直角几何下的少群中子扩散方程。由于先进反应堆不能满足扩散理论的斐克定律假设，又缺少工程验证数据，目前国际上已开始研究采用少群中子输运方程进行堆芯计算，以提高计算精度。

习　题

1. 名词解释：中子能谱，慢化密度。
2. 请简单描述压水堆中的中子能谱。
3. 什么是首次飞行逃脱概率？什么是丹克夫效应？

4. 试列出至少四种共振计算方法。
5. 什么是能量自屏效应和空间自屏效应?
6. 压水堆中栅格的非均匀效应会影响到四因子模型中的哪些参数?作用机制是什么?
7. 什么是过慢化和欠慢化?为什么压水堆选择设计成欠慢化?

6 燃耗与中毒

随着核反应堆运行，核反应堆中裂变核素会逐渐减少，裂变产物会逐渐增多，对核反应堆内的中子平衡会造成影响，对核反应堆的安全运行与控制极其重要，因此本章着重介绍裂变核素和裂变产物浓度的变化，及其对核反应堆反应性的影响。

6.1 重同位素的燃耗

首先我们以压水堆中最常用的核燃料为例，考察重同位素的燃耗过程。图 6-1 和图 6-2 分别为 ^{235}U 和 ^{238}U 的燃耗链。从这两个燃耗链可以归纳出一般同位素的产生与消耗的途径，如图 6-3 所示，产生的途径无非是衰变和吸收，消失的途径也无非是衰变和吸收。

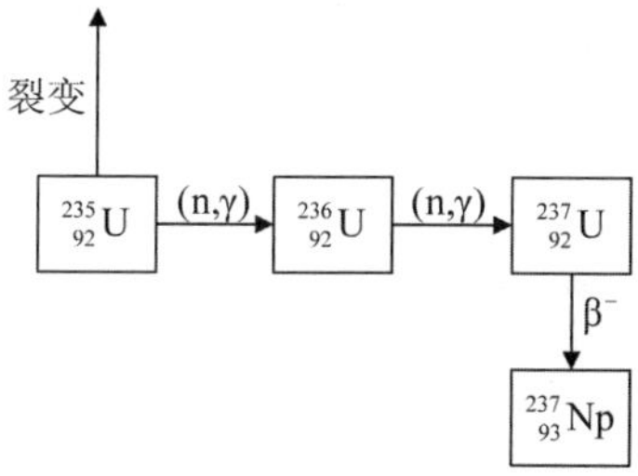

图 6-1 ^{235}U 燃耗链

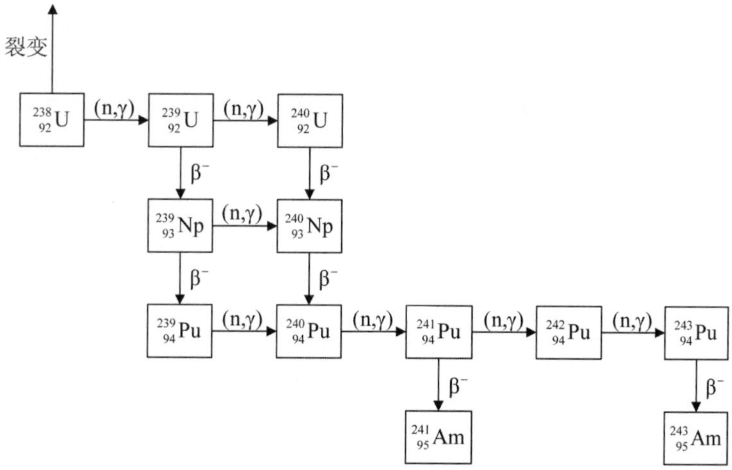

图 6-2 ^{238}U 燃耗链

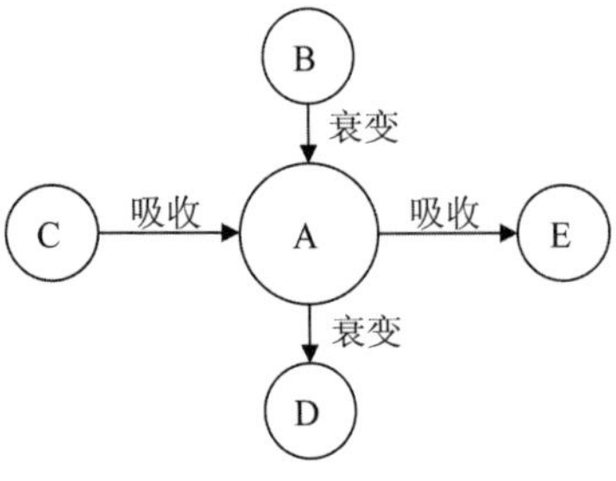

图 6-3　核素的产生与消失途径

假如核素 A 为重同位素，其产生的途径不可能包括裂变产生，所以其吸收中只包含辐射俘获。根据其原子核密度的守恒性，即核素 A 的增加率等于其在单位时间内的产生量减去消失量。产生包括核素 C 俘获中子产生 A 的量和核素 B 衰变产生 A 的量，消失包括核素 A 的吸收率和衰变率。写成微分方程为

$$\frac{\mathrm{d}N_{\mathrm{A}}(t)}{\mathrm{d}t}=N_{\mathrm{C}}\sigma_{\gamma,\mathrm{C}}\phi+\lambda_{\mathrm{B}}N_{\mathrm{B}}-N_{\mathrm{A}}\sigma_{\mathrm{a,A}}\phi-\lambda_{\mathrm{A}}N_{\mathrm{A}} \tag{6-1}$$

其中 N_{A}、N_{B}、N_{C} 分别为核素 A、B、C 的原子核密度（cm^{-3}），$\sigma_{\gamma,\mathrm{C}}$ 和 $\sigma_{\mathrm{a,A}}$ 分别表示核素 C 的微观俘获截面和核素 A 的微观吸收截面（cm^2），ϕ 代表中子注量率（$\mathrm{cm}^{-2}\mathrm{s}^{-1}$），$\lambda$A、$\lambda_{\mathrm{B}}$ 和 λ_{C} 依次表示核素 A、B、C 的衰变常数（s^{-1}）。

显然这是个一阶常微分方程，N_{B}、N_{C} 为核素 A 的先驱核浓度，求解 N_{A} 时一般已经知道，而 N_{A} 初始时刻的值也应该是已知的，所以这个一阶常微分方程很容易求解。既可以用解析方法求解，也可以用数值方法求解。类似方程(6-1)这类原子核密度的守恒方程被称为**燃耗方程**。

值得指出的是，燃耗方程(6-1)中包含了中子注量率 ϕ。显然 ϕ 是与核反应堆当时的各种核素的浓度是有关的，不同的 N_{A} 影响着 ϕ，反之，不同的 ϕ 又影响着 N_{A}。所以我们必须采用近似的处理技术将 ϕ 和 N_{A} 分离开来，否则方程(6-1)无法直接求解。

值得庆幸的是，核反应堆的 ϕ 对 N_{A} 的影响并不是那么紧密，这就使得有可能将其分离开来处理。目前在实际应用中，一般将时间 t 分成若干个步长，如图 6-4 所示。

图 6-4　燃耗时间步长的划分

在某一步长的起始时刻，利用已知的原子核密度 $N_i(t_n)$ 就可以求解中子扩散（或中子输运）方程，获得 t_n 时刻的中子注量率分布 $\phi(t_n)$，然后用这个 $\phi(t_n)$ 求解燃耗方程，获得下一个时刻的原子核密度 $\overline{N}_i(t_{n+1})$。显然，这里假设在这个时间步长内中子注量率分布没有变化，这在一般情况下是不成立的，这个过程相当于预估，因此得到的 $\overline{N}_i(t_{n+1})$ 并不准确。这时，需要再利用 $\overline{N}_i(t_{n+1})$ 计算 t_{n+1} 时刻的中子注量率分布 $\phi(t_{n+1})$，再用 $\phi(t_{n+1})$ 从 t_n 时刻重新求解一次燃耗方程，得到 t_{n+1} 时刻的新的 $\overline{\overline{N}}_i(t_{n+1})$，这个过程相当于校正。最后用 $\overline{N}_i(t_{n+1})$ 和 $\overline{\overline{N}}_i(t_{n+1})$ 求平均值，就得到 t_{n+1} 时刻的新的 $N_i(t_{n+1})$ 了。这整个求解方法称为**预估-校正**法。

$$N_i(t_{n+1})=\frac{\overline{N}_i(t_{n+1})+\overline{\overline{N}}_i(t_{n+1})}{2} \tag{6-2}$$

由于初始时刻所有核素的浓度都是已知的，这样利用上述求解思路从零时刻开始逐个时间步长进行计算，就可获得所有时刻的原子核密度了。

图 6-5 为某典型压水堆中常见重核素的浓度变化曲线，可见 ^{235}U 浓度几乎是线性减少的，^{239}Pu 却不断增加，直至趋于某一稳定值。^{235}U 近似线性减少的原因是因为核反应堆每天发出的功率是不变的，所以每天消耗掉的 ^{235}U 是几乎不变的。但由于易裂变核素 ^{239}Pu 的不断积累，在核反应堆发出功率中的贡献会不断增加，所以到循环后期 ^{235}U 的速率会适当降

低，^{235}U 的原子核密度会趋于平缓。

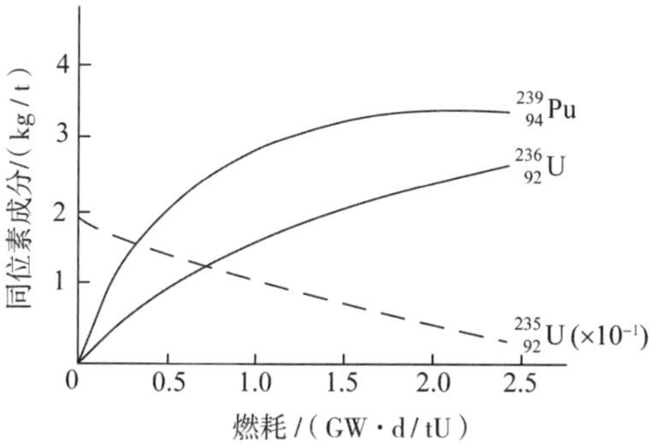

图 6-5 典型重同位素的质量份额随时间的变化

核反应堆装料后从开始运行直到堆芯 $k_{\rm eff}$ 降到 1 时满功率运行的时间称为**堆芯寿期**。堆芯寿期结束时需要停堆换入新的燃料。早期核电站压水堆的堆芯寿期一般为 12 个月，近年来延长到 18 个月。我们常用燃耗深度来描述核燃料在核反应堆内使用的寿命，燃耗深度的大小反映了燃料的贫化程度。为了工程上的使用方便，不同用途的核反应堆其燃耗深度的定义有所不同，但其本质是相同的，且可以互相换算。

核电厂核反应堆通常把装入堆芯的单位质量燃料所发出的能量定义为**燃耗深度**，单位为每吨铀燃料所发出的能量，即兆瓦日每吨铀，MW·d/tU。非以产能为主要目的的核反应堆有时用燃耗掉的易裂变核素质量与装载的易裂变核素质量之比来定义燃耗深度，单位为百分率，%。有时也用燃耗掉的易裂变核素质量与装载的燃料质量之比来定义燃耗深度。

核反应堆在卸料时，燃料所达到的燃耗深度称为**卸料燃耗深度**。核反应堆每次换料大概要卸出 1/4～1/3 的燃料组件，每盒燃料组件的卸料燃耗深度是不可能完全相同的，那么这一批卸出的燃料的平均燃耗深度称为**平均卸料燃耗深度**，其中最大的那个燃耗深度称为**最大卸料燃耗深度**。显然平均卸料燃耗深度越大，经济性越好，但最大卸料燃耗深度必须满足安全限值防止燃料破损。

6.2 裂变产物的中毒

裂变核素裂变会产生近百种的裂变产物，其中有部分核素由于自身吸收中子或衰变会消失，到一定时间后其消失与产生达到了平衡，这类裂变产物称为**饱和裂变产物**，其他的一些核素，一直不会消失或消失几乎为零，随着核反应堆的运行其浓度不断增加积累，这类裂变产物称为**非饱和裂变产物。**

有极少数裂变产物对热中子具有很大的吸收截面，其势必会对核反应堆的反应性造成影响，特别是对热中子核反应堆的影响巨大，这种由于裂变产物吸收中子导致的核反应堆反应性的变化量称为裂变产物**中毒**，这种裂变产物常称为**毒物**。根据简易的四因子模型可以估算出中毒的大小。

根据四因子模型得核反应堆在没有裂变产物时的 $k_{\rm eff}$ 为

$$k_{\rm eff}=\varepsilon p\eta\frac{\Sigma_{\rm a}^{\rm F}}{\Sigma_{\rm a}^{\rm F}+\Sigma_{\rm a}^{\rm M}}P_{\rm L} \tag{6-3}$$

考虑裂变产物的吸收后变为

$$k'_{\mathrm{eff}}=\varepsilon p\eta\frac{\Sigma_a^F}{\Sigma_a^F+\Sigma_a^M+\Sigma_a^P}P_L \tag{6-4}$$

式中，Σ_a^P 为毒物的宏观吸收截面。那么由于裂变产物吸收中子引起的反应性变化为

$$\Delta\rho=\frac{k'_{\mathrm{eff}}-k_{\mathrm{eff}}}{k'_{\mathrm{eff}}}\approx-\frac{\Sigma_a^P}{\Sigma_a}=\frac{N_P\sigma_a^P}{\Sigma_a} \tag{6-5}$$

可见，计算中毒大小关键是要知道毒物核素的浓度。^{235}U 的裂变产物中主要有两种核素 ^{135}Xe 和 ^{149}Sm 具有很大的热中子吸收截面，且其裂变产额(详见表 6-1)也较高。

表 6-1　不同中子能量下的 α

裂变产物核素	裂变产额 γ/%				衰变常数 λ/s^{-1}
	^{233}U	^{235}U	^{239}U	^{241}U	
^{135}I	5.034	6.283	6.531	6.943	2.93×10^{-5}
^{135}Xe	1.227	0.258	1.076	0.227	2.11×10^{-5}
^{149}Pm	0.778	1.081	1.217	1.474	3.63×10^{-6}

6.2.1　^{135}Xe 中毒

图 6-6 为 ^{135}Xe 在不同能量下的吸收截面，可见在热中子区高达约 3×10^6 b，大约是 ^{235}U 吸收截面的 1 万倍。

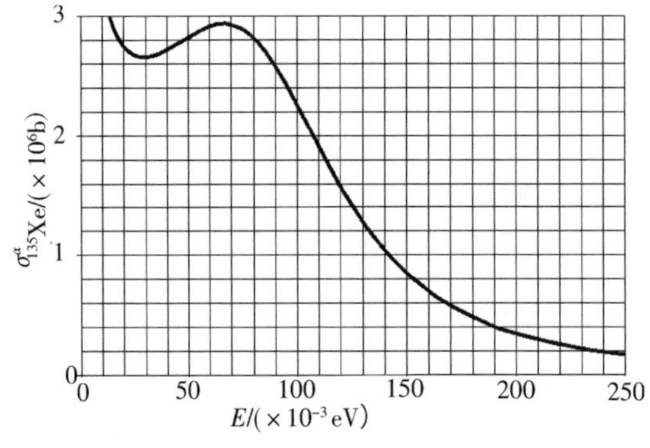

图 6-6　^{135}Xe 的吸收截面

图 6-7 为 ^{135}Xe 的燃耗链，由于 ^{135}Sb 和 ^{135}Te 很快会衰变为 ^{135}I，可以近似认为 ^{235}U 直接裂变产生 ^{135}I，只不过这时 ^{135}I 的裂变产额要包含 ^{135}Sb 和 ^{135}Te 的裂变产额。^{135}Xe 简化燃耗链如图 6-8 所示。

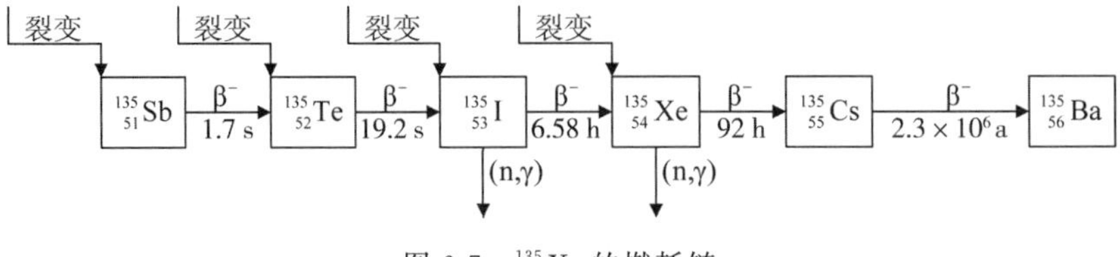

图 6-7　^{135}Xe 的燃耗链

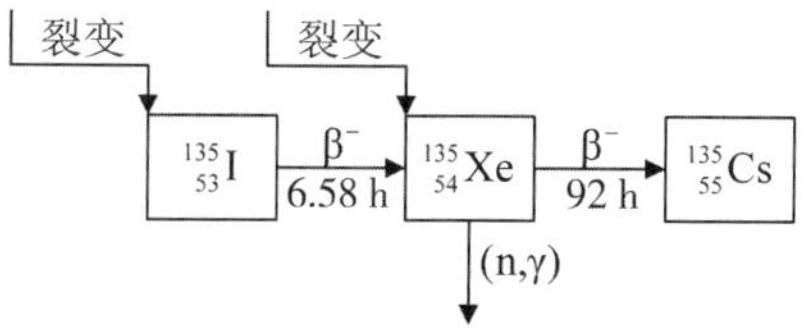

图 6-8 ^{135}Xe 的简化燃耗链

根据图 6-8 中的简化燃耗链,可以写出^{135}I 和^{135}Xe 的燃耗方程

$$\frac{dN_I(t)}{dt}=\gamma_I\Sigma_f\phi-\lambda_I N_I \tag{6-6}$$

$$\frac{dN_{Xe}(t)}{dt}=\gamma_{Xe}\Sigma_f\phi+\lambda_I N_I-(\lambda_{Xe}+\sigma_a^{Xe}\phi)N_{Xe} \tag{6-7}$$

加上初始时刻^{135}I 和^{135}Xe 的浓度,就很容易通过求解方程(6-6)和方程(6-7)得到^{135}I 和^{135}Xe 的浓度随时间的变化情况。下面,我们就几个典型工况进行讨论。

(1)核反应堆启动

对于一个新的堆芯,核反应堆中的^{135}I 和^{135}Xe 的浓度都为零。另一方面,从图 6-8 的燃耗链来看,裂变产物^{135}I 和^{135}Xe 的半衰期都很短,所以一旦核电厂停堆约两周后(一般核电厂停堆换料大约需一个月以上),再开堆的话,堆中^{135}I 和^{135}Xe 的浓度都已衰变为零。所以无论是一个全新的堆还是一个长时间停堆后又启动的堆,都属于^{135}I 和^{135}Xe 的初始浓度为零的情形。

燃耗方程依然是方程(6-6)和方程(6-7),初始条件为

$$N_I(0)=N_{Xe}(0)=0 \tag{6-8}$$

如前所述,首先将时间分成若干步长,在某个小步长内,可假设中子注量率 ϕ 不随时间变化,这时可得到解析解

$$N_I(t)=\frac{\gamma_I\Sigma_f\phi}{\lambda_I}(1-e^{-\lambda_I t}) \tag{6-9}$$

$$N_{Xe}(t)=\frac{(\gamma_I+\gamma_{Xe})\Sigma_f\phi}{\lambda_{Xe}+\sigma_a^{Xe}\phi}(1-e^{-(\lambda_{Xe}+\sigma_a^{Xe}\phi)t})+\frac{\gamma_I\Sigma_f\phi}{\sigma_a^{Xe}\phi+\lambda_{Xe}-\lambda_I}[e^{-(\lambda_{Xe}+\sigma_a^{Xe}\phi)t}-e^{-\lambda_I t}] \tag{6-10}$$

由此可见,随着核反应堆的运行,^{135}I 和^{135}Xe 的浓度会不断增加,但到一定时间后会趋于平衡,然后就一直保持不变,所以这个平衡浓度的大小对核反应堆运行极其重要。从原始燃耗方程(6-6)和方程(6-7)很容易推出^{135}I 和^{135}Xe 的平衡浓度。由于平衡时,其核素的浓度不随时间变化,所以其时间微分为零,由式(6-6)得^{135}I 的平衡浓度为

$$N_I(\infty)=\frac{\gamma_I\Sigma_f\phi}{\lambda_I} \tag{6-11}$$

^{135}Xe 平衡时,^{135}I 一定已经平衡,所以将^{135}I 的平衡浓度代入式(6-7),并令^{135}Xe 浓度的时间微分为零,得^{135}Xe 的平衡浓度为

$$N_{Xe}(\infty)=\frac{(\gamma_I+\gamma_{Xe})\Sigma_f\phi}{\lambda_{Xe}+\sigma_a^{Xe}\phi} \tag{6-12}$$

某一核电厂核反应堆启动后的平衡^{135}I 和^{135}Xe 浓度变化曲线如图 6-9 所示。一般热中子核反应堆启动约 2 天(48 小时)后,^{135}Xe 浓度就可以达到平衡值。从式(6-12)可以看出,

由于 λ_{Xe} 一般远大于 $\sigma_a^{Xe}\phi$，^{135}Xe 的平衡浓度与核反应堆功率水平成正比，所以核反应堆功率水平越大，平衡^{135}Xe 中毒就越大。一个 GW 级核反应堆的平衡^{135}Xe 中毒就大约为 0.04～0.05，这是一个不可忽视的值。从式(6-12)还可以看出，即使核反应堆的功率不变，即 $\Sigma_f\phi$ 不变，但随着^{235}U 的消耗，核反应堆的中子注量率 ϕ 随燃耗是增加的，所以平衡^{135}Xe 浓度随燃耗有稍微降低的趋势。

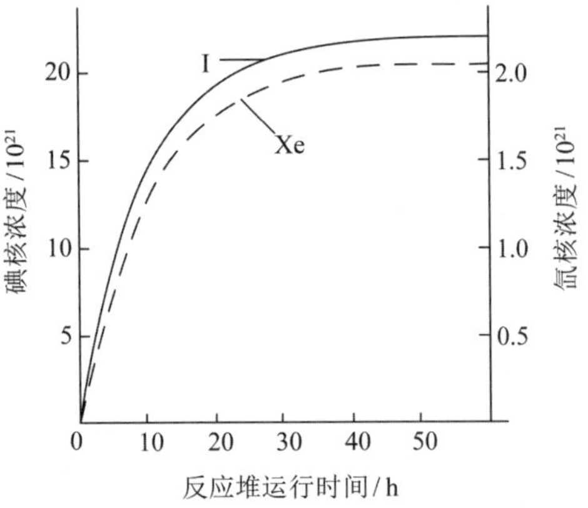

图 6-9　某核反应堆启动后^{135}I 和^{135}Xe 浓度变化曲线

(2)核反应堆停堆

假如一核反应堆在^{135}I 和^{135}Xe 的浓度已建立平衡后突然停堆，这时^{135}I 和^{135}Xe 的浓度变化对核反应堆也会带来很大影响。这时不妨假设核反应堆中子注量率 ϕ 是瞬间降为零的，尽管核反应堆裂变产生^{135}I 和^{135}Xe 已经停止，但^{135}Xe 的吸收反应也将停止，并且之前建立的平衡^{135}I 会继续衰变为^{135}Xe，所以^{135}Xe 浓度会有个短暂的增长过程，另一方面，^{135}Xe 也会继续衰变，慢慢的^{135}Xe 的消失会占优势，导致^{135}Xe 的浓度会变小，直至^{135}Xe 的浓度最终为零，如图 6-10 所示。图中 ρ_{ex} 为核反应堆的**剩余反应性**，是指核反应堆没有控制毒物时的反应性。显然 ρ_{ex} 为零或负值时，核反应堆是无法启动的。

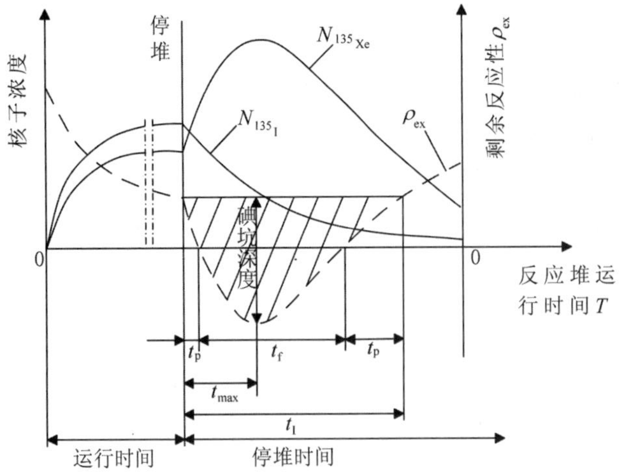

图 6-10　突然停堆后^{135}Xe 和剩余反应性 ρ_{ex} 变化曲线

由于中子注量率 ϕ 为零，这时的燃耗方程为

$$\frac{dN_I(t)}{dt}=-\lambda_I N_I \tag{6-13}$$

$$\frac{dN_{Xe}(t)}{dt}=\lambda_I N_I-\lambda_{Xe}N_{Xe} \tag{6-14}$$

初始条件为

$$N_I(0)=N_I(\infty) \tag{6-15}$$

$$N_{Xe}(0)=N_{Xe}(\infty) \tag{6-16}$$

通过求解式(6-13)和式(6-14)可得到^{135}I 和^{135}Xe 的浓度为

$$N_I(t)=\frac{\gamma_I\Sigma_f\phi}{\lambda_I}e^{-\lambda_{It}} \tag{6-17}$$

$$N_{Xe}(t)=\frac{(\gamma_I+\gamma_{Xe})\Sigma_f\phi_0}{\lambda_{Xe}+\sigma_a^{Xe}\phi_0}e^{-\lambda_{Xe}t}+\frac{\gamma_I\Sigma_f\phi_0}{\lambda_I-\lambda_{Xe}}(e^{-\lambda_{Xe}t}-e^{-\lambda_I t}) \tag{6-18}$$

其中，ϕ_0 为停堆前核反应堆的中子注量率。

从图 6-10 可见，由于^{135}Xe 浓度先增加后减少的变化，使得核反应堆的剩余反应性出现了一个先减少后增加的变化，形成了一个坑(如图中的阴影部分)，这个坑被形象地称为**碘坑**，其时间跨度称为**碘坑时间**，如图 6-10 中的 t_I 所示。在碘坑时间段中，有一段剩余反应性为负值的时间，这段时间核反应堆是无法再启动的，故称为**强迫停堆时间**，如图 6-10 中的 t_f 所示。其他两个剩余性为正值的时间段称为**允许停堆时间**，如图 6-10 中的 t_p 所示，因这段时间核反应堆是允许再启动的，如果需要的话。从停堆到最深的碘坑所需的时间称为**最大碘坑时间**，如图中的 t_{max} 所示。在最大碘坑处，剩余反应性与停堆前剩余反应性的差异值称为**碘坑深度**。

从式(6-18)可以分析出，停堆前核反应堆功率越大，停堆后碘坑越深，如图 6-11 所示。所以除事故工况外，一般核反应堆均采用降功率的方式进行逐步停堆。

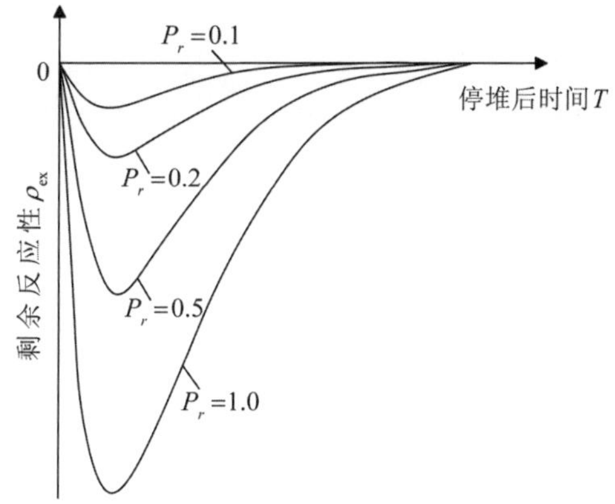

图 6-11 不同功率水平停堆后的碘坑深度

(3)核反应堆功率调节

即使核反应堆没有停堆，但如果核反应堆调节功率，核反应堆的^{135}Xe 浓度也会变化。我们先讨论核反应堆降功率运行情形。

如图 6-12 所示，核反应堆降功率运行时，其中子注量率就会降低，这时尽管裂变产生 ^{135}Xe 的量会减少，但由于 ^{135}Xe 的热中子吸收截面很大，其吸收中子消失的概率要大大减少，所以导致 ^{135}Xe 浓度反而会增加。但由于裂变产生 ^{135}I 和 ^{135}Xe 浓度毕竟减少了，所以 ^{135}Xe 的浓度不可能一直增加，到某一值时必然会减少，直至在低功率水平上重新建立新的平衡，达到新的平衡浓度。由于 ^{135}Xe 的平衡浓度与功率水平成正比，所以新的平衡浓度一定小于降功率前的平衡浓度。

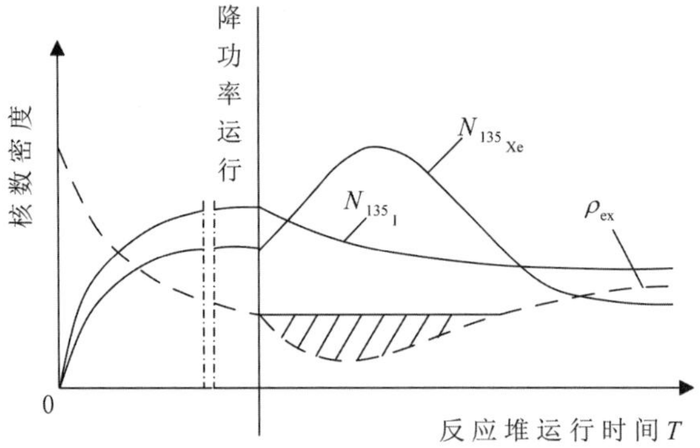

图 6-12 降功率运行时 ^{135}Xe 浓度的变化

比较图 6-10 和图 6-12 可以看出，两者具有高度的相似性，只不过降功率运行情形没有突然停堆情形变化那么大，这是因为突然停堆本来就是降功率运行的极端情况。

下面我们再讨论核反应堆升功率运行情形。如图 6-13 所示，核反应堆升功率运行时，其中子注量率就会增加，这时裂变产生 ^{135}Xe 的量就会增加，但由于 ^{135}Xe 的热中子吸收截面很大，其吸收中子消失的概率将大大增加，所以导致 ^{135}Xe 浓度反而会减少。但由于裂变产生 ^{135}I 和 ^{135}Xe 浓度毕竟增加了，所以 ^{135}Xe 的浓度不可能一直减少，到某一值时必然会增加，直至在高功率水平上重新建立新的平衡，达到新的平衡浓度，该平衡浓度一定大于升功率前的平衡浓度。

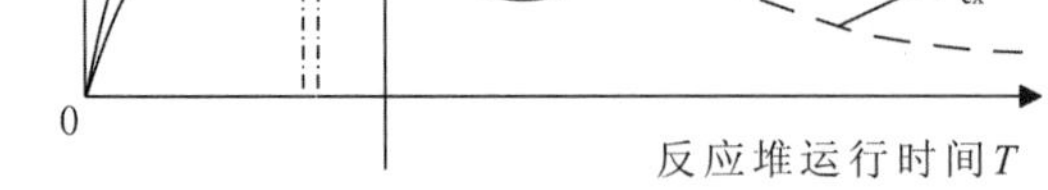

图 6-13 升功率运行时 ^{135}Xe 浓度的变化

(4)氙振荡

从上述的讨论可以发现，核反应堆的功率变化（即中子注量率变化）对 ^{135}Xe 浓度的影响是很大的。核反应堆在运行中，即使不进行功率调节，事实上核反应堆内部的中子注量率也是不断变化的，这势必引起核反应堆内部^{135}Xe浓度的不断变化。这种变化对核反应堆运行和控制极其重要，我们必须掌握这种变化规律，确保核反应堆的安全运行。

假设核反应堆的运行总功率不变，由于某种原因使得某一区域的功率水平下降，势必另一区域的功率水平会上升，如图 6-14 所示。

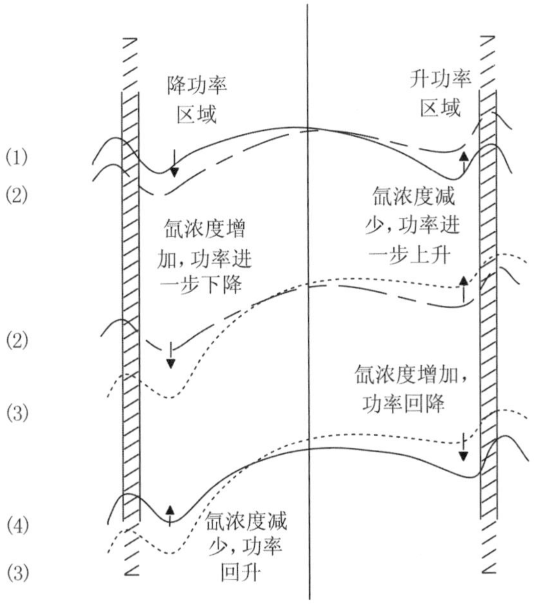

图 6-14　^{135}Xe振荡示意图

在降功率区域，^{135}Xe浓度先是增加，会导致该区域的功率进一步下降，过段时间后^{135}Xe会减少，会导致该区域的功率会回升。

在升功率区域，^{135}Xe浓度先是减少，会导致该区域的功率进一步上升，过段时间后^{135}Xe会增加，会导致该区域的功率会回降。

这样就形成了^{135}Xe浓度振荡的现象，称之为**氙振荡**。发生氙振荡的条件有：

1)核反应堆要足够大；

2)热中子核反应堆。

一般核电厂热中子核反应堆都满足这两个条件，其氙振荡周期大约为一周(数百小时)。氙振荡的出现除给核反应堆控制带来困难之外，还有以下缺点：

1)核反应堆功率峰因子会偏移，导致安全分析更加复杂；

2)燃料棒的热应力加剧，会缩短其使用寿命。

不过，由于氙振荡的周期较长，且核反应堆的总反应性没有变化，在核反应堆运行中，氙振荡是容易被抑制的，如目前核电厂核反应堆常用部分长控制棒等技术来抑制氙振荡。

6.2.2　^{149}Sm中毒

在^{235}U的裂变产物中，^{149}Sm的热中子吸收截面仅次于^{135}Xe，其热中子吸收截面约4×10^4 b，大约是^{235}U吸收截面 100 倍。图 6-15 为^{149}Sm的简化燃耗链，跟^{135}Xe的简化燃耗链相比，它的最大不同点就是^{149}Sm是个稳定的核素，假如没有中子吸收，它自己不会消失。这一特点导致了^{149}Sm 中毒与^{135}Xe 中毒有很大不同。

根据^{149}Sm 简化燃耗链，可以写出^{149}Pm 和^{149}Sm 的燃耗方程

$$\frac{dN_{Pm}(t)}{dt}=\gamma_{Pm}\Sigma_f\phi-\lambda_{Pm}N_{Pm} \tag{6-19}$$

$$\frac{dN_{Sm}(t)}{dt}=\lambda_{Pm}N_{Pm}-\sigma_a^{Sm}\phi N_{Sm} \tag{6-20}$$

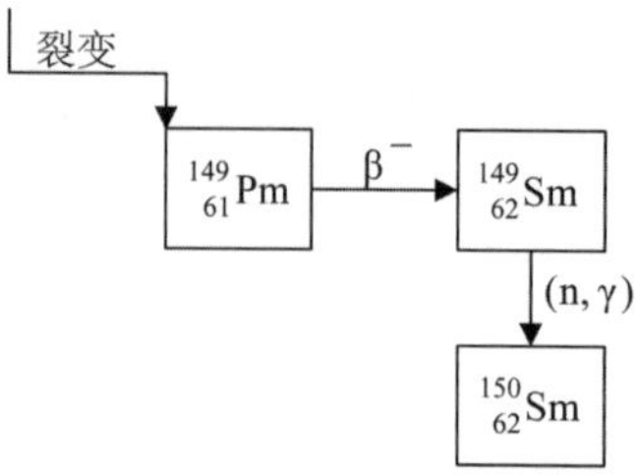

图 6-15　^{149}Sm 的简化燃耗链

加上初始时刻^{149}Pm 和^{149}Sm 的浓度，就很容易通过求解方程(6-19)和方程(6-20)得到^{149}Pm 和^{149}Sm 的浓度随时间的变化情况。下面，我们就几个典型工况进行讨论。

(1)核反应堆启动

对于一个全新(指装载的燃料全为新料)的堆芯，核反应堆中的^{149}Pm 和^{149}Sm 的初始浓度都为零。注意，由于^{149}Sm 是一稳定核素，所以对于一个停堆后再启动的核反应堆，这时^{149}Pm 的初始浓度为零，而^{149}Sm 的初始浓度就不为零了，可近似取为其平衡浓度与^{149}Pm 平衡浓度之和，因为这时^{149}Pm 已全部衰变为^{149}Sm 了。这里讨论的是全新堆芯，所以初始条件为

$$N_{Pm}(0)=N_{Sm}(0)=0 \tag{6-21}$$

类似地将时间分成若干步长，在某个小步长内，可假设中子注量率 ϕ 不随时间变化，这时可得到解析解

$$N_{Pm}(t)=\frac{\gamma_{Pm}\Sigma_f\phi}{\lambda_{Pm}}(1-e^{-\lambda_{Pm}t}) \tag{6-22}$$

$$N_{Sm}(t)=\frac{\gamma_{Pm}\Sigma_f}{\sigma_a^{Sm}}(1-e^{-\sigma_a^{Sm}\phi t})-\frac{\gamma_{Pm}\Sigma_f\phi}{\lambda_{Pm}-\sigma_a^{Sm}\phi}(e^{-\sigma_a^{Sm}\phi t}-e^{-\lambda_{Pm}t}) \tag{6-23}$$

由此可见，随着核反应堆的运行，^{149}Pm 和^{149}Sm 的浓度会不断增加，但到一定时间后会趋于平衡。类似地，根据平衡时核素的浓度不随时间变化，由式(6-19)和式(6-20)可得^{149}Pm 和^{149}Sm 的平衡浓度为

$$N_{Pm}(\infty)=\frac{\gamma_{Pm}\Sigma_f\phi}{\lambda_{Pm}} \tag{6-24}$$

$$N_{Sm}(\infty)=\frac{\gamma_{Pm}\Sigma_f}{\sigma_a^{Sm}} \tag{6-25}$$

从式(6-25)可以看出，^{149}Sm 的平衡浓度与核反应堆的中子注量率水平无关，近似为一常数，如图 6-16 所示。由于^{149}Sm 的吸收截面较^{135}Xe 的吸收截面小，所以其达到平衡的时间要长，一般为一周左右。不管核反应堆功率水平有多高，最终达到平衡的浓度为同一个值。功率越高，达到平衡需要的时间就越短。一个 GW 级核反应堆的平衡^{149}Sm 中毒大约为 0.007，比^{135}Xe 中毒约小一个量级。

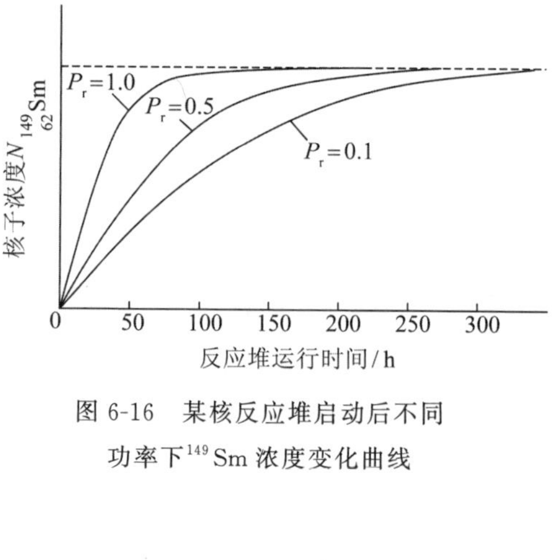

图 6-16　某核反应堆启动后不同功率下^{149}Sm 浓度变化曲线

(2)核反应堆停堆

假如一座核反应堆在^{149}Pm 和^{149}Sm 的浓度

已建立平衡后突然停堆，这时核反应堆裂变产生^{149}Pm 和^{149}Sm 已经停止，但之前建立的平衡^{149}Pm 会不断衰变为^{149}Sm，直至^{149}Pm 浓度为零，而^{149}Sm 又是个稳定的核素，所以^{149}Sm 浓度会不断增加，直至^{149}Pm 全部变成^{149}Sm。

这时如果核反应堆再启动，核反应堆突然引入中子，^{149}Sm 会大量吸收中子而消失，所以^{149}Sm 浓度会有个减少的过程，直至重新达到平衡，如图 6-17 所示。

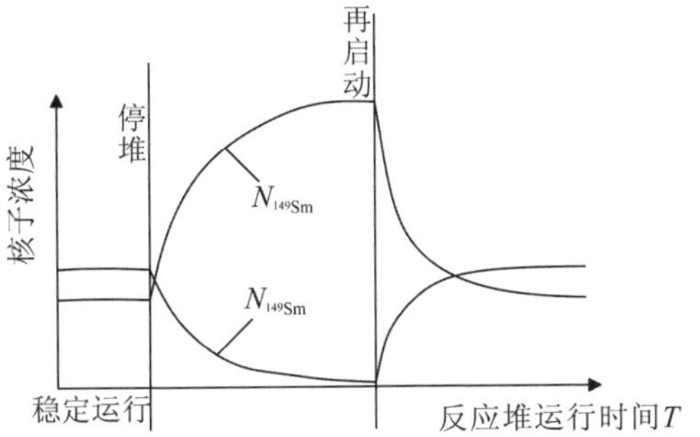

图 6-17 突然停堆后再启动^{149}Sm 变化曲线

6.2.3 其他裂变产物的中毒

相比于^{135}Xe 和^{149}Sm，其他裂变产物的热中子吸收截面要小得多，但因其总量还是较大的，所以也不能被忽视。一般采用打包统一处理的思想，即根据各个裂变产物的产额、衰变常数和热中子吸收截面，平均给出一个**假想裂变产物**，参照上述燃耗计算分析的思想，可求解出假想裂变产物导致的中毒值。

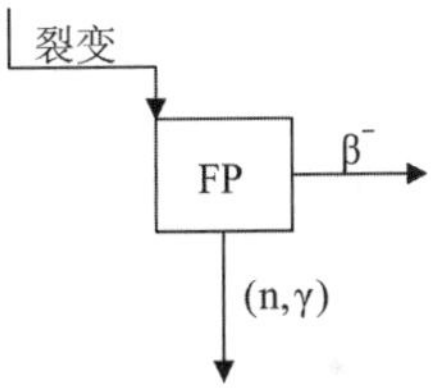

图 6-18 假想裂变产物燃耗链

图 6-18 为假想裂变产物的燃耗链，根据这个燃耗链可写出其燃耗方程为：

$$\frac{\mathrm{d}N_{\mathrm{FP}}(t)}{\mathrm{d}t}=\gamma_{\mathrm{FP}}\Sigma_{\mathrm{f}}\phi-\lambda_{\mathrm{FP}}N_{\mathrm{FP}}-N_{\mathrm{FP}}\sigma_{\mathrm{a,FP}}\phi \tag{6-26}$$

其中，γ_{FP}、λ_{FP}、$\sigma_{\mathrm{a,FP}}$ 依次为假想裂变产物的平均裂变份额、衰变常数和吸收截面。通过求解燃耗方程(6-26)就可得到假想裂变产物的原子核密度。

6.3 燃耗方程的数值计算

燃耗计算就是在已知材料中各种核素间转换关系的情况下，求解核素原子核密度随时间的变化。在某一时间步内，假定中子注量率不变，这时该问题就退化为一阶常微分方程组，可写成矩阵形式：

$$\frac{\mathrm{d}\boldsymbol{N}(t)}{\mathrm{d}t}=\boldsymbol{A}\cdot\boldsymbol{N}(t) \tag{6-27}$$

其中，$\boldsymbol{N}$ 为原子核密度向量，在起始时刻的原子核密度向量 $\boldsymbol{N}(0)$ 作为计算的起始条件是已知的，$\boldsymbol{A}$ 为燃耗转换矩阵，其数值表示核素间的转换关系。

一阶常微分方程组(6-27)的解可以写成：

$$N(t)=e^{tA}\cdot N(0) \tag{6-28}$$

其中矩阵指数 e^{tA} 的多项式展开为：

$$e^{tA}=I+\sum_{k=1}^{\infty}\frac{t^k A^k}{k!} \tag{6-29}$$

由于核素衰变性质之间的差异非常大，半衰期的跨度从纳秒量级到无限大，导致转换矩阵A 的范数非常大（或者称原问题的刚性大）。这样直接从式(6-29)来进行求解会导致严重的数值不稳定，除非时间步长取得非常小，这又会大大降低计算效率。

如果已知转换矩阵 $\boldsymbol{A}$ 的各特征值和特征向量，那么可将矩阵指数表示为单变量函数矩阵的形式，不过计算矩阵的特征值及特征向量也是非常耗时的过程。

目前在实际应用中比较成功的燃耗计算方法主要有三种：①泰勒展开与截断方法；②线性子链方法（Transmutation Trajectory Analysis，即 TTA 方法）；③切比雪夫有理近似方法（Chebyshev Rational Approximation Method，即 CRAM 方法），下面分别给予介绍。

6.3.1 泰勒展开与截断方法

采用分开处理短寿期核素的技巧可以有效降低矩阵范数，进而可以根据式(6-29)，利用泰勒展开与截断方法来近似矩阵指数。使用该求解方法的代表程序有 ORIGEN2[10]、ORIGEN-S。

所谓分开处理长短寿期核素，即首先根据误差估计定义好短寿期核素的判据（典型的判据是半衰期在时间步长的十分之一以内），然后将这些核素从燃耗系统中移出，剩余的长寿期核素组成的燃耗矩阵也需要同时做出相应调整，以保证长寿期核素之间转换的等价性（因为短寿期核素可能正好处于连接长寿期核素的路径上）。在求短寿期原子核密度时引入长期平衡近似（Secular Equilibrium），即认为短寿期核素原子核密度达到了平衡值，这样固然对计算精度有一定影响，但一般低于截断误差要求。

在 ORIGEN2 程序中，式(6-29)的多项式展开取到前 53 项。该方法计算效率较高，在目前一般单机上，一个燃耗步的计算耗时约 0.1 s，同时还可以给出误差分析，确保对于输运计算至关重要的主要核素的精度在合理可控的范围之内。不过，该方法的整体精度水平与其他主要方法相比偏低。

6.3.2 线性子链方法

线性子链方法（Transmutation Trajectory Analysis，简称 TTA 方法）是根据燃耗问题固有的线性特征，以及燃耗转换矩阵的稀疏性，将燃耗问题的求解分解为线性链的求解，再利用解析解求解线性链[15]。采用该求解方法的代表程序有 CINDER90。

线性子链法的关键是如何线性化，下面举出两个简单的示例说明线性化过程。

如图 6-19 所示，图中以小写字母标识核素，以数字标识反应通道，这里假设只有 a 核素为具有非零的初始浓度。为分析方便，首先定义**消失系数**，是指某核素原子核密度对自身原子核密度变化速率的影响系数，它位于燃耗转换矩阵的对角线。再定义**转换系数**，是指母核原子核密度对子核原子核密度变化速率的影响系数，它位于燃耗转换矩阵的非对角线。

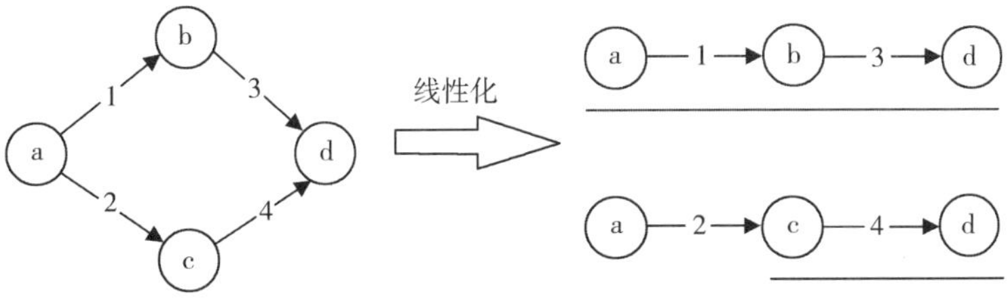

图 6-19 燃耗链(不含环路)的线性化

图 6-19 所示的燃耗链不含环路。首先,从起始核素 a 出发,向下搜索子核,核素 a 有两个反应通道,选取第一顺位的分支通道 1 到达子核 b,核素 b 只有一个反应通道 3 而到达子核 d,因核素 d 无后续子核,搜索过程自然终止,由此得到第一条线性链(如图 6-19 所示)。然后沿线性链回溯到距链末尾最近的分支点,即图 6-19 中的核素 a,采用其第二个分支通道 2 到达子核 c,核素 c 通过通道 4 到达子核 d 而终止搜索,得到一条新的线性链(如图 6-19 所示)。重复上述搜索过程直至核素 a 的所有分支通道都已经遍历,线性链上没有有效的分支点,线性化过程终止。

比较图 6-19 中的两条线性化链,第一条线性链上的所有核素(下划线部分)均是首次出现,所以利用解析式求出的三种元素的原子核密度值都计入对结果的贡献。第二条线性链上则从核素 c 开始区别于上一条链的,也就是还未纳入考虑的新的转换路径,所以这时只将核素 c 和核素 d 计入对结果的贡献。两条线性链的贡献线性累加后,就得到了图 6-19 中线性化前燃耗链中所有核素的原子核密度。

如果在下一时间步长内,b、c 核素也具有了初始浓度,则需要按照上述搜索 a 核素的线性化子链办法,分别搜索 b 和 c 核素的线性化燃耗子链。

下面我们讨论包含环路的燃耗链,如图 6-20 所示,根据能量守恒,环路只会出现在引入粒子作用情况,不可能出现在衰变通道。同理,这里假定仅只有核素 a 具有非零原子核密度,只讨论以核素 a 为起始点的线性化过程。

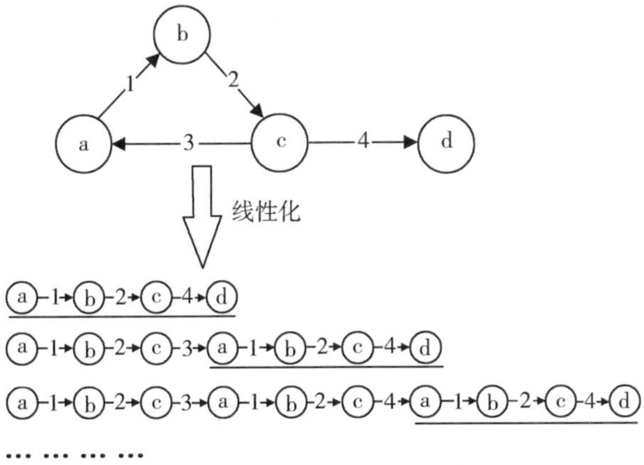

图 6-20 燃耗链(含环路)的线性化

从起始核素 a 出发，经通道 1 到核素 b，再经通道 2 到核素 c，核素 c 有两个反应通道，按第一顺位通道 4 到核素 d，得到第一条线性链（如图 6-20 所示）。这时最接近链末尾的分支点是处于第三号位置的核素 c，该分支点在上一条链中已经考虑了第一顺位的通道 4，则通过第二分支通道 3 到达核素 a，再经通道 1 到核素 b，经通道 2 到核素 c，再按第一顺位通道 4 到核素 d，得到第二条线性链（如图 6-20 所示）。这样可以看出，搜索过程会陷入无限循环中，产生了无限个线性燃耗子链。

图 6-20 中下划线标识出的位置是各线性链中尚未被考虑到的转换路径，只需将该部分解析求出的原子核密度纳入对结果的贡献即可。

随着线性链的不断循环，起始核素 a 能够有效到达的原子核密度值也越低，这样需引入截断准则（Cutoff）将重要性很低的线性链截断，从而在满足精度的条件下避免线性链搜索的无限循环。

对于单个线性链问题，其燃耗方程为：

$$\frac{\mathrm{d}N_1}{\mathrm{d}t}=-\lambda_1 N_1$$
$$\frac{\mathrm{d}N_i}{\mathrm{d}t}=\lambda_{i-1}N_{i-1}-\lambda_i N_i\,(i=2,\cdots,n) \tag{6-30}$$

这里设定初始条件 $N_1(0)\neq 0$，而其他核素初始原子核密度均为零。

Bateman 采用拉普拉斯变换方法首先求出了线性链上每个核素的原子核密度表达式，即线性链上第 m 个核素的原子核密度 $N_m(t)$ 为：

$$N_m(t)=\frac{N_1(0)}{\lambda_m}\sum_{i=1}^{m}\lambda_i\alpha_i\mathrm{e}^{-\lambda_i t} \tag{6-31}$$

$$\alpha_i=\prod_{\substack{j=1\\ j\neq i}}^{n}\frac{\lambda_j}{(\lambda_j-\lambda_i)} \tag{6-32}$$

然而，从式(6-33)可以看出，如果线性链中存在重复特征值时，会出现分母为零的情况。在实际应用中，可以对每个重复出现的特征值乘以一个接近于 1 的因子进行近似错开处理，这种处理方式在一定程度上损害结果的精度，并且当特征值重数较大时可能会带来数值过程不稳定性。

Cetnar 利用极限运算，从 Bateman 表达式出发推导出了允许重复特征值出现的广义解析表达式：

$$N_n(t)=\frac{A(t)N_1(0)}{\lambda_n}$$
$$A(t)=\sum_{i=1}^{n}\lambda_i\alpha_i\mathrm{e}^{-\lambda_i t}\cdot\sum_{m=0}^{\mu_i}\frac{(\lambda_i t)^m}{m!}\cdot\Omega_{i,\mu_i-m}$$
$$\alpha_i=\prod_{\substack{j=1\\ j\neq i}}^{n}\left(\frac{\lambda_j}{\lambda_j-\lambda_i}\right)^{m_j} \tag{6-33}$$
$$\Omega_{i,j}=\sum_{h_1=0}^{j}\sum_{h_2=0}^{j}\cdots\sum_{h_n=0}^{j}\prod_{\substack{k=1\\ k\neq i}}^{n}\binom{h_k+\mu_k}{\mu_k}\left(\frac{\lambda_i}{\lambda_i-\lambda_k}\right)^{h_k}\delta\Big(j,\sum_{\substack{l=0\\ l\neq i}}^{n}h_l\Big)$$

其中，m_i 表示的是第 i 个特征值的重复次数，而 $\mu_i = m_i - 1$。

该方法对于处理纯衰变问题非常有效，效率和精度都非常高，且有较长的工程应用时间，实践证明能满足大部分工程的要求，稳定性和可靠性较好。但在引入中子注量率的情况下，其计算效率对中子注量率水平、时间步长和截断准则（Cutoff）较为敏感，其精度较后面介绍的切比雪夫有理近似方法稍差。

6.3.3　切比雪夫有理近似方法[12]

观察发现，燃耗问题中所涉及的转换矩阵的特征值都分布在负实轴附近。将负实轴上单变量实数指数函数的有理逼近式扩展到复平面上时，逼近函数在负实轴附近对指数函数符合得很好。利用该方法计算燃耗方程中的矩阵指数可以获得较好的求解精度。采用该方法的代表程序是 SPERPENT。

对单变量实数函数 e^x 在负实轴上的 k 阶有理逼近式为：

$$\hat{r}_{k,k}(x) = \frac{P_k(x)}{Q_k(x)} \tag{6-34}$$

其中右侧有理式的分子分母都是 k 阶多项式，可使得该有理式与指数函数的误差绝对值的最大值取到下确界。在数学上已经证明，当 k 值趋于无穷时，有理逼近式的精度呈几何级数的速度逼近于零（即 H^k），该常数 H 为哈芬常数，其倒数约等于 9.3（即逼近式每提高一阶，逼近精度提高近一个量级），其收敛速度也是非常快的。

当 k 为偶数时，逼近式可以分解成为下面的形式：

$$\hat{r}_{k,k}(x) = \alpha_0 + 2Re\left[\sum_{i=1}^{\frac{k}{2}} \frac{\alpha_i}{(x - \vartheta_i)}\right] \tag{6-35}$$

将单变量 x 替换为矩阵 $t\boldsymbol{A}$，分母取为逆矩阵，得到矩阵指数函数的偶数 k 阶切比雪夫有理近似式的分解形式（Partial Fraction Form）：

$$e^{tA} \approx \hat{r}_{k,k}(tA) = \alpha_0 I + 2Re\left[\sum_{i=1}^{\frac{k}{2}} \alpha_i (tA - \theta_i I)^{-1}\right] \tag{6-36}$$

将等式右侧的各项与初始原子核密度向量相乘并求和即得到转换矩阵指数与初始原子核密度向量相乘的近视值。其中，逆矩阵与原子核密度向量相乘是通过求解一个复数方程组得到的。

该方法效率很高，适用于大型的燃耗问题求解，由于利用了燃耗转换矩阵特征值分布的特性，采用了有理近似式，避开了矩阵范数很大的问题，有利于其数值特性，计算精度很高。但该方法目前在工程应用中的检验还不够充分，理论上的误差分析也不足。

习　题

1. 名词解释：燃耗深度，堆芯寿期，饱和裂变产物，非饱和裂变产物，裂变产物中毒，剩余反应性。

2. 试写出核反应堆中的燃耗方程，并给出每一项的物理意义。

3. 试阐述什么是预估-校正法及其实现过程。

4. 一座核反应堆，额定电功率为 1 200 MW，热效率为 30%，每年平均更换 1/3 的燃料，在平衡状态下的平均卸料燃耗为 15 000 MWd/tU，年平均负荷因子为 0.8。试估算该核反应堆的铀装载量。(注：1 年按照 365 天计)

5. 在一座功率运行的核反应堆中，^{135}Xe 的产生主要是来自______，其次是来自______。

6. 一座满功率运行的压水堆突然停堆，试画出^{135}I、^{135}Xe 的原子核密度和剩余反应性 ρ_{ex} 随时间的变化曲线，并在图中标出碘坑时间 t_I、强迫停堆时间 t_f、允许停堆时间 t_p、最大碘坑时间 t_{max}、以及碘坑深度 $\Delta\rho_{ex,I}$。

7. 一座压水堆，先以满功率运行 200 天，然后一次性将功率降至 50%FP，并稳定运行；(1)试画出该过程中^{135}I 和^{135}Xe 的原子核密度随时间的变化曲线；(2)试画出该过程中^{149}Pm 和^{149}Sm 的原子核密度随时间的变化曲线。

8. 试画出碘-氙衰变链，并根据平衡关系写出压水堆运行中碘和氙的核子密度变化关系以及碘、氙的平衡浓度。

9. 试画出钷-钐衰变链，并根据平衡关系写出压水堆运行中钷和钐的核子密度变化关系以及钷和钐的平衡浓度。

10. 一座热中子核反应堆，在低功率水平下运行到第 42 周时发生了紧急停堆，在 12 个小时后恢复临界，然后以一定的速率在 6 小时内将功率提升到 60%FP。为了在该水平下达到氙平衡状态，需要多长时间？

A. 20 到 30 个小时　　B. 40 到 50 个小时

C. 70 到 80 个小时　　D. 不知道先前的功率运行史，不能确定需要多长时间

11. 产生氙振荡的条件有哪些？

7 反应性系数与反应性控制

反应性是关系到核反应堆能否安全运行的核心参数,反应性的大小除与核燃料燃耗和裂变产物积累有直接关系外,还与核燃料温度、慢化剂温度、慢化剂密度、冷却剂中空泡份额等因素有关,因此有必要分析这些因素对反应性的影响规律,指导核反应堆的反应性控制,达到核反应堆安全运行的目的。本章首先讨论几个最重要的反应性系数的概念,然后介绍几种常用的反应性控制方式。

7.1 反应性温度系数

核反应堆的某个参数 x 发生单位变化所引起的反应性 ρ 的变化量称为**反应性系数**,用 α_x 表示,$\alpha_x=\dfrac{\partial\rho}{\partial x}$。反应性系数也相当于反应性相对于某一参数的敏感性系数,也反映了某一参数变化所引起的反应性反馈强度的大小。

对于一般核反应堆来讲,对反应性影响最大的参数是温度。介质温度变化1度(K)所引起的反应性变化量称为**温度系数**,用 α_T 表示。温度系数的计算可根据其定义进行

$$\alpha_T=\frac{\partial\rho}{\partial T}\approx\frac{\Delta\rho}{\Delta T} \tag{7-1}$$

根据 ρ 与 k_{eff} 的关系,也可推得:

$$\alpha_T\approx\frac{1}{k_{eff}}\frac{\partial k_{eff}}{\partial T}\approx\frac{1}{k_{eff}}\frac{\Delta k_{eff}}{\Delta T} \tag{7-2}$$

如图7-1所示,如果温度系数 $\alpha_T>0$,一旦温度增加,ρ 就会增加,核反应堆功率增加,造成温度进一步增加,核反应堆趋于不安全。如果温度系数 $\alpha_T<0$ 且 $|\alpha_T|$ 很小,一旦温度增加,ρ 就会减少,核反应堆功率降低,造成温度降低,这是个负的反馈效应,且刚好抵消温度增加的趋势,核反应堆趋于稳定,是安全的。如果温度系数 $\alpha_T<0$ 且 $|\alpha_T|$ 很大,一旦温度增加,ρ 就会减少较多,核反应堆功率降低很大,这虽然是个负的反馈效应,核反应堆能安全运行,但稳定性不好。所以核反应堆设计中,一般要求反应性系数为负,但也不能太负。

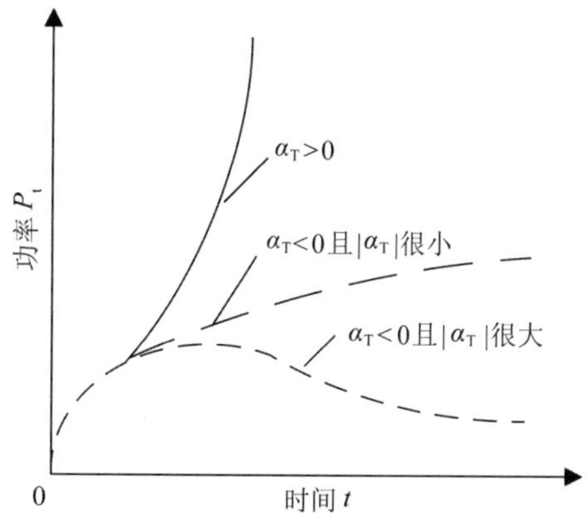

图7-1 不同温度系数下的核反应堆功率变化

核反应堆介质温度变化主要包括燃料温度变化和慢化剂温度变化,所以下面主要讨论燃料温度系数和慢化剂温度系数。

7.1.1 燃料温度系数

燃料温度系数是指燃料温度变化 1 度(K)所引起的反应性变化量,用 α_T^F 表示。燃料温度增加,燃料中的具有共振特性的超铀核素(比如^{238}U)的吸收截面由于多普勒效应会发生共振展宽,共振峰会下降,这样能量自屏效应就会削弱,共振峰内的中子数就会增加,总体共振吸收的中子数就会增加,逃脱共振吸收概率 p 就会减少,结果 ρ 就会减少。因此燃料温度系数一定为负,且这种引发的过程是非常迅速的,所以常称为**瞬发**的。

燃料在不同温度水平上变化 1 度所引起的反应性变化量是不同的,所以燃料温度系数 α_T^F 也是燃料温度的函数。图 7-2 为某一核反应堆的 α_T^F 与燃料温度 T_F 的关系,可见燃料温度越高,α_T^F 的绝对值就越小。

燃料温度系数还与燃耗深度有关,随着燃耗的加深,燃料中超铀共振核素会增多,由于多普勒效应,会使 α_T^F 更负,即绝对值增加。

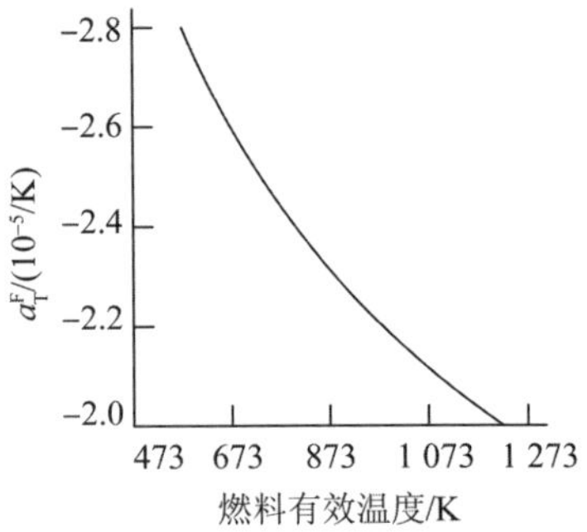

图 7-2　α_T^F 与燃料温度的关系

7.1.2 慢化剂温度系数

慢化剂温度系数是指慢化剂温度变化 1 度(K)所引起的反应性变化量,用 α_T^M 表示。慢化剂温度增加,其密度就会下降。密度下降,一方面会导致栅元内慢化剂的含量下降,从而燃料的中子吸收增加,所以热中子利用系数 f 会增加,反应性 ρ 就会增加;另一方面会导致慢化能力下降,超热中子数增加,共振吸收增加,所以逃脱共振吸收概率 p 减少,反应性 ρ 就会减少。这两个方面平衡的最终结果使反应性 ρ 增加还是减少主要取决于慢化剂与燃料的比例,即**水-铀比** V_{H_2O}/V_{UO_2}。

图 7-3 为某一核反应堆慢化剂在不同温度下,核反应堆反应性 k_∞ 与 V_{H_2O}/V_{UO_2} 之间的关系。可见 V_{H_2O}/V_{UO_2} 处于两条曲线交点左侧时,慢化剂温度系数为负,处于交点右侧时,慢化剂温度系数为正。为了核反应堆的安全,一般要求慢化剂温度系数为负值,所以核反应堆的水-铀比需取在左侧,即**欠慢化区**。

核电厂核反应堆在运行中,慢化剂中含有大量的可溶硼,在不同硼浓度下,ρ 与 V_{H_2O}/V_{UO_2} 之间的变化关系是不同的,如图 7-4 所示。硼浓度减少时,其最大 ρ 对应的 V_{H_2O}/V_{UO_2} 会增加。这就是说,在低硼浓度下的温度系数为负,到高硼浓度时温度系数可能会变正。所以,为了保证在高硼浓度下温度系数继续为负,栅元的水一铀比要尽量多的欠慢化,这也就是目前用的最多的稠密栅格。当然为了保证核反应堆的基本慢化能力,人们不得不限制核反应堆慢化剂中硼浓度的最大值。一般核电厂核反应堆的最大值硼浓度限值大约为 1 500 ppm。

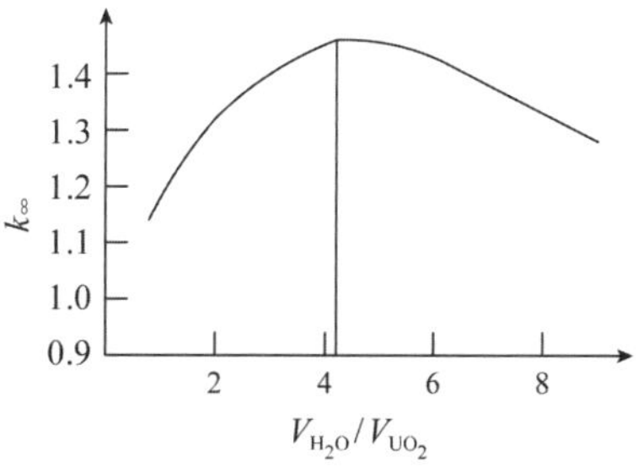

图 7-3 反应性 k_∞ 与 V_{H_2O}/V_{UO_2} 之间的关系

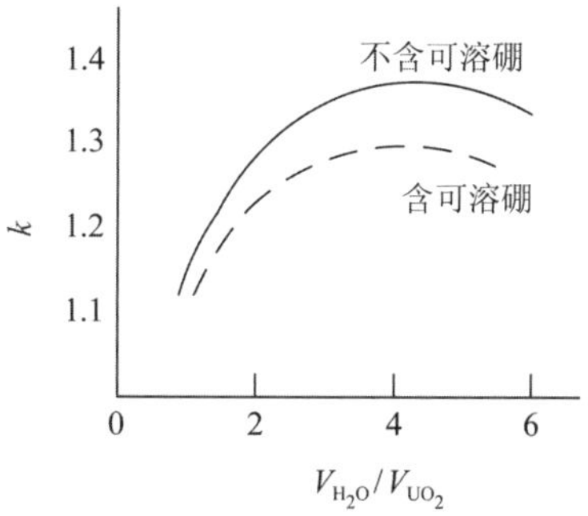

图 7-4 不同硼浓度下反应性 k 与 V_{H_2O}/V_{UO_2} 的关系

慢化剂温度系数主要是由于慢化剂密度变化引起的，相对于燃料的多普勒效应，比较滞后，所以常称为**缓发**的。慢化剂温度系数当然也与慢化剂的温度有关。

7.2 其他反应性系数

除了温度变化对反应性影响较大之外，冷却剂中空泡体积变化对反应性也有较大影响。为了分析方便，首先引入**空泡份额**(x)概念，它是指冷却剂中所包含的空泡体积份额(%)。冷却剂中空泡份额变化百分之一所引起的反应性变化量称为**空泡系数**，用 α_V^M 表示，$\alpha_V^M = \frac{\partial \rho}{\partial x}$。空泡份额增加，单位栅元中冷却剂减少，燃料相对增加，热中子利用系数增加，反应性会增加；另一方面，空泡份额增加会导致中子泄漏增加，反应性会减少；再者，空泡份额增加导致慢化能力减少，有可能引起反应性增加，也可能引起反应性减少。因此，空泡增加，最后导致反应性增加还是减少，要看上述几个方面哪一方占优势。

如果 α_V^M 为正值，那么由于空泡增多，会导致反应性增加，功率增加，温度增加，空泡进一步增多，这显然是不安全的。如果 α_V^M 为负值，那么由于空泡增多，会导致反应性减少，功率减少，温度减少，空泡会减少，这显然是有利于核反应堆安全运行的。所以，核反应堆设计中要求 α_V^M 为负。当然，目前的压水堆 α_V^M 可以维持在负值。由于压水堆压力很大，冷却剂中的空泡本来就不多，但对于沸水堆来讲，α_V^M 就显得非常重要了。

按照这个思路，我们还可以分析许多其他参数变化对反应性的影响。但相对而言，其他参数的影响并不明显，可以采用打包分析的思路进行总体分析。因此，下面我们讨论功率系数的概念。

所谓**功率系数**是指单位功率变化所引起的反应性变化量，用 α_P 表示。事实上，无论什么参数变化，都是通过功率变化来影响反应性的。所以功率系数就是一个总体系数，只要功率系数为负值，核反应堆就是安全的。由于功率变化是来源于燃料温度、慢化剂温度、空泡等因素的变化，所以功率系数可以表达为

$$\alpha_P = \alpha_T^F \frac{\partial T_F}{\partial P} + \alpha_T^M \frac{\partial T_M}{\partial P} + \alpha_V^M \frac{\partial x}{\partial P} \tag{7-3}$$

功率系数与功率水平有关，也与燃耗深度有关。图 7-5 为某一核反应堆的功率系数，可见一般寿期末的功率系数由于硼浓度的降低而要负得更多。

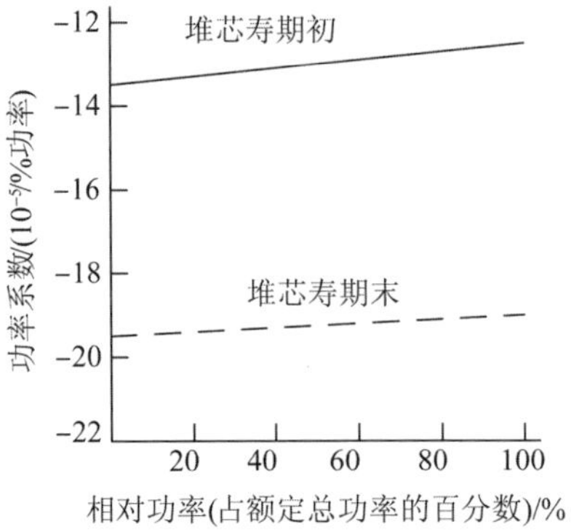

图 7-5　功率系数与相对功率的关系

7.3　反应性系数计算

由以上讨论可见，反应性系数的计算是核反应堆设计中的重要内容。如果从反应性系数的定义出发来计算反应性系数，即分别计算某参数变化一个单位前后的反应性之差，由于这种单位变化对反应性的影响一般都非常小，使得计算结果很可能被计算机本身的舍入误差掩盖，造成最终计算结果的可信度很差。所以，如果要采用这种直接计算的思想，一般建议将参数的变化量适当增加，然后分别计算其引起的反应性变化量，最后再用反应性变化量除以参数的变化量，从而得到该参数变化一个单位所引起的反应性变化值。

这里设想的参数变化量不能太小，太小会被舍入误差掩盖，又不能太大，太大就远离了微分的思想，所以一般依靠经验选取。如温度系数的计算，一般建议在当前温度的基础上，分别变化±2.5 K。

还有另外一种计算思想，就是利用微扰理论计算反应性系数。具体计算方法在这里不做详细介绍了。

7.4　反应性控制

不管是由于燃耗的原因还是反应性反馈的原因，核反应堆的反应性肯定是不停地变化的，所以要使核反应堆稳定安全地运行，就必须对核反应堆的反应性进行控制。为了讨论方便，我们先引入几个相关的基本概念。

控制毒物价值：是指某一控制毒物全部投入堆芯所引起的反应性变化量，一般用 ρ_P 表示。

停堆裕量：堆芯临界运行条件下，考虑了堆芯功率降低引入的正反应性和价值最大的一束控制棒初始卡在高位的情况下，全部(除一束外)控制棒插入后反应堆将达到的次临界水平。

反应性控制的主要任务包括：

1)紧急控制：核反应堆需要紧急停堆时，需要快速引入一个大的负反应性，并使核反应达到一定的停堆裕量。

2)功率调节：核反应堆需要调整功率时，需要引入一个正的或负的反应性，增加或降低核反应堆功率。

3)燃耗补偿：随着核反应堆运行，燃料的消耗使得核反应堆的反应性不断下降，这时需要引入正的反应性维持核反应堆在临界状态。

反应性控制的实质就是设法维持核反应堆内的中子平衡关系，所以理论上讲可以通过以下三种形式实现反应的控制：

1)改变堆内中子吸收：通过增加或减少堆内吸收剂的量。

2)改变堆内中子产生：可通过改变慢化剂的含量改变热中子的产生数，也可以改变燃料的装载量改变中子的产生数。

3)改变堆芯中子泄漏：通过移动反射层或改变反射层中中子的吸收，改变中子的泄漏数。

第一种方式实现起来最方便，不过也是最浪费中子的一种。这种方式在目前核反应堆中已被广泛应用，下面主要介绍基于这一原理的三种常用反应性控制途径。

7.4.1 控制棒控制

控制棒是一种可以灵活插入堆芯的强中子吸收体。早期压水堆和目前的沸水堆采用的是十字形板状结构，在燃料组件之间的水隙中抽插。后来压水堆发展成为棒束结构，如图 7-6 所示，在分散的导向管中抽插，这种结构扰动小，机动性强。

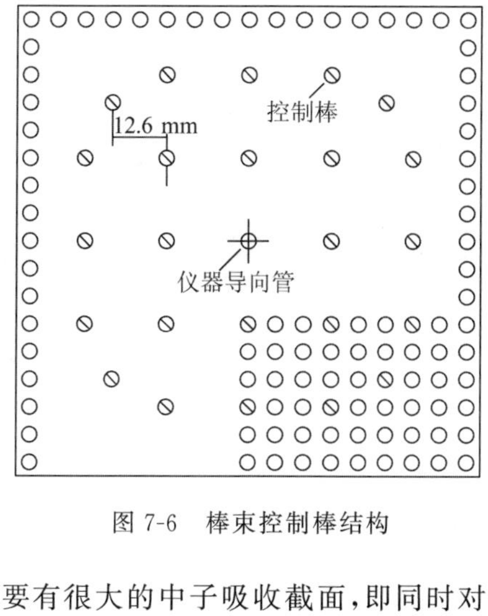

图 7-6 棒束控制棒结构

显然，控制棒材料必须要有很大的中子吸收截面，即同时对快中子、超热中子和热中子具有很大的吸收截面，所以一般采用合金材料。如目前核电厂普遍采用银铟镉合金[Ag(80%)-In(15%)-Cd(5%)]，镉的热中子吸收截面很大，银和铟对超热中子和快中子都有较大的吸收截面。由于控制棒不能经常更换，所以还希望控制棒材料能长寿期地吸收中子，即其吸收中子后的核素应仍然具有较大的中子吸收能力。当然，控制棒材料还要满足抗辐照、抗腐蚀和良好的机械性能等特点，同时也应该能容易获得。

由于控制棒采用的是机械抽动的方式，非常灵活和迅速，所以一般用于承担核反应堆快速反应性变化的控制任务，如：

1)燃料和慢化剂的温度效应；

2)功率调节时的氙浓度变化效应；

3)硼稀释效应；

4)停堆。

根据控制毒物价值的概念，我们不难给出**控制棒价值**的定义，就是指控制棒全部插入堆芯所引起的反应性变化量。控制棒从堆外插至堆芯某一位置时所引起的反应性变化量称为控制棒的**积分价值**。控制棒的**微分价值**是指控制棒插入单位距离所引起的反应性变化量。显然，在堆内不同位置处的控制棒价值是不同的，控制棒插入深度不同时，其微分价值也是不同的。

控制棒价值的大小跟它吸收的中子数多少成正比，所以在吸收材料相同的情况下，不同位置处控制棒价值跟该处的中子注量率成正比。另一方面，同样一个中子在核反应堆中的不同位置处对核反应堆功率分布的贡献是不同的，这种贡献大小被称为**中子价值**。因此，不同位置处控制棒价值还跟该处的中子价值成正比。巧合的是，在单群近似下，中子价值的分布与中子注量率分布是一样的。所以，我们经常简单地认为不同位置处控制棒价值跟该处的中子注量率平方成正比。

图 7-7 为控制棒的积分价值，控制棒插得越深，积分价值越大。当控制棒插到堆芯顶部和底部时，积分价值的增长速度很平缓，这是因为堆芯顶部和底部的中子注量率偏小。

图 7-8 为控制棒的微分价值。当控制棒插到堆芯中部时，微分价值最大，这是因为堆芯中部的中子注量率最大，当控制棒插到堆芯顶部和底部时，微分价值最小，这是因为堆芯顶部和底部的中子注量率最小。

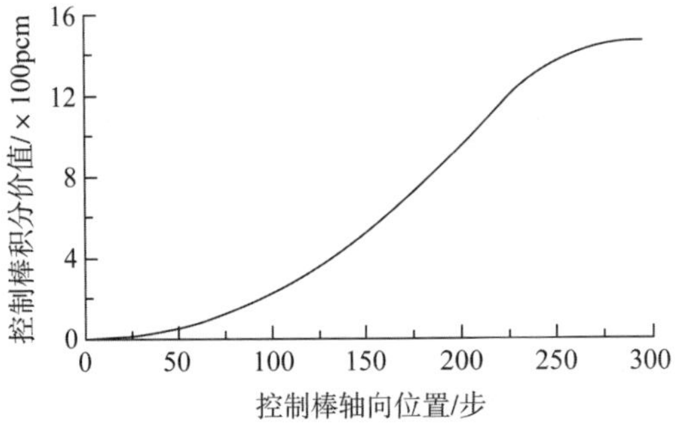

图 7-7　控制棒积分价值

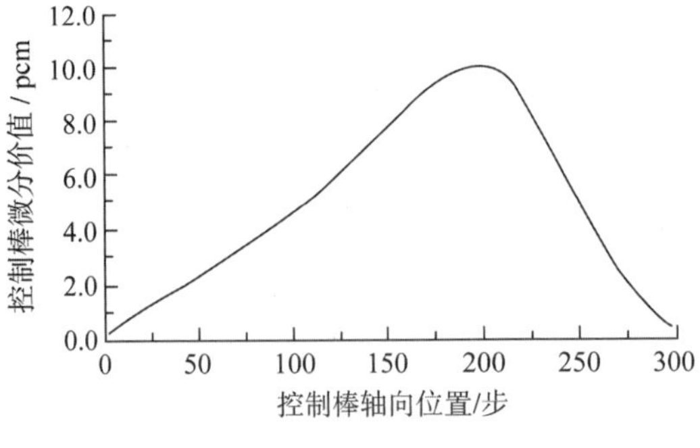

图 7-8　控制棒微分价值

如前所述，控制棒价值与中子注量率的平方成正比。而中子注量率又受到控制棒很大的影响，控制棒的插入会引起中子注量率分布形状的明显变化。图 7-9 为控制棒插入对中子注量率轴向分布的影响，可见控制棒的插入会加大中子注量率分布的不均匀性，这也是控制棒的最大缺点。

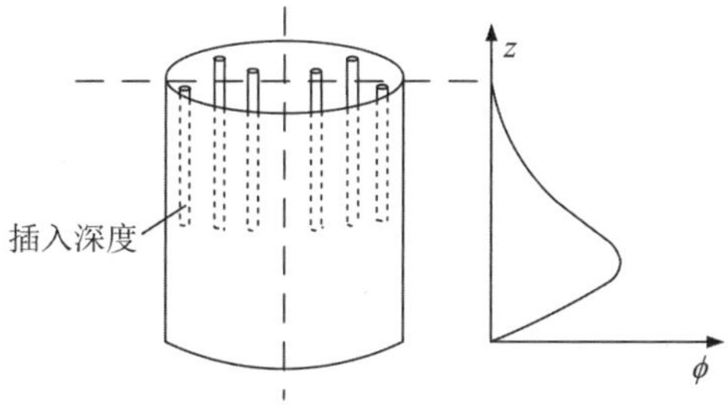

图 7-9 控制棒插入对中子注量率轴向分布的影响

既然控制棒的插入会改变中子注量率分布，那么就一定影响了其他位置处的控制棒价值，反之亦然，这种控制棒相互之间的影响称为控制棒间的**干涉效应**。如图 7-10 所示，如果两根棒离得比较近，那么会降低控制棒的价值；如果两根棒离得比较远，那么会增加控制棒的价值。

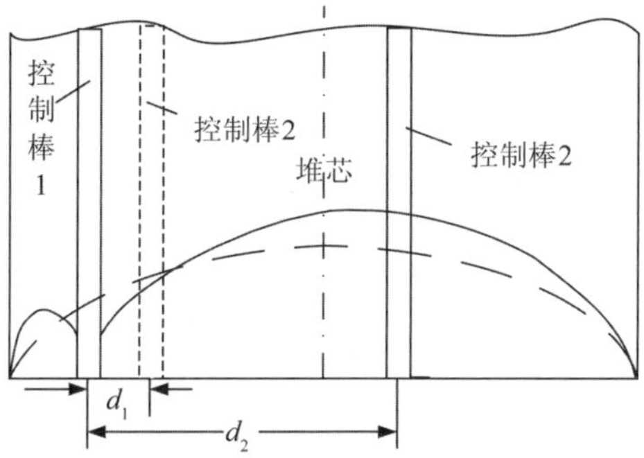

图 7-10 控制棒干涉效应

控制棒控制的优点是机动灵活、反应快，通过改变插入深度可调整反应的大小；其缺点是引起中子注量率分布扰动大，增加功率分布的不均匀性，另外控制棒的移动需要借助于安装在压力容器顶盖上的驱动机构，控制棒的空间布置受到限制。

7.4.2 可燃毒物控制

控制棒是通过安装在堆芯压力容器顶盖上的驱动机构来实现抽插动作的，在堆芯中能够安装的控制棒数量是受到客观限制的，所以核反应堆还需要依赖其他的反应性控制途径。

核反应堆在寿期初的剩余反应性最大，在寿期末几乎为零，所以在寿期初往往需要更多的控制毒物。如果有一种控制毒物能在寿期初多，到寿期末几乎为零的话，会大大减少控制棒的控制负担，这种能随核反应堆燃耗而不断消耗的毒物就称为**可燃毒物**。

可燃毒物一般与核反应堆燃料一起装入堆芯，让其随着燃料的燃耗同步消耗。显然，作为可燃毒物的材料需要具有较大的中子吸收截面，其吸收中子后的产物尽量不再吸收中子，这样才能“可燃”；寿期末的剩余量应尽可能得少；其消耗的速度应尽量与核反应堆剩余反应性减少的速度匹配。目前普遍应用于核电厂核反应堆的可燃毒物材料主要有硼和钆。

为了让可燃毒物的消耗速度尽量与核反应堆剩余反应性减少的速度匹配,需要谨慎地布置可燃毒物。如果简单地将可燃毒物均匀地混合到核燃料中,由于其吸收截面较大,势必消耗很快。因此,一般采用非均匀布置的方式,即将可燃毒物做成独立的棒状在某些燃料栅元位置处放入堆芯,利用其空间自屏效应,可减缓其消耗的速度。

如图 7-11 所示,均匀布置时,在寿期初由于可燃毒物对中子的大量吸收,使得核反应堆的反应性降低很多,但由于其很快消失,反应性会上涨,可燃毒物消耗完时,反应性就按核燃料的燃耗规律进行下降了。非均匀布置时,在寿期初由于可燃毒物棒的强空间自屏效应,可燃毒物的中子吸收并不多,所以核反应堆的反应性随燃料的燃耗会下降,随着空间自屏效应的慢慢削弱,可燃毒物的消耗增加,核反应堆的反应性会稍有增长,快接近寿期末时由于可燃毒物消耗殆尽,反应性就会按核燃料的燃耗规律自行下降了。与均匀布置方案相比,非均匀布置方案使得核反应堆反应性的变化幅度大大减小,使得核反应堆更易于控制。

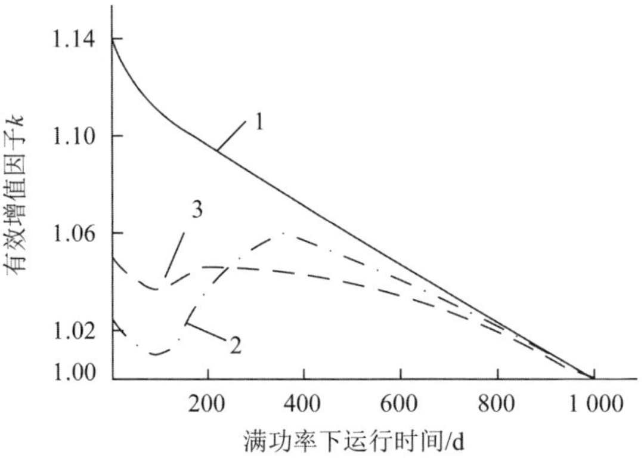

图 7-11　可燃毒物的不同布置对反应性的影响

1—无可燃毒物;2—可燃毒物均匀布置;3—可燃毒物非均匀布置

核电厂早期常将硼玻璃做成环状(如图 7-12 所示)置入某些栅元位置(如图 7-13 所示),这种环状可燃毒物棒被称为 WABA,即湿式环状可燃毒物棒。后来核电厂将部分燃料棒中的二氧化铀燃料掺入三氧化二钆,如图 7-14 所示,这种方案的好处是不占用专门的栅元位置。

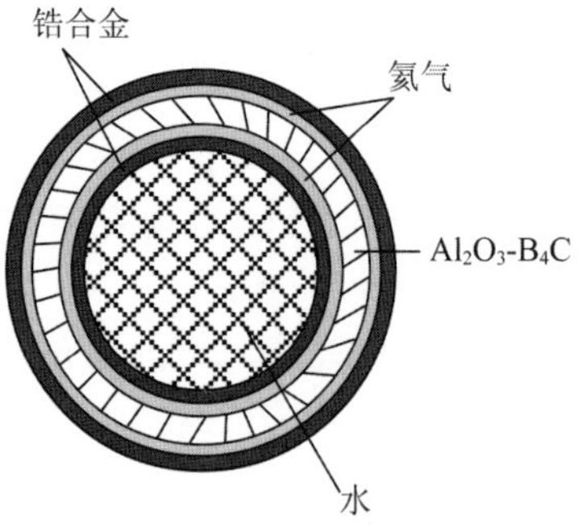

图 7-12　湿式环状可燃毒物棒结构

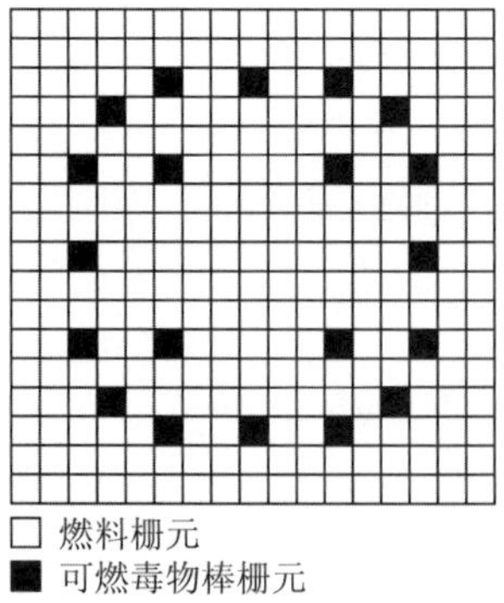

图 7-13　可燃毒物组件

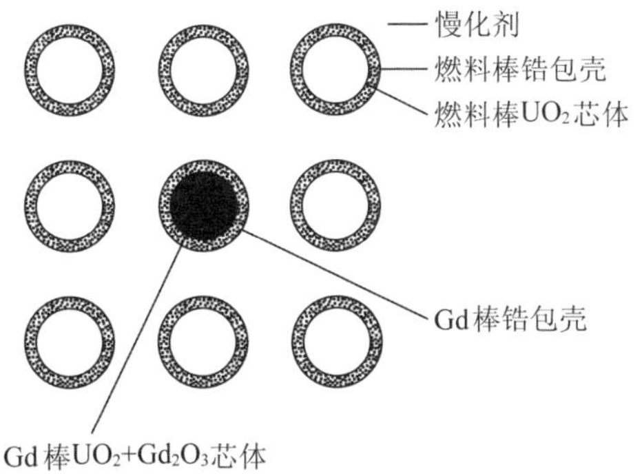

图 7-14　Gd_2O_3 可燃毒物组件

目前国际上又流行在燃料棒的外侧涂上薄薄一层硼化锆材料，即积分式可燃毒物（IFBA）。这种方案的好处是可以更多地布置可燃毒物，甚至可实现轴向非均匀布置，不过这种方案的技术要求很高。

可燃毒物只能随新燃料在换料时装入堆芯，一旦装入无法更改。另外可燃毒物毕竟是吸收体，会缩短核反应堆的寿期。不过，可以利用可燃毒物在新料中的布置，大大降低堆芯中新料位置处的功率峰，展平核反应堆功率分布，所以可燃毒物被广泛应用于低泄漏布置堆芯中。

可燃毒物控制的优点是可以根据需要灵活地布置在堆芯的不同位置，降低功率分布不均匀系数，其缺点是一旦布置好就无法调整，另外对核反应堆寿期有一定的惩罚。

7.4.3　可溶硼控制

寿期较长的核反应堆一般剩余反应性都很大，仅仅依赖控制棒和可燃毒物往往不足以满足反应性控制要求，加之控制棒和可燃毒物还有诸多缺陷和限制，因此，在核电厂核反应堆中普遍还采用可溶硼控制。所谓**可溶硼控制**就是将硼酸溶解于冷却剂中，通过调节其浓度的大小实现对核反应堆反应性的控制。之所以选择硼酸是因为它满足以下要求：

1）具有较大的中子吸收截面；

2）能溶解于冷却剂中，化学性质和物理性质稳定；

3）对结构材料不腐蚀，且不会吸附在结构材料表面。

为了能随时调节硼酸的浓度，需要增加一个庞大的硼稀释系统。这对于核电厂而言不是个问题，但对于空间要求极高的核反应堆来讲，是无法接受的。由于硼酸浓度的调节是一个相对缓慢的过程，所以可溶硼一般只用于慢变化的、可预见的反应性控制，如：

1）从冷态到热态过渡的慢化剂温度效应；

2）燃料的燃耗补偿；

3）平衡氙和平衡钐的补偿。

堆芯冷却剂中单位硼浓度的变化所引起的反应性变化量称为**硼微分价值**。硼微分价值总是负的，其大小与硼浓度有关。

随着核反应堆的运行，剩余反应性会逐渐变小。在某一燃耗时刻，如果不考虑控制棒

(控制棒全提),完全用堆芯中的可燃毒物和可溶硼来控制,使得核反应堆处于临界所需要的硼浓度称为**临界硼浓度**。图 7-15 为某一核反应堆在有可燃毒物和无可燃毒物下的临界硼浓度曲线。可以看到在寿期初有个陡然下降的部分,这是由氙浓度的快速增加所引起的,约两天后氙浓度才能达到平衡值。同时也可以看出,可燃毒物的存在,会缩短寿期,这一缩短部分也称为可燃毒物的**反应性惩罚**。

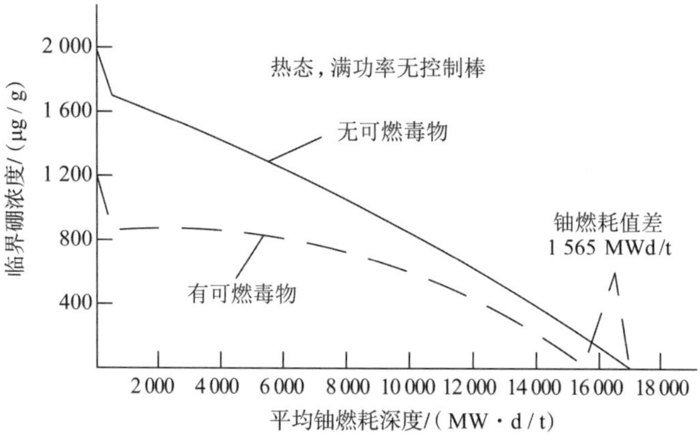

图 7-15　临界硼浓度曲线

最后,表 7-1 列出了某核电厂核反应堆的三种控制方式所承担的控制量的比较,可以看出,可溶硼承担的控制份额最高。

表 7-1　核电厂压水堆三种控制方式的比较

控制方式	总价值
控制棒	7 000 pcm
可燃毒物	8 000 pcm
可溶硼	17 000 pcm

相对于前两种的控制方式,可溶硼是溶解于冷却剂中的,分布比较均匀,不会引起功率分布扰动,不占燃料栅元位置,不需要驱动装置。可溶硼控制的最大缺点是,如图 7-4 所示,当硼浓度增加时,会使核反应堆的慢化剂温度系数变正,所以一般核电厂都规定最大硼浓度不得超过 1 500 ppm。

习　题

1. 名词解释:反应性系数,温度系数,空泡系数,功率系数,控制毒物价值,停堆裕量,控制棒价值,控制棒积分价值,控制棒微分价值,可燃毒物,硼微分价值,临界硼浓度。

2. 在压水堆冷却剂温度________和压水堆硼浓度________时,压水堆慢化剂温度系数负得最少。

3. 某压水核反应堆系统在寿期初控制棒全提的时候 $k_{eff}=1.023$,某组控制棒插入 10 cm 时 $k_{eff}=1.019$,则该组控制棒的微分价值为(　　)。

A. 384 pcm/cm　　B. 400 pcm/cm

C. 40.0 pcm/cm　　D. 38.4 pcm/cm

4. 随着慢化剂温度的升高，控制棒微分价值变得更负，是因为（　　）。

A. 慢化剂密度的减小造成更多的中子泄漏出堆芯

B. 慢化剂温度系数降低，引起竞争减弱

C. 燃料温度增加，中子在燃料中吸收减少

D. 慢化剂密度的减小使中子徙动长度增大

5. 反应性控制的实质是什么？其主要任务、形式和途径有哪些？

6. 一核反应堆在寿期末从 100%FP 功率运行状态下停堆，经过 3 天冷却至 333 ℃，在冷却期间，硼浓度增加了 100 ppm。在停堆与冷却期间所添加的反应性绝对值如下所示。请在括号中填入适当的符号（＋或－），并计算当前的次临界深度。

控制棒 ＝（　　）6.918%$\Delta k/k$；

氙　　＝（　　）2.675%$\Delta k/k$；

功率亏损＝（　　）1.575%$\Delta k/k$；

硼　　＝（　　）1.040%$\Delta k/k$；

温　度＝（　　）0.500%$\Delta k/k$；

7. 一核反应堆在 80%FP 功率运行时，操作员向核反应堆冷却剂系统（RCS）中添加 10 加仑（gal）的硼酸，经过若干分钟，操作员按需要调节控制棒的位置，以维持核反应堆冷却剂平均温度不变。当电厂处于稳定状态时，停堆裕量将________，而轴向功率峰将移向堆芯的________。

8. 已知参数为：核反应堆功率＝100%FP，总功率系数＝－0.020%$\Delta k/k$/%FP，初始硼浓度＝500 ppm，硼价值＝－0.010%$\Delta k/k$/ppm，控制棒价值＝－0.010%$\Delta k/k$/cm（插入），试问通过硼化/稀释、控制插入 50 cm、使电厂功率降至 30%FP 所要求的最终硼浓度是多少（假设堆芯的其他状态参数不变）？

9. 用提升控制棒外推临界棒位时，若该棒组提升 12 步使得源量程计数从 n_1 增加到 n_2，且 $n_2=1.5n_1$。假定控制棒微分价值为常数，试估算还需提升该棒组多少步才能达到临界？

8 核反应堆动力学

核反应堆的反应性快速变化可能会导致核反应堆功率的快速变化，对这一变化规律的掌握有利于核反应堆的安全运行和控制方案的制订。这种秒量级的瞬态变化过程分析称为核反应堆**动力学**。严格地讲，一旦核反应堆的反应性变化，势必会引起一些反应性反馈。例如：瞬间引进正反应性，核反应堆功率会增加，温度会增加，由于温度系数是负的，会引入负的反应性反馈。不过，由于反应性反馈效应相对于动力学分析的时间尺度要缓慢得多，所以，这里我们不妨不考虑反应性的反馈效应。

尽管缓发中子的份额很小，但相对于瞬发中子，缓发中子的寿期要长得多，所以它对核反应堆动力学影响很大。本章首先以点堆为基础介绍不考虑缓发中子的动力学，导出问题，再讲解如何考虑缓发中子，最后再简单介绍时空中子动力学。

8.1 缓发中子的作用

所谓点堆，就是把核反应堆看成一个点，不考虑空间变量。如图 8-1 所示，假设在某一时刻核反应堆引入一阶跃反应性，这时的热中子平衡方程为

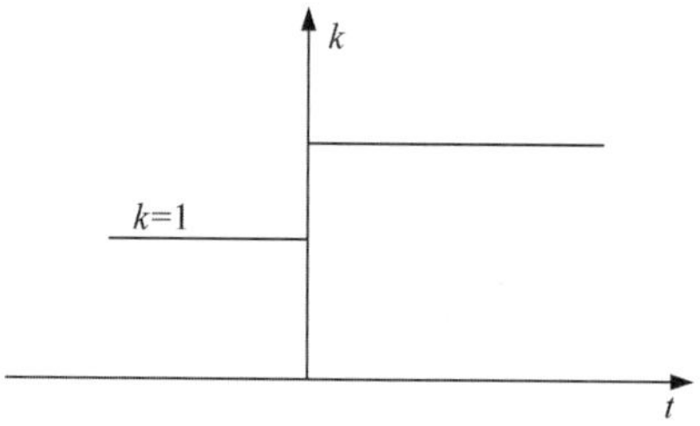

图 8-1 引入阶跃反应性

$$\frac{\mathrm{d}n}{\mathrm{d}t}=\text{产生率}-(\text{泄漏率}+\text{吸收率}) \tag{8-1}$$

根据热中子不泄漏概率公式得

$$(\text{泄漏率}+\text{吸收率})=\frac{\text{吸收率}}{P_{\mathrm{d}}}=\frac{\Sigma_{\mathrm{a}}nv}{P_{\mathrm{d}}} \tag{8-2}$$

令

$$l_0=\frac{1}{\Sigma_{\mathrm{a}}v}=\frac{\lambda_{\mathrm{a}}}{v} \tag{8-3}$$

这实际上就是热中子被吸收前所花费的时间，即**热中子的寿期**。如果考虑热中子的泄漏，那么热中子的实际寿期应该为

$$l=l_0P_{\mathrm{d}}=\frac{l_0}{1+L^2B_g^2} \tag{8-4}$$

将式(8-3)和式(8-4)代入到式(8-2)得

$$(\text{泄漏}+\text{吸收})=\frac{n}{l} \tag{8-5}$$

下面再讨论热中子的产生。根据 k_∞ 的定义得热中子的产生为

$$\begin{aligned}\text{产生}&=k_\infty(\text{吸收})P_{\mathrm{s}}\\&=k_\infty\Sigma_{\mathrm{a}}nvP_{\mathrm{s}}\\&=k\ \frac{n}{l}\end{aligned} \tag{8-6}$$

将式(8-5)、式(8-6)代入式(8-1)得

$$\begin{aligned}\frac{\mathrm{d}n}{\mathrm{d}t}&=k\ \frac{n}{l}-\frac{n}{l}\\&=\frac{(k-1)n}{l}\end{aligned} \tag{8-7}$$

这个方程也可以直接从物理意义上给出。假设中子的寿期为 l，那么每个中子单位时间内消失的概率为 $1/l$，那么中子的消失数为$\frac{n}{l}$。再根据有效增殖系数的定义得中子的产生数为 $k\ \frac{n}{l}$，这样就得到中子平衡方程(8-7)。

方程(8-7)为一阶常微分方程，只要给定初始中子密度 n_0，就可解出中子密度变化函数为

$$n(t)=n_0\mathrm{e}^{\frac{k-1}{l}t} \tag{8-8}$$

下面我们引入核反应堆周期的概念，所谓**核反应堆周期**是指中子密度增加到原来的 e 倍所需要的时间，一般用 T 表示。从式(8-8)可以看出，这时的核反应堆周期为

$$T=\frac{l}{k-1} \tag{8-9}$$

一般压水核反应堆的热中子寿期 $l_0=10^{-4}$ s，不妨假设 $P_{\mathrm{d}}\approx1$，如果这时引入一阶跃反应性扰动，有效增殖系数变为 $k=1.001$，那么根据式(8-9)得，这时核反应堆的周期为 $T=0.1$ s。这就意味在 1 s 内，中子密度会增加到原来的 $\mathrm{e}^{10}\approx22\ 000$ 倍。如果真的这样，核反应堆将来不及控制。可现实不是这样，其原因就在于前面的推导假设中子都是瞬间产生的，没有考虑缓发中子是滞后产生的事实，导致了中子寿期过短，可见缓发中子对核反应堆周期具有重要影响。

8.2　核反应堆点堆动力学

考虑缓发中子的产生后，中子的产生项必须细分为瞬发中子的产生和缓发中子的产生，其中瞬发中子占有$(1-\beta)$份额，而缓发中子是由其先驱核衰变产生的，即中子的产生为

$$\text{产生}=k\ \frac{n}{l}(1-\beta)+\sum_i\lambda_iC_i(t) \tag{8-10}$$

这样中子密度的守恒方程应该为

$$\frac{dn}{dt}=k\ \frac{n}{l}(1-\beta)+\sum_i\lambda_iC_i(t)-\frac{n}{l} \tag{8-11}$$

其中 $C_i(t)$ 为第 i 组缓发中子先驱核浓度，它满足下面的守恒方程组

$$\frac{dC_i(t)}{dt}=\beta_i k\ \frac{n}{l}-\lambda_iC_i\quad ,i=1\sim6 \tag{8-12}$$

这样式(8-11)和式(8-12)就构成了考虑缓发中子动力学方程组。假设令 $\Lambda=\frac{l}{k}$ 为**中子代时间**，那么方程组可简写为

$$\frac{dn}{dt}=\frac{\rho-\beta}{\Lambda}n+\sum_i\lambda_iC_i(t) \tag{8-13}$$

$$\frac{dC_i(t)}{dt}=\frac{\beta_i}{\Lambda}n-\lambda_iC_i,i=1\sim6 \tag{8-14}$$

方程组(8-13)、(8-14)是一个七阶常微方程组，一般很难解析求解。由于这个方程组具有刚性特征，即使采用数值解法也有一定难度。实践证明，利用著名的吉尔方法可以获得比较好的结果。

这里我们仅通过简单分析给出一些非常重要的结论。从微分方程组的知识得知，方程组(8-13)、(8-14)具有以下解的形式

$$n(t)=n_0e^{t/T} \tag{8-15}$$

$$C_i(t)=C_{i0}e^{t/T} \tag{8-16}$$

可见其中的 T 显然为核反应堆周期，T 满足下列代数方程

$$\rho=\frac{1}{Tk}+\sum_{i=1}^{6}\frac{\beta_i}{1+\lambda_iT} \tag{8-17}$$

该方程称为**反应性方程**。式(8-17)中，T 有 7 个根，通过画图法可得到这 7 个根的大体性质。如图 8-2 所示，给定一个反应性 ρ，与 7 根曲线相交得到的 7 个交点就是反应性方程的 7 个根。

下面我们定性分析在不同情况下，这 7 个根对核反应堆功率的影响。

(1)$\rho>0$ 阶跃情况

如图 8-2 所示，$\rho>0$ 时，只有 T_0 为正，其他 6 个根 T_i，$i=1\sim6$ 均为负。所以中子密度的增长主要依赖 T_0 项，其他 6 项很快衰减为零，不起作用，即

$$n(t)\approx n_0e^{t/T_0} \tag{8-18}$$

当引入的 ρ 很小时，T_0 比较大，即核反应堆周期会比较长。当引入的 ρ 非常小时，T_0 会趋于常数，与 l 无关。当引入的 ρ 增大时，T_0 逐渐变小，即核反应堆周期会变短。当引入的 $\rho>\beta$ 时，T_0 趋于不考虑缓发中子时的核反应堆周期。所以在 $\rho=\beta$ 时，仅依靠瞬发中子核反应堆就会达到临界，这一条件也称为**瞬发临界条件**。此时称引入了“1 \$”的反应性。

瞬发临界条件也可以通过中子平衡方程简单推出。由于不考虑缓发中子，且核反应堆已达到临界，所以由式(8-12)得

$$\frac{dn}{dt}=\frac{\rho-\beta}{\Lambda}n=0 \tag{8-19}$$

因此 $\rho=\beta$。

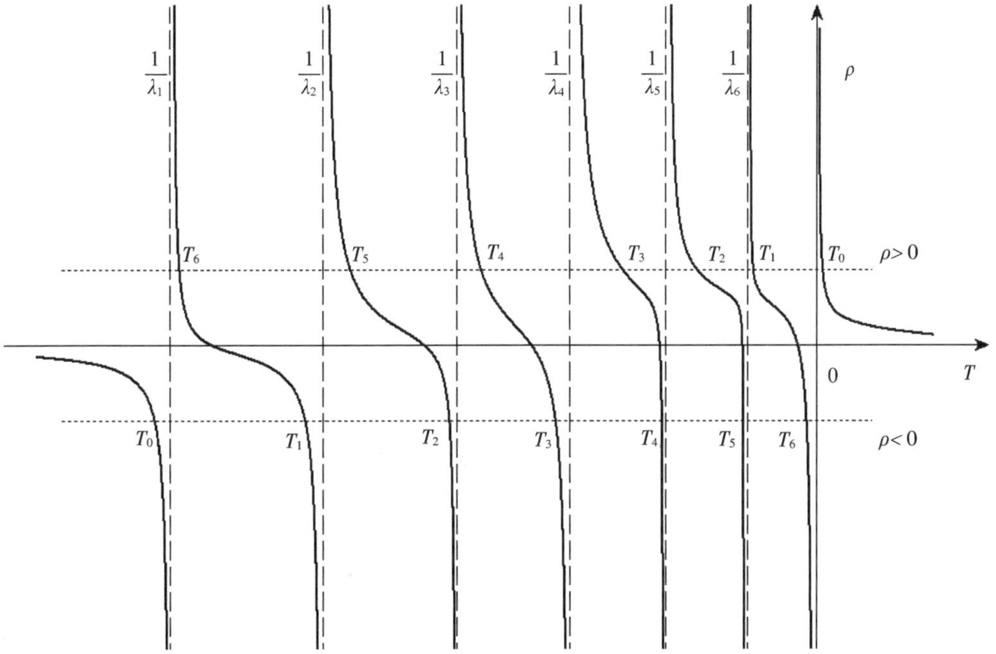

图 8-2 反应性方程的根

为了核反应堆的安全,工程上绝不允许核反应堆出现瞬发临界现象,因此规定每次引入的阶跃反应性不得超过 β,保守一点,一般规定不得超过$\frac{1}{2}\beta$。

(2)$\rho<0$ 阶跃情况

如图 8-2 所示,$\rho<0$ 时,7 个根 T_i,$i=0\sim6$ 全部为负数,不过 T_0 的绝对值最大。所以中子密度的增长仍然主要依赖 T_0 项,其他 6 项很快衰减为零,不起作用。

当引入的 ρ 绝对值很大时,T_0 会趋于常数,对于核电厂核反应堆 $T_0\approx80$ s。这意味着引入再大的负反应性,核反应堆仍以固定的速率减少功率。假设要想让核反应堆的功率降低 10 个量级,至少也需要约 30 min 的时间,这个也称为**最大停堆速度**。

前面的模型考虑了缓发中子的数量贡献,但事实上缓发中子和瞬发中子不仅数量上有差异,其中子价值也有较大差异,因为缓发中子的平均能量要比瞬发中子低。工程上常采用一个非常简单的方法来考虑缓发中子的能量差异,即修正其产额 β,用 β_{eff} 来代替 β,这样前面的模型就可以继续使用了。

不过 β_{eff} 的选取针对不同的核反应堆是略有不同的,且有一定的经验性。对于一般的核电厂,常取 $\beta_{eff}\approx0.97\beta$,但对于体积较小的核反应堆,由于瞬发中子更易泄漏,这时 $\beta_{eff}>\beta$。

8.3 次临界核反应堆动力学

前几节介绍了运行在临界状态的反应堆引入反应性扰动时,堆内中子数(功率)的变化规律。这一规律适合于所有运行在临界状态下的核反应堆。而在核反应堆设计中,还存在一类运行在次临界状态下的核反应堆，此类核反应堆仅靠裂变区域无法实现自持的链式裂变反应，但是，其在外中子源注入的条件下，仍然可以在堆内实现中子产生与消失的平衡关系，从而实现稳定的运行。此类依靠外中子源、运行在次临界状态下的核反应堆称为**外源驱动的次临界核反应堆**。根据外中子源种类的不同，次临界核反应堆主要分为两类：加速器驱动的次临界核反应堆（ADS 核反应堆），以及聚变驱动的次临界核反应堆（又称聚变－裂变混合堆）。本节以 ADS 核反应堆为例，介绍次临界核反应堆的动力学特性。

ADS，即加速器驱动的次临界系统，主要由质子加速器、散裂靶和次临界核反应堆组成。图 8-3 给出了 ADS 的原理示意图。在大型的 ADS 装置中，质子通过加速器加速到 1 GeV 能量以上后轰击位于核反应堆内的散裂靶，通过散裂反应一个质子产生约 30 个中子，这些中子注入核反应堆堆芯维持链式裂变反应。

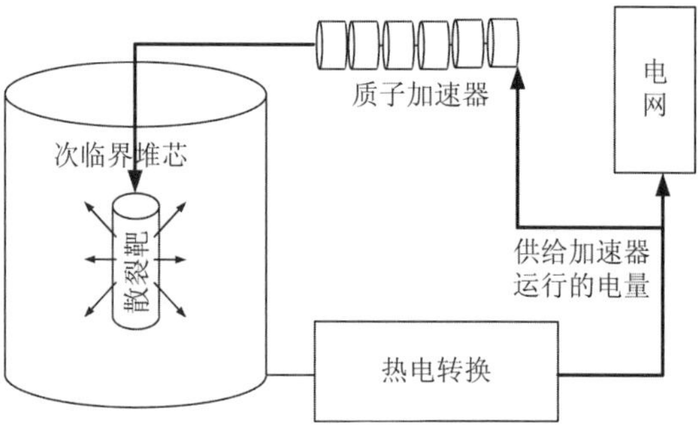

图 8-3　ADS 原理示意图

与传统核反应堆相比，ADS 核反应堆内中子平均能量更高，中子注量率更大，因此，ADS 核反应堆目前主要设计用于嬗变长寿命的次锕系核素（MA）。这样的堆芯设计使得 ADS 核反应堆相比传统裂变堆具有更短的中子寿命和更小的缓发中子份额。对一个典型的铅冷 ADS 而言，其中子寿命只有约 3×10^{-7} s，比压水堆小近 4 个量级，而装载 MA 后堆芯的缓发中子份额只有约 300 pcm，仅为压水堆的二分之一。

应用 8.2 节所介绍的动力学理论，若在核反应堆中引入 400 pcm（约 1.3β）的阶跃正反应性，核反应堆功率会按照瞬发中子寿命决定的周期指数增大，功率在 0.14 ms 内会增大 100 倍。但实际上，对于运行在初始状态为次临界的 ADS 核反应堆（假设初始 $k_{\text{eff}}=0.97$），引入 400 pcm 的反应性，实际的核反应堆功率只增大约 15%，并最终稳定在这一新的功率水平上。显然，前节介绍的动力学理论，对运行在次临界状态的核反应堆是不适用的。

在次临界核反应堆中，由于核反应堆中稳定的链式裂变反应依靠外中子源维持，堆内中子密度或功率的变化取决于外源的变化和次临界堆芯对外源的中子倍增（能量放大）的变化。这里我们假设外源的强度保持不变，则次临界核反应堆能量放大公式可以表示为[13]

$$G=\frac{0.18k_{\text{eff}}N_0}{\nu(1-k_{\text{eff}})E_{\text{p}}}=\frac{G_0k_{\text{eff}}}{1-k_{\text{eff}}} \tag{8-20}$$

其中，G 表示次临界堆的能量放大倍数，即核反应堆输出能量与入射质子能量的比。k_{eff} 为无外源条件下次临界堆芯的 k_{eff}，$(1-k_{\text{eff}})$ 称为核反应堆的**次临界度**，N_0 为初始堆内的中子数，E_{p} 为入射质子的能量。对于一个给定的 ADS 设计，G_0k_{eff} 可以看作为一常数，如欧洲核子研究中子的 FEAT 实验指出，当能量大于 1 GeV 的质子轰击铀靶时，$G_0 k_{eff}=3$。因此，核反应堆功率的变化与核反应堆的次临界度成反比。

首先讨论在次临界堆芯引入阶跃正反应性时，堆芯的功率变化情况[14]：

1）当核反应堆引入的阶跃反应性小于堆芯次临界度时，反应性引入并不会导致堆内中子密度或功率持续的指数变化，核反应堆会过渡到新的功率水平上运行。例如，在次临界核反应堆中引入 400 pcm（约 1.3β）的阶跃正反应性，对于初始运行在次临界状态的 ADS 核反应堆（假设初始 $k_{eff}=0.97$），实际的核反应堆功率只增大约 15%，并最终稳定在这一新的功率水平上。可见，在次临界核反应堆中，缓发中子的作用非常有限，8.2 节所介绍的瞬发临界条件在次临界堆中是不存在的。

2）当引入的阶跃反应性大于核反应堆的次临界度时，堆芯的功率变化与传统核反应堆类似，过大的正反应性引入会导致功率的迅速增大。但是，次临界堆一般运行在很深的次临界度上（一个典型的 ADS 核反应堆堆芯次临界度约 10β），上述情况在核反应堆的实际运行中是几乎不存在的。图 8-4 给出了具有不同次临界度的 ADS 核反应堆中引入 1β 正反应性 1 s 后功率的变化情况，其中左图中数字表示不同的次临界度情形，曲线为次临界堆引入 1β 反应性后的功率变化，右图中数字表示传统核反应堆引入的不同反应性，曲线为反应性引入后的功率变化。可见，对阶跃正反应性的引入，次临界核反应堆具有更好的安全性。

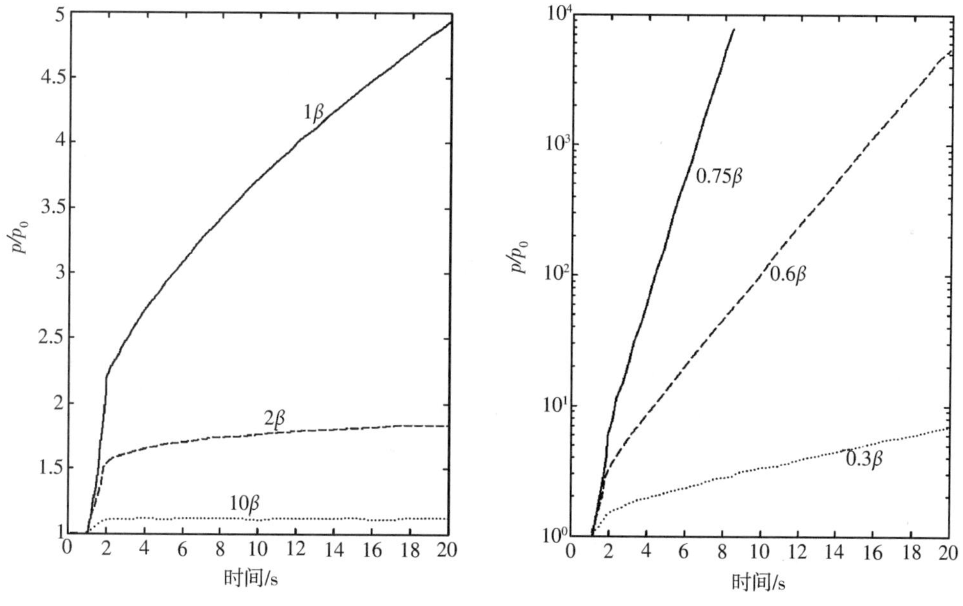

图 8-4　阶跃正反应性引入条件下核反应堆功率变化比较

（左图：图中数字表示不同的次临界度情形，曲线为次临界堆引入 1β 反应性后的功率变化；

右图：图中数字表示传统核反应堆引入的不同反应性，曲线为反应性引入后的功率变化）

以上讨论了次临界核反应堆中引入正反应性时堆芯的功率变化情况，下面分两种情况讨论核反应堆中引入负反应性时堆芯功率的变化情况[14]：

1）在外源关闭的条件下，由于堆芯处于次临界状态，即使引入的反应性为零，核反应堆功率仍然会迅速降低。

2)在外源持续的条件下,引入负的反应性并不会使堆芯功率降低到衰变热的水平。这导致在某些事故工况下,核反应堆内即使由于负反馈或其他方式引入了较大的负反应性也并不足以显著降低堆芯功率。同样以初始 $k_{\mathrm{eff}}=0.97$ 的次临界核反应堆为例,若通过负反馈引入 300 pcm 的负反应性,堆芯功率只下降到反馈引入前的 90%,而功率不会自动降低到衰变热水平。

由于运行在次临界状态,传统的点堆动力学理论不再适用。为了更准确地计算反应性引入后次临界堆内的中子密度和功率的变化,同样需要建立次临界核反应堆的动力学方程。与传统裂变堆的动力学方程相比,次临界动力学方程的区别主要在于中子源项中需要加入外中子源的贡献。式(8-21)、式(8-22)给出了单能的次临界动力学方程。

$$\frac{1}{v}\frac{\partial\Phi(r,t)}{\partial t}=(1-\beta)v\Sigma_{\mathrm{f}}\Phi(r,t)+\nabla\cdot D\,\nabla\Phi(r,t)-\Sigma_{\mathrm{a}}\Phi(r,t)+\sum_{i=1}^{6}\lambda_i C_i(r,t)+S(r,t) \tag{8-21}$$

$$\frac{\partial C_i(r,t)}{\partial t}=\beta_i v\Sigma_{\mathrm{f}}\phi(r,t)-\lambda_i C_i(r,t),i=1,2,\cdots,6 \tag{8-22}$$

式中,$S(r,t)$表示外中子源的大小,其他各项的定义与前节相同。

上述方程可以通过假设简化为次临界的点堆动力学方程。研究表明,对于空间相关性不强的动力学过程,如外中子源强的瞬态变化,点堆模型仍然可以较好地获得核反应堆功率的动态变化情况。但是,由于推导点堆动力学方程的假设都是针对临界状态下的核反应堆提出的,这些假设对于次临界核反应堆并不适用,尤其是对外中子源以及外中子源与次临界堆芯交界处的物理现象,点堆的推导过程是无法考虑的。因此,尽管目前很多研究仍然采用点堆模型来分析次临界核反应堆典型的动力学机理,但是准确的定量计算必须采用考虑空间效应的时空动力学方法。

8.4 时空中子动力学简介

前面所讲模型均基于点堆假设,如核反应堆较大,当在某处引入大的反应性时,势必引起核反应堆功率分布的倾斜,这对核反应堆的安全控制也是极其重要的。所以,随着计算条件的不断发展,三维两群的扩散时空中子动力学计算已经成为目前动力学分析中的主要方法[15]。

在笛卡尔坐标系中,核反应堆时空扩散中子动力学方程组可描述为

$$\begin{aligned}\frac{1}{v_g}\frac{\partial\Phi_g}{\partial t}(\boldsymbol{r},t)=&\nabla\cdot D_g(\boldsymbol{r},t)\,\nabla\Phi_g(\boldsymbol{r},t)-\sum\nolimits_{t,g}(\boldsymbol{r},t)\Phi_g(\boldsymbol{r},t)+\\&\sum_{g'=1}^{G}[\chi_g(1-\beta)(\upsilon\textstyle\sum_{\mathrm{f}})_{g'}(\boldsymbol{r},t)+\sum_{g'\to g}(\boldsymbol{r},t)]\Phi_{g'}(\boldsymbol{r},t)+\\&\sum_{i=1}^{I}\chi_{i,g}\lambda_i C_i(\boldsymbol{r},t)\end{aligned} \tag{8-23}$$

$$\frac{\partial}{\partial t}C_i(\boldsymbol{r},t)=\beta_i\sum_{g'=1}^{G}(\upsilon\Sigma_{\mathrm{f}})_{g'}(\boldsymbol{r},t)\Phi_{g'}(\boldsymbol{r},t)-\lambda_i C_i(\boldsymbol{r},t) \tag{8-24}$$

$$g=1,2,\cdots,G;i=1,2,\cdots,I$$

式中：v_g——第 g 群中子的(群)平均速度；

χ_g——瞬发中子进入第 g 群的份额；

χ_{ig}——第 i 组缓发中子出现在 g 群中的概率；

λ_i——第 i 组缓发中子先驱核的衰变常数；

β_i——第 i 组缓发中子份额；

$\beta=\sum_{i=1}^{I}\beta_i$；

I——缓发中子总的组数。

可以用最经典的隐式差分方法，分别对方程(8-23)和方程(8-24)的时间导数项进行离散，离散后就变成类似于静态中子扩散方程的形式了，可以用普通中子扩散方程求解方法进行求解了。不过隐式差分要求时间步长非常小才能收敛，且每个时间步都要求解复杂的中子扩散方程，计算量很大，计算效率很低。所以，20 世纪 60 年代就发展起了准静态近似方法，既兼顾了空间求解，也应用了点堆的高效计算的思想。下面简单介绍准静态近似的求解思路，具体细节不赘述。

8.4.1 幅函数与形状函数的分解

将中子注量率 $\Phi_g(\boldsymbol{r},t)$ 和缓发中子先驱核浓度 $C_i(\boldsymbol{r},t)$ 进行如下因式分解

$$\Phi_g(\boldsymbol{r},t)=n(t)\cdot\psi_g(\boldsymbol{r},t) \tag{8-25}$$

$$C_i(\boldsymbol{r},t)=T_i(t)\cdot\varphi_i(\boldsymbol{r},t) \tag{8-26}$$

式中：$n(t)$——中子注量率的幅函数；

$\psi_g(\boldsymbol{r},t)$——中子注量率的形状函数；

$T_i(t)$——第 i 组缓发中子先驱核浓度的幅函数；

$\varphi_i(\boldsymbol{r},t)$——第 i 组缓发中子先驱核浓度的形状函数。

将式(8-25)和式(8-26)分别代入式(8-23)和式(8-24)可得

$$\begin{aligned}\frac{1}{v_g}\frac{\partial\psi_g(\boldsymbol{r},t)}{\partial t}=&\nabla\cdot D_g(\boldsymbol{r},t)\nabla\psi_g(\boldsymbol{r},t)-\Sigma_{R,g}(\boldsymbol{r},t)\psi_g(\boldsymbol{r},t)+\\&\sum_{g'=1}^{g-1}\Sigma_{g'\to g}(\boldsymbol{r},t)\psi_{g'}(\boldsymbol{r},t)+(1-\beta)\chi_g\sum_{g'=1}^{G}(\nu\Sigma_f)_{g'}(\boldsymbol{r},t)\psi_{g'}(\boldsymbol{r},t)-\\&\frac{1}{v_g n(t)}\frac{\mathrm{d}n(t)}{\mathrm{d}t}\psi_g(\boldsymbol{r},t)+\frac{1}{n(t)}\sum_{i=1}^{I}\chi_{i,g}\lambda_i T_i(t)\varphi_i(\boldsymbol{r},t)\end{aligned} \tag{8-27}$$

$$\frac{\partial\varphi_i(\boldsymbol{r},t)}{\partial t}=\frac{\beta_i n(t)}{T_i(t)}\sum_{g'=1}^{G}(\nu\Sigma_f)_{g'}(\boldsymbol{r},t)\psi_{g'}(\boldsymbol{r},t)-\lambda_i\varphi_i(\boldsymbol{r},t)-\frac{\varphi_i(\boldsymbol{r},t)}{T_i(t)}\frac{\mathrm{d}T_i(t)}{\mathrm{d}t} \tag{8-28}$$

用稳态时共轭中子注量率 $\Phi_g^*(\boldsymbol{r})$ 作为权重函数乘以式(8-27)，将 $\chi_{ig}\Phi_g^*(\boldsymbol{r})$ 乘以式(8-28)，对空间进行积分和能群求和，并引入如下归一化条件

$$\sum_{g=1}^{G}\frac{1}{v_g}\int_V\Phi_g^*(\boldsymbol{r})\psi_g(\boldsymbol{r},t)\mathrm{d}\boldsymbol{r}=1 \tag{8-29}$$

$$\sum_{g=1}^{G}\chi_{i,g}\int_V\Phi_g^*(\boldsymbol{r})\varphi_i(\boldsymbol{r},t)\mathrm{d}\boldsymbol{r}=1 \tag{8-30}$$

化简后可得到以下方程组

$$\begin{aligned}&\sum_{g=1}^{G}\int_V \Phi_g^*(\boldsymbol{r})\,\nabla\cdot D_g(\boldsymbol{r},t)\,\nabla\psi_g(\boldsymbol{r},t)\mathrm{d}\boldsymbol{r}-\\&\quad\sum_{g=1}^{G}\int_V \Phi_g^*(\boldsymbol{r})\Sigma_{R,g}(\boldsymbol{r},t)\psi_g(\boldsymbol{r},t)\mathrm{d}\boldsymbol{r}+\\&\quad\sum_{g=1}^{G}\int_V \Phi_g^*(\boldsymbol{r})\sum_{g'=1}^{g-1}\Sigma_{g'\to g}(\boldsymbol{r},t)\psi_{g'}(\boldsymbol{r},t)\mathrm{d}\boldsymbol{r}+\\&\quad\sum_{g=1}^{G}\int_V \Phi_g^*(\boldsymbol{r})\sum_{g'=1}^{G}(1-\beta)\chi_g(\upsilon\Sigma_f)_{g'}(\boldsymbol{r},t)\psi_{g'}(\boldsymbol{r},t)\mathrm{d}\boldsymbol{r}+\\&\quad\sum_{i}^{I}\lambda_i\frac{T_i(t)}{n(t)}-\frac{1}{n(t)}\frac{\mathrm{d}n(t)}{\mathrm{d}t}=0\end{aligned}\tag{8-31}$$

$$\begin{aligned}&\sum_{g=1}^{G}\int_V \beta_i n(t)\chi_{i,g}\Phi_g^*(\boldsymbol{r})\sum_{g'=1}^{G}(\upsilon\Sigma_f)_{g'}(\boldsymbol{r},t)\psi_{g'}(\boldsymbol{r},t)\mathrm{d}\boldsymbol{r}-\\&\quad\lambda_i T_i(t)-\frac{\mathrm{d}T_i(t)}{\mathrm{d}t}=0\end{aligned}\tag{8-32}$$

另一方面，稳态共轭中子扩散方程为

$$\begin{aligned}&-\nabla\cdot D_g(\boldsymbol{r},t_0)\,\nabla\Phi_g^*(\boldsymbol{r})+\Sigma_{R,g}(\boldsymbol{r},t_0)\Phi_g^*(\boldsymbol{r})=\\&\quad\sum_{g'=g+1}^{G}\Sigma_{g\to g'}(\boldsymbol{r},t_0)\Phi_{g'}^*(\boldsymbol{r})+\frac{1}{k_{\mathrm{eff}}}(\upsilon\Sigma_{\mathrm{f}})_g(\boldsymbol{r},t_0)\sum_{g'=1}^{G}\chi_{g'}\Phi_{g'}^*(\boldsymbol{r})\end{aligned}\tag{8-33}$$

将式(8-33)等号左右两边均乘以 $\psi_g(\boldsymbol{r},t)$，并同样对能群求和，空间积分，得

$$\begin{aligned}&-\sum_{g=1}^{G}\int_V\psi_g(\boldsymbol{r},t)\,\nabla\cdot D_g(\boldsymbol{r},t_0)\,\nabla\Phi_g^*(\boldsymbol{r})\mathrm{d}\boldsymbol{r}+\sum_{g=1}^{G}\int_V\psi_g(\boldsymbol{r},t)\Sigma_{R,g}(\boldsymbol{r},t_0)\Phi_g^*(\boldsymbol{r})\mathrm{d}\boldsymbol{r}\\&\quad=\sum_{g=1}^{G}\int_V\psi_g(\boldsymbol{r},t)\sum_{g'=g+1}^{G}\Sigma_{g\to g'}(\boldsymbol{r},t_0)\Phi_{g'}^*(\boldsymbol{r})\mathrm{d}\boldsymbol{r}+\\&\quad\frac{1}{k_{\mathrm{eff}}}\sum_{g=1}^{G}\int_V\psi_g(\boldsymbol{r},t)(\upsilon\Sigma_f)_g(\boldsymbol{r},t_0)\sum_{g'=1}^{G}\chi_{g'}\Phi_{g'}^*(\boldsymbol{r})\mathrm{d}\boldsymbol{r}\end{aligned}\tag{8-34}$$

将式(8-31)减去式(8-34)，简化后即可得到中子注量率的幅函数方程

$$\frac{\mathrm{d}n(t)}{\mathrm{d}t}=\frac{\rho(t)-\bar{\beta}(t)}{\Lambda(t)}n(t)+\sum_{i=1}^{I}\lambda_i T_i(t)\tag{8-35}$$

对式(8-32)进行适当简化后可得到缓发中子先驱核浓度的幅函数方程

$$\frac{\mathrm{d}T_i(t)}{\mathrm{d}t}=\frac{\bar{\beta}_i(t)}{\Lambda(t)}n(t)-\lambda_i T_i(t)\tag{8-36}$$

式中，

$$\rho(t)=\frac{1}{F(t)}\{\sum_{g=1}^{G}\int_V\Phi_g^*(\boldsymbol{r})[\Sigma_{R,g}(\boldsymbol{r},t_0)-\Sigma_{R,g}(\boldsymbol{r},t)]\psi_g(\boldsymbol{r},t)\mathrm{d}\boldsymbol{r}+$$
$$\sum_{g=1}^{G}\int_V\Phi_g^*(\boldsymbol{r})\sum_{g'=1}^{G}[\Sigma_{g'\to g}(\boldsymbol{r},t)-\Sigma_{g'\to g}(\boldsymbol{r},t_0)]\psi_{g'}(\boldsymbol{r},t)\mathrm{d}\boldsymbol{r}+ \tag{8-37}$$
$$\sum_{g=1}^{G}\int_V[(\upsilon\Sigma_f)_g(\boldsymbol{r},t)-(\upsilon\Sigma_f)_g(\boldsymbol{r},t_0)]\psi_g(\boldsymbol{r},t)\sum_{g'=1}^{G}\chi_{g'}\Phi_{g'}^*(\boldsymbol{r})\mathrm{d}\boldsymbol{r}$$

$$\bar{\beta}(t)=\sum_{i=1}^{I}\bar{\beta}_i(t) \tag{8-38}$$

$$\Lambda(t)=\frac{\sum_{g=1}^{G}\int_V\frac{1}{V_g}\Phi_g^*(\boldsymbol{r})\psi_g(\boldsymbol{r},t)\mathrm{d}\boldsymbol{r}}{F(t)} \tag{8-39}$$

$$\bar{\beta}_i(t)=\frac{\sum_{g=1}^{G}\int_V\beta_i\Phi_g^*(\boldsymbol{r})\chi_{i,g}\sum_{g'=1}^{G}(\upsilon\Sigma_f)_{g'}(\boldsymbol{r},t)\psi_g(\boldsymbol{r},t)\mathrm{d}\boldsymbol{r}}{F(t)} \tag{8-40}$$

$$F(t)=\sum_{g=1}^{G}\int_V[\chi_g(1-\beta)+\sum_{i=1}^{I}\beta_i\chi_{i,g}]\Phi_g^*(\boldsymbol{r})\sum_{g'=1}^{G}(\upsilon\Sigma_f)_{g'}(\boldsymbol{r},t)\psi_{g'}(\boldsymbol{r},t)\mathrm{d}\boldsymbol{r} \tag{8-41}$$

式(8-35)和式(8-36)组成了求解幅函数的方程组，这一方程组在形式上和“点堆”动力学方程组完全一致，故可以采用相同的方法求解。然而，从式(8-37)～式(8-41)可知，必须预先知道稳态共轭中子注量率分布 $\Phi_g^*(\boldsymbol{r})$和该时刻的中子形状函数 $\psi_g(\boldsymbol{r},t)$。

共轭方程(8-33)是稳态时刻的，其形式与中子扩散方程类似，且只需计算一次，比较容易实现。所以下面我们重点讨论形状函数的求解。

8.4.2 形状函数的计算

在核反应堆引入一反应性后，中子注量率的幅函数变化非常剧烈，相对而言其形状函数的变化相对缓慢些。因此，我们可以间隔稍微长一点的时间间隔再求解更新形状函数，这样就可以大大提高计算效率。

首先用全隐向后有限差分方法对时空中子扩散动力学方程组(8-23)时间变量离散，可得到

$$\begin{aligned}&\nabla\cdot D_g(\boldsymbol{r},t_{l+1})\nabla\Phi_g(\boldsymbol{r},t_{l+1})-\Sigma_{t,g}(\boldsymbol{r},t_{l+1})\Phi_g(\boldsymbol{r},t_{l+1})+\\&\sum_{g'=1}^{G}[\chi_g(1-\beta)(\upsilon\Sigma_f)_{g'}(\boldsymbol{r},t_{l+1})+\Sigma_{g'\to g}(\boldsymbol{r},t_{l+1})]\Phi_{g'}(\boldsymbol{r},t_{l+1})+\\&\sum_{i=1}^{I}\frac{\lambda_i\chi_{i,g}\beta_i\Delta t_l}{1+\lambda_i\Delta t_l}\sum_{g'=1}^{G}(\upsilon\Sigma_f)_{g'}(\boldsymbol{r},t_{l+1})\Phi_{g'}(\boldsymbol{r},t_{l+1})-\frac{1}{\upsilon_g\Delta t_l}\Phi_g(\boldsymbol{r},t_{l+1})\\&=-\frac{1}{\upsilon_g\Delta t_l}\Phi_g(\boldsymbol{r},t_l)-\sum_{i=1}^{I}\frac{\lambda_i\chi_{i,g}C_i(\boldsymbol{r},t_l)}{1+\lambda_i\Delta t_l}\end{aligned} \tag{8-42}$$

其中，$\Delta t_l=t_{l+1}-t_l$ 为形状函数计算时间步长。方程(8-42)的形式类同于中子扩散方程，可用中子扩散方程的求解方法进行求解。利用归一化条件式(8-29)可以得到中子注量率的形状函数 $\psi_g(\boldsymbol{r},t)$

$$\psi_g(r,t)=\frac{\Phi_g(r,t)}{\sum_g \frac{1}{\nu_g}\int_V \Phi_g^*(r,t)\mathrm{d}v} \tag{8-43}$$

8.4.3 计算流程

在准静态方法中，需要计算的变量主要是形状函数、幅函数和幅函数方程组的参数。其中，形状函数随时间变化缓慢，幅函数则与时间紧密相关，而幅函数方程组的参数与时间变量的关系则介于这两者之间，因此时间步长可取三种，如图 8-5 所示。图中 Δt_l、Δt_m、Δt_n 分别为计算形状函数、幅函数方程组参数、幅函数的时间步，依次称为大时间步、中间时间步和小时间步。

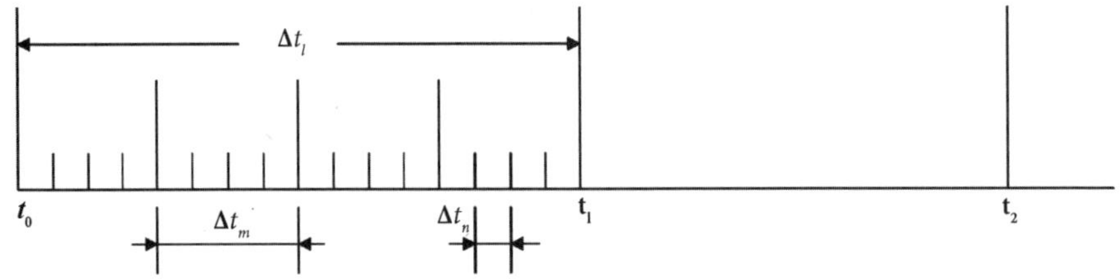

图 8-5　时间步划分

计算流程如图 8-6 所示。

第一步，根据初始时刻中子注量率 $\Phi_g(r,t_0)$，采用经典的隐式差分方法预估 t_1 时刻中子注量率 $\Phi_g(r,t_1)$，然后利用式(8-43)产生 t_1 时刻形状函数 $\psi_g(r,t_1)$；

第二步，根据 t_0 和 t_1 时刻形状函数在 Δt_m 时间步上线性插值计算幅函数方程组参数，以这些参数在 Δt_n 时间步上计算幅函数直至 t_1 时刻；

第三步，根据第二步得到的 t_1 时刻幅函数 $n(t_1)$ 修正 t_1 时刻中子注量率 $\Phi_g(r,t_1)=n(t_1)\psi_g(r,t_1)$，然后计算缓发中子先驱核浓度；

在下一个 Δt_l 时间步重复上面过程。

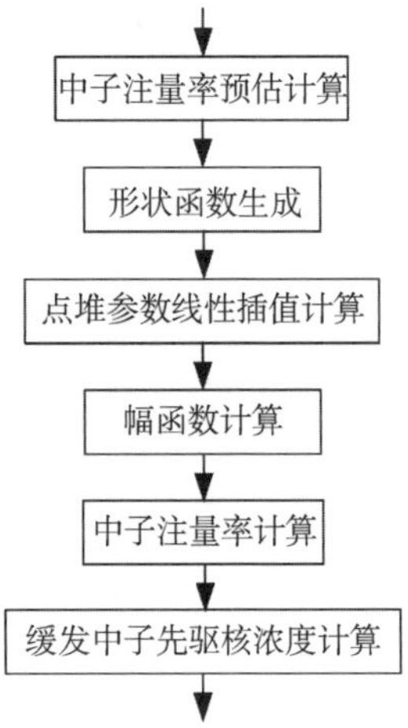

图 8-6　单时间步下流程图

习　题

1. 名词解释：热中子寿期，核反应堆周期，瞬发临界，次临界度。

2. 某核反应堆中子密度随时间的变化可以表示为 $n(t)=A_0\mathrm{e}^{\omega_1 t}+A_1\mathrm{e}^{\omega_2 t}$，则其核反应堆周期为(　　)

A. $T(t)=A_0\mathrm{e}^{\omega_1 t}+A_1\mathrm{e}^{\omega_2 t}$　　B. $T(t)=A_0\omega_1\mathrm{e}^{\omega_1 t}+A_1\omega_2\mathrm{e}^{\omega_2 t}$

C. $T(t)=\dfrac{A_0\omega_1\mathrm{e}^{\omega_1 t}+A_1\omega_2\mathrm{e}^{\omega_2 t}}{A_0\mathrm{e}^{\omega_1 t}+A_1\mathrm{e}^{\omega_2 t}}$　　D. $T(t)=\dfrac{A_0\mathrm{e}^{\omega_1 t}+A_1\mathrm{e}^{\omega_2 t}}{A_0\omega_1\mathrm{e}^{\omega_1 t}+A_1\omega_2\mathrm{e}^{\omega_2 t}}$

3. 试根据中子平衡关系写出点堆动力学方程并简述其适用范围。

4. 试从中子平衡方程导出瞬发临界的条件。

5. 在核反应堆启动过程中，在操作员未进行任何操作的情况下，核反应堆功率在两分钟之内从 3×10^{-6} %FP 增加到 5×10^{-6} %FP，则功率增长过程中的平均核反应堆周期是多少秒？

6. 向一个处于停堆状态的核反应堆中添加某个正反应性后，尽管此时的 $k_{\text{eff}}<1$，但观察到中子计数率在增长，这种现象的起因是：

A. 缓发中子；　　B. 等温温度系数；

C. 中子慢化；　　D. 次临界增殖。

7. 缓发中子对核反应堆的稳定性贡献比瞬发中子大，是因为它们使中子平均代时间________，并且它们在诞生时具有________的动能。

8. 在核反应堆启动期间，当硼浓度为 $C_B=1\ 500$ ppm 时，平均计数率为 n_1，且已知此时堆芯的 $k_{\text{eff},1}=0.97$；当硼浓度稀释到 $C_B=1\ 260$ ppm 时，平均计数率为 n_2；若 $n_2=5n_1$，试估算在此期间因硼稀释引进了多少 pcm 的反应性。

9 堆芯核燃料管理

核燃料从地质勘探、采矿、铀浓缩、燃料组件制造到核反应堆内燃烧、后处理、地质贮存等，需要经历一个非常复杂的过程，形成一个封闭的核燃料循环，如图 9-1 所示。由于核燃料本身的放射特性，使得核燃料循环比普通的燃料循环要复杂得多。

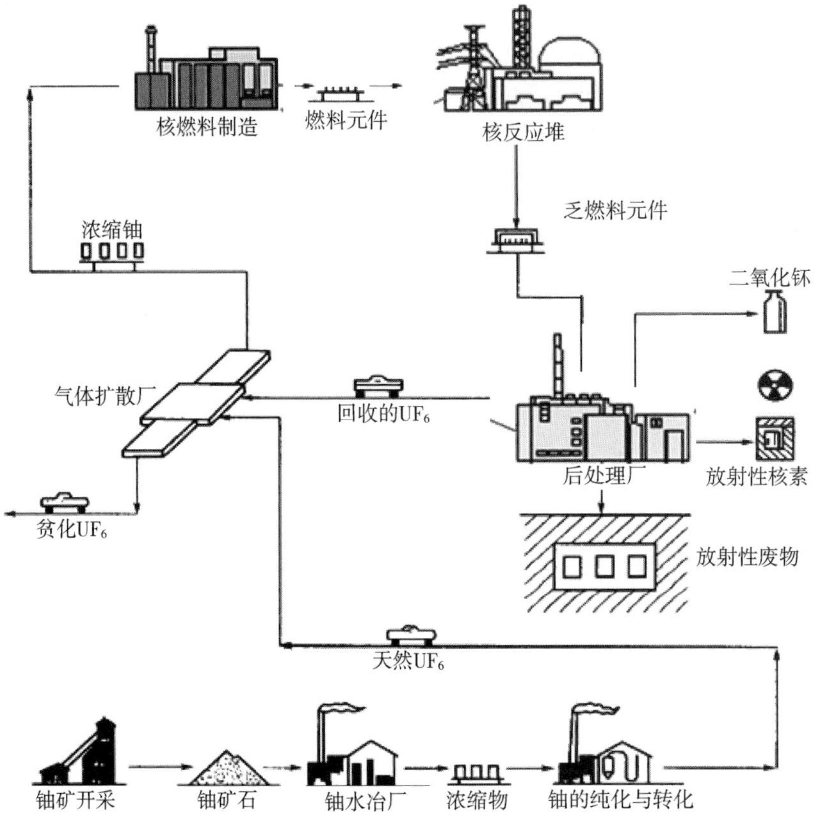

图 9-1 核燃料循环示意图

核反应堆**燃料管理**就是对整个核燃料循环提出安全经济的管理策略，具体包括堆前燃料管理、堆内燃料管理和堆后燃料管理。**堆前燃料管理**是指核燃料在进入堆前的采矿、冶炼、纯化与浓缩及核燃料元件的制造等，**堆内燃料管理**是指核燃料装入堆芯后在核反应堆运行期间的堆芯燃料管理，**堆后燃料管理**是指对燃烧后卸出核反应堆堆芯的乏燃料的处理管理。

由于堆前燃料管理和堆后燃料管理均不属于核反应堆物理研究的范畴，本章将重点介绍堆内(或堆芯)核燃料管理。

9.1　堆芯燃料管理的任务

核电厂堆内燃料管理是整个燃料管理的核心内容，同时也是核反应堆设计和运行的重要依据。其主要任务就是要在满足核反应堆安全设计准则和运行限制的前提下，根据电力需求和核燃料资源的约束，为核电厂一系列的运行循环提供核燃料的装载、换料等方面的决策方案。

9.1.1　基本概念

除个别在线换料的核反应堆堆型（如 CANDU 堆等）外，大多数核反应堆在一次装料后都运行一段时间（如 12 个月或者 18 个月）后停堆换料。为了保证核反应堆能维持运行达到预先要求的时间，核反应堆的核燃料装载量必须高于临界所需的燃料装载量，为了保证核反应堆运行在临界附近，将会在堆芯内布置一些吸收毒物来降低反应性。堆芯内没有任何毒物时所具有的反应性称为**剩余反应性**。随着核反应堆核燃料的燃耗和裂变产物的不断积累，剩余反应性随运行时间将逐渐地减小。当剩余反应性降到接近 0 时，核反应堆就必须停堆装入新料。一次装料后，核反应堆能满功率运行的时间就称为**循环长度**。循环长度的选择是根据电厂的能源需求、核反应堆的堆芯设计状况以及用电的峰期等多方面的因素来确定的。目前的轻水堆核电厂普遍选择成 12 个月或 18 个月，是因为考虑到核电厂每次的停堆换料时间刚好在用电低峰期的春季或秋季。

核反应堆两次停堆换料之间的时间间隔称为一个**换料周期**。可见如果核反应堆是以满功率运行的，则换料周期就等于循环长度。核电厂循环长度通常以等效满功率天（EFPD）表示。

燃耗深度是装入堆芯的单位重量核燃料所产生的总能量的一种度量，也是燃料贫化程度的一种度量。从提高核反应堆的经济性角度出发，总是希望卸料燃耗深度愈大愈好。但实际上，为保证燃料在运行中的安全，最大的允许卸料燃耗深度是受燃料元件的材料性能（尤其是包壳材料的性能）限制的。目前采用锆合金作为包壳材料、UO_2 陶瓷作为芯块的燃料，一般卸料燃耗深度限制为 40 000～50 000 MWd/tU，随着核材料科学的不断发展，这个限值在不断提高。而对于金属燃料，由于它在高温下可能发生相变，并且在高中子注量率和射线的辐照下要发生肿胀，稳定性远不如二氧化铀，因此金属铀不能达到较高的燃耗深度。

平均卸料燃耗深度是指同一批卸出堆芯的燃料所具有的卸料燃耗平均值，它表征了这一批燃料所产生的能量，因此直接关系到核反应堆的经济性。因此，在堆内燃料管理过程中，总是尽可能地在最大卸料燃耗深度允许范围内提高平均卸料燃耗深度，从而降低燃料成本。具体采用的措施包括：通过堆芯内不同富集度的核燃料分区装料展平功率分布；采用化学补偿方法（如硼酸）来控制反应性；采用固体可燃毒物展平功率分布；选用在高温、高辐照条件下稳定性较好的材料（如二氧化铀或碳化铀等）做燃料芯块；选用稳定性较好，吸收截面较小的材料（如锆合金）做燃料元件的包壳材料。

由于核反应堆内的中子注量率分布是不均匀的，堆内各个燃料组件的燃耗深度都不相同。为了提高核燃料的平均燃耗，通常采用**分批换料**的方法，即在每次换料时，往往只将燃耗较深的那部分燃料卸出堆芯,而其余燃耗较浅的燃料则继续停留在堆内进行下一循环的运行。

9.1.2 堆内燃料管理的内容

在分批换料中,如假定核反应堆内燃料组件的总数为 N_T,每次换料更换的燃料组件数量为 N,则定义 $N_T/N=n$ 为批料数。

燃料管理的主要内容包括两大部分,即:堆芯燃料管理策略以及换料方案的确定;初始堆芯及换料堆芯的核设计。

(1)堆芯燃料管理策略以及换料方案的确定

这部分主要决策下列变量[16]:①一批换料量 N 或批料数 n;②循环长度 T;③新料富集度 ε;④循环功率水平 p;⑤燃料组件在堆芯的装载方案 A;⑥控制毒物在堆芯的布置的控制方案 P。

事实上这些决策变量之间存在着密切的非线性关系,特别是上面①～④4 个变量之间的耦合关系更为强烈。再加上如前面所指出的,在分批换料方案下一个燃料组件往往要在堆内经历多个循环才能卸出堆芯,也就是说各运行循环之间存在着强烈的非线性耦合关系,因此,为了优化上述决策变量必须进行多个循环(至少 3 个循环)的耦合分析。此外,由于燃料组件是布置在堆芯的不同位置上,经历不同的燃耗,因而在对前述⑤⑥变量进行分析或决策时,还须考虑空间的影响,所以需要进行二维或三维的计算。可见,堆芯燃料管理是一个多变量,多级(循环)和多维(空间上)的决策过程,即使应用数值方法来计算,也是一个比较困难的问题。

不过,根据分析各变量之间和在时空上的依赖程度,可采用脱耦的方法降低决策难度。如将变量脱耦为变量①～④和变量⑤⑥两个相对独立的部分进行决策。其中在对①～④变量进行决策时,相对来说受燃料在堆内的空间分布影响较小,燃料组件在堆芯内的空间影响仅以“批”的特性加以简单考虑,即所谓的“点堆”模型,而在时间上可以考虑多个循环,因此,人们把这部分的燃料管理称之为**多循环燃料管理**。另一方面,在对变量⑤⑥进行决策时,则需要详细考虑燃料组件和控制毒物在堆芯内的空间布置,即所谓的二维或三维模型,可以不考虑各循环之间的相互影响,因此,人们把这部分的燃料管理称之为**单循环燃料管理**。图 9-2 给出了两步燃料管理计算的迭代流程。

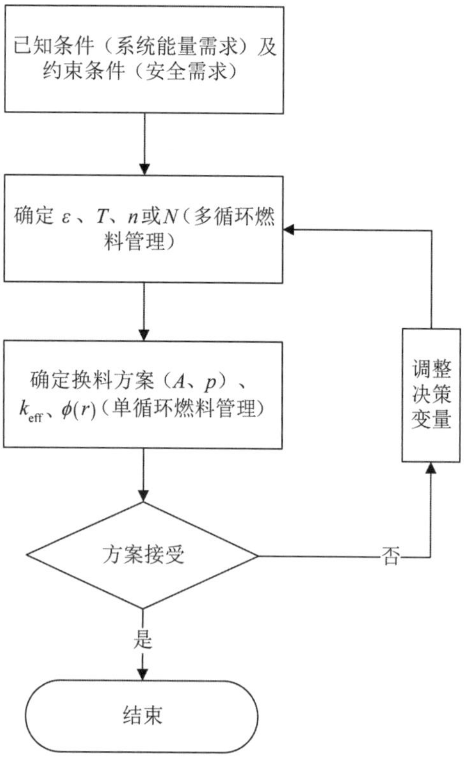

图 9-2 燃料管理计算示意图

(2)初始堆芯及换料堆芯的核设计

初始堆芯核设计的主要任务是确定不同富集度燃料组件的装载方式,控制棒的数量、布置、分组和提棒程序，可燃毒物在堆芯的合理布置，运行方式和功率分布控制措施等，从而提供满足总体设计要求的堆芯合理方案；确定堆芯测点布置等，为核电厂核反应堆提供启动、运行和停堆所必需的参数，指导核电厂安全运行。

堆芯核设计在满足核电厂安全性和经济性要求的同时，还要满足核电厂核设计相关的设计准则。目前，根据我国核电厂堆芯核设计相关依据和准则，堆芯核设计主要包括以下几方面内容[16]：

1）堆芯燃料装载。提出堆芯各燃料循环的燃料装载方案，包括可燃毒物、控制棒等布置方案，使堆芯具备足够的剩余反应性，达到换料周期所需要的循环长度；制订合理的堆芯换料计划和换料方案，在保证堆芯安全的基础上降低燃料成本，使得堆芯平均卸料燃耗不低于预期值。

2）堆芯功率能力。分析堆芯在各种运行工况下的功率分布是否满足设计要求，主要包括确定Ⅰ类工况（正常运行工况）的运行限值和Ⅱ类工况（非正常运行瞬态工况）的保护定值。在Ⅰ类工况下，要求燃料元件的最大线功率密度不超过为满足失水事故安全准则所确定的限值；在Ⅱ类工况下，要求燃料元件的最大线功率密度不超过燃料熔化限制值；在Ⅰ类工况和Ⅱ类工况下，堆芯的功率分布热点因子 F_Q 值不得超过设计限值，以避免燃料元件表面发生偏离泡核沸腾（DNB）现象。同时，堆芯功率分布具有良好的稳定性，即由于堆内扰动引起的堆芯功率的空间振荡（如 Xe 振荡等）应能较快地被探测并得到可靠的控制。

3）反应性控制。应保证堆芯具有足够的停堆裕量，即要保守地假设当反应性价值最大的一束控制棒被卡在堆芯外时，核反应堆运行在任何功率水平下，均能通过其他控制棒的插入实现热停堆，并保证足够的停堆裕量，以避免由于各种反馈导致的停堆后重返临界；在核反应堆正常运行时，必须限制正反应性的引入速率（即控制棒的提升和可溶硼稀释的速率），并确定控制棒在各种功率水平下的运行范围；同时需要确保控制系统具有紧急快速停堆的能力，即控制棒束的落棒时间应小于基准事故分析所给出的时间要求限值。

4）反应性系数。为了保证堆芯的负反馈，要求核反应堆在所有运行工况下，慢化剂温度系数和燃料温度系数必须为非正。通常，为了确保慢化剂温度系数非正，也会要求堆芯设计在各种功率状态下，临界硼浓度低于规定的极限值，因为过高的硼浓度将会导致正的慢化剂温度系数。

5）中子源布置。为了核反应堆启动，需要合理地选择和布置中子源，通常包括一次源和二次源。如采用一次中子源，要求中子源的强度满足探测器系统的最低计数要求；如使用二次中子源，则要求二次中子源经辐照后产生的源强也必须满足探测器系统的最低计数要求。

另外，堆芯核设计还包括提供堆内中子注量率测点的布置及堆外探测器的布置等。

为了确定出优化的堆芯换料方案，通常先应用计算速度比较快，同时又能保证一定精度的计算模型和软件对成百上千个换料方案进行初步的筛选优化，得出相对最佳的换料方案，然后再应用更加精确的堆芯物理/热工水力模型对所选方案进行全面的、精确的计算和评价，即对换料方案进行最终的换料核设计。

在初步堆芯换料设计阶段，主要是针对各种不同换料方案的基本参量进行初步评价，不要求对每个方案作出全面、精确的计算。而最终换料核设计则要提供核反应堆设计和运行所需的全部技术参数。具体包括：

· 寿期内各个规定时刻的堆芯功率分布和功率峰因子；

· 燃耗计算，给出寿期内燃料成分、反应性或临界可溶硼浓度随时间的变化；
· 核反应堆启动物理试验以及运行所需堆芯参数；
· 反应性控制和运行图；
· 堆芯动态特性参数（如燃料和慢化剂温度系数，硼微分价值等）和换料设计安全评价所需的参数。

在最终核设计阶段必须使用一个精确的堆芯物理/热工水力模型和分析程序系统，它一般是经过核安全管理机构审查和批准的软件系统。

9.2　多循环燃料管理

多循环燃料管理的任务是要确定所有循环的最佳装料策略，优化变量包括循环长度、新料富集度、换料批数和一批换料量等，优化目标为使燃料循环成本最小。

一座核电厂的运行寿命大约为 40～60 年，这期间需要经历几十个运行循环，形成所谓的运行循环系列。按照各运行循环的特性，可将它们分为初始循环（或启动循环）、过渡循环、平衡循环和扰动循环。**初始循环**是指核反应堆首次启动运行的第一个循环，堆芯全部由新燃料组成。**平衡循环**是指每个循环的性能参数（如循环长度、新料富集度、一批换料量及平均卸料燃耗等）都保持相同，运行循环进入到一个平衡状态。**过渡循环**是指从第 2 循环开始一直延续到平衡循环为止的各个循环。受扰动的平衡循环到平衡循环重新建立之间的循环也称作过渡循环。由于实际的运行总要受到各种因素的扰动，核反应堆不可能建立起绝对稳定的平衡循环序列，但平衡循环的概念依然具有重要的理论价值。一般认为平衡循环是性能指标最佳的循环方案，并为燃料管理人员确定为目标运行循环。**扰动循环**是指由于燃料棒破损等原因导致平衡循环被破坏，直至新的平衡循环建立前的所有循环。

9.2.1　点堆分析模型

所谓点堆分析模型，是指在多循环燃料管理分析中，不考虑反应堆内的空间分布效应，将反应堆看成一个零维的整体，进行堆芯总体物理参数之间相互关系分析的模型。

平衡循环是核反应堆最重要的目标循环，所以首先通过点堆模型讨论平衡循环的循环长度、新料富集度、批料数和卸料燃耗深度等物理量之间的关系。

反应性是反映核燃料物理状态最重要的参数，根据反应性的定义，第 i 个燃料组件的反应性 ρ_i 为

$$\rho_i=\frac{\text{产生}-\text{吸收}}{\text{吸收}}=\frac{F_i-A_i}{F_i}=\frac{k_{\infty,i}-1}{k_{\infty,i}} \tag{9-1}$$

其中 F_i 和 A_i 分别表示堆芯中第 i 个燃料组件中裂变产生的中子数和被吸收的中子数，$k_{\infty,i}$ 是第 i 个燃料组件的无限增殖系数。

从而得核反应堆的反应性为

$$\rho=\frac{\sum_{i=1}^{N_T}(F_i-A_i)-A_R}{\sum_{i=1}^{N_T}F_i}=\sum_{i=1}^{N_T}\left(\frac{(F_i-A_i)/F_i}{\sum_{i=1}^{N_T}F_i/F_i}\right)-\frac{A_R}{\sum_{i=1}^{N_T}F_i} \tag{9-2}$$

其中 A_R 是在反射层内被吸收的中子数(即活性区泄漏中子数),N_T 为堆芯的燃料组件个数。定义

$$f_i = \frac{F_i}{\sum_i F_i} \tag{9-3}$$

$$\Delta\rho_L = \frac{A_R}{\sum_{i=1}^{N_T} F_i} \tag{9-4}$$

则式(9-2)变成

$$\rho = \sum_i f_i \rho_i - \Delta\rho_L \tag{9-5}$$

这里 f_i 其实就是第 i 燃料组件所占的裂变份额,$\Delta\rho_L$ 为核反应堆的活性区泄漏反应性损失。

在实际的处理中,往往用组件 i 所产生的功率 q_i 占堆芯总功率的份额来近似表示 f_i,即

$$f_i \approx \frac{q_i}{\sum_i q_i} \tag{9-6}$$

式中,$\sum_i q_i$ 为堆芯的总功率。显然

$$\sum_i f_i = 1 \tag{9-7}$$

若令式(9-5)右端 ρ_i,f_i 分别换为第 i 批料的反应性和相对功率份额,则式(9-5)同样成立。它是采用相对功率份额 f_i 来考虑堆芯内各批料的功率分布对堆芯寿期或循环燃耗的影响,没有考虑每个燃料组件在堆芯内的具体位置。

在点堆模型中常采用半经验的方法来确定相对功率份额,人们根据核电厂的运行数据和设计经验提出了多种具体计算各批料相对功率份额的数学表达式。例如,对于功率展平很好的压水堆,第 i 批料的功率份额 f_i 可近似表示为

$$f_i = \frac{(\Lambda_i k_{\infty,i})^a}{\sum_{i=1}^{n} (\Lambda_i k_{\infty,i})^a} \tag{9-8}$$

式中,Λ_i 为批料 i 的不泄漏概率,对于堆芯周围区的批料取 $\Lambda \approx 0.85$;对于内区的批料取$\Lambda = 1.0$。a 为调节参数,一般取 $a=2.0$。实践表明,如果每一循环采用相同的装料方式,则这种半经验的处理方法是可行的。并且对于某一批料,其相对功率份额 f_i 在整个循环内变化不大。

对于典型的轻水堆燃料组件,其反应性 ρ 可近似为燃料燃耗深度的线性递减函数。因此,可将 ρ_i 与燃耗的关系近似表示成

$$\rho_i(B) = \rho_{0,i} - \alpha_i B_i \tag{9-9}$$

其中,$\rho_{0,i}$ 是核反应堆满功率、裂变产物达到平衡后,第 i 批燃料组件的初始反应性,B_i 是第 i 批燃料组件的燃耗深度,α_i 是第 i 批燃料组件的反应性随燃耗变化斜率。其中 $\rho_{0,i}$ 和 α_i 都跟燃料的富集度和组件的栅格几何有关,这一关系式可由组件程序计算获得。

式(9-9)通常称为**线性反应性模型**(LRM)[17],对于大多数轻水堆组件来说该模型已具有很好的精度。但是,对于那些含有可燃毒物的组件,尤其是当可燃毒物棒根数较多时,组件反应性随燃耗的变化关系就不再是简单的线性关系。此时,一般可采用高阶多项式拟合

的方法或通过插值来求得一定燃耗深度下组件的反应性，也可以在组件反应性中不考虑可燃毒物，然后用毒物反应性 $\Delta\rho_{BP}$ 来修正可燃毒物对堆芯反应性的影响，并跟泄漏反应性 $\Delta\rho_L$ 的处理相类似从式(9-5)中扣除 $\Delta\rho_{BP}$。

关于反应性泄漏项，一般将 $\Delta\rho_L$ 分为轴向泄漏反应性损失 $\Delta\rho_{L,A}$ 和径向泄漏反应性损失 $\Delta\rho_{L,A}$ 两部分来进行处理。$\Delta\rho_{L,A}$ 随核反应堆的燃耗变化较小，它可由堆芯轴向中子注量率近似成余弦分布估算出，一般约为 1%。$\Delta\rho_{L,R}$ 的处理则相对较为复杂，实际中，通常根据具体的堆芯布料方案来确定。例如，对于新料装在外侧的装料方案，可在最外面一批燃料的组件反应性中扣除 $\Delta\rho_{L,R}$；而对纯粹的棋盘式交叉布置的装料方案，则可以在所有批料中均匀分配径向泄漏反应性损失。

可以看出，相对功率份额 f_i 计算、组件反应性 ρ_i 及其随燃耗深度的变化关系以及泄漏反应性损失 $\Delta\rho_L$ 的确定是用点堆模型分析多循环燃料管理的三个重要内容。

9.2.2 平衡循环特性分析

下面我们在一些近似假设的基础上，讨论平衡循环时燃料组件初始富集度、循环长度和卸料燃耗深度等参量之间的关系。

考虑一个由 N_T 个燃料组件组成的 n 批换料的平衡循环。在此不妨先假设 N_T/n 恰好等于整数 N，即每一循环从堆芯卸出的组件数都是 N 个。假设堆芯内各批料以相同的功率密度运行，即 $f_i=1/n$。此时堆芯反应性 ρ 按式(9-5)可以写成

$$\rho=\frac{1}{n}\sum_{i=1}^{n}\rho_i \tag{9-10}$$

其中，ρ_i 为已考虑了泄漏反应性损失的批料 i 的反应性。设循环燃耗深度为 B_n^c，假设每批料的反应性变化斜率均相等为 α，根据满功率运行循环寿期末堆芯反应性为零，再将式(9-9)代入得

$$\rho_0-\frac{1}{n}\sum_{i=1}^{n}i\alpha B_n^c=0 \tag{9-11}$$

由此可求出循环燃耗为

$$B_n^c=\frac{2\rho_0}{(n+1)\alpha} \tag{9-12}$$

假如 $n=1$，则得到一批料时的循环燃耗为

$$B_1^c=\frac{\rho_0}{\alpha} \tag{9-13}$$

再回代到式(9-12)，可得 n 批料时的循环燃耗与一批料时的循环燃耗之间的关系为

$$B_n^c=\frac{2}{n+1}B_1^c \tag{9-14}$$

根据卸料燃耗的定义，得卸料燃耗 B_n^d 为

$$B_n^d=nB_n^c=\frac{2n}{n+1}B_1^d \tag{9-15}$$

代入式(9-11)可得组件的初始反应性 ρ_0 与燃料的卸料耗深度之间的关系为

$$\rho_0=\frac{n+1}{2n}\alpha B_n^{\mathrm{d}} \tag{9-16}$$

若知道燃料组件的初始反应性与初始富集度之间的关系(通常这可由组件程序计算获得),则式(9-15)和式(9-16)便给出了循环燃耗(或卸料燃耗)、批料数和燃料组件初始富集度三者之间的关系,通过这些关系,如果给定其中一个变量,就可以确定出另外两个变量之间的关系。下面分几种情况讨论:

(1)给定燃料组件的初始富集度(即固定燃料组件的初始反应性 ρ_0)

当 $n=1$ 时,即堆芯由一批料构成,此时循环燃耗深度和卸料燃耗深度相等,若用 B_1^{d} 表示,则

$$B_1^{\mathrm{d}}=\frac{\rho_0}{\alpha} \tag{9-17}$$

对于 n 批换料,由式(9-15)和式(9-14)可得

$$B_n^{\mathrm{d}}/B_1^{\mathrm{d}}=\frac{2n}{n+1} \tag{9-18}$$

$$B_n^{\mathrm{c}}/B_1^{\mathrm{c}}=\frac{2}{n+1} \tag{9-19}$$

如图 9-3 所示,在保持新料富集度不变的情况下,循环燃耗 B_n^{c} 随批料数 n 的增加而减少,而卸料燃耗 B_n^{d} 却随批料数 n 的增加而增加。这是因为在保持新料富集度不变的情况下,增加批料数就减少了循环初装入堆芯的新燃料组件个数,从而减少了堆内易裂变核的质量,因而会使循环长度缩短,使循环燃耗降低。而另一方面,由于增加批料数将使燃料组件在堆内的停留时间延长,因而燃耗加深。

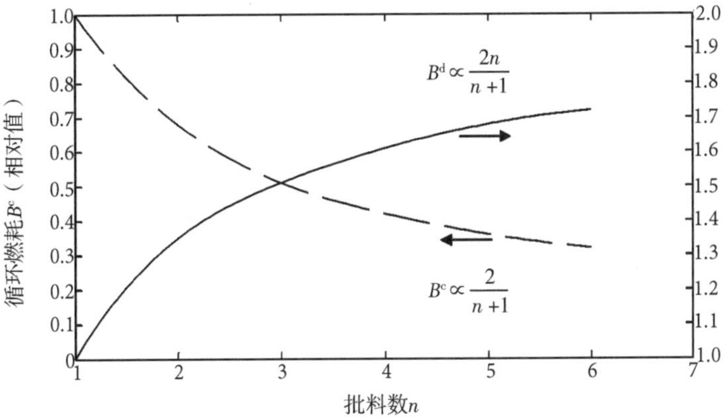

图 9-3 循环燃耗和卸料燃耗与批料数之间的关系

考虑极端情况当 $n\to\infty$ 时,卸料燃耗 B_∞^{d} 最大可达到

$$B_\infty^{\mathrm{d}}=2\frac{\rho_0}{\alpha}=2B_1^{\mathrm{d}} \tag{9-20}$$

不过,在实际工程上,最大的批料数就是燃料组件数,这时每次装/卸一个燃料组件,通常称为**连续在线换料**,这种装换料方式可提高卸料燃耗深度。如加拿大的 CANDU 型核反应堆和球床型高温气冷堆型均采用的这种换料方式。

综合考虑各方面的因素，商用轻水堆一般选择在 $2 \leqslant n \leqslant 5$ 范围内。如压水堆，常采用 3 批换料方式。

设用 $\rho_{1,n}$ 表示批料数为 n 时堆芯平衡循环初的反应性，则由式(9-11)得

$$\rho_{1,n} = \rho_0 - \frac{1}{n}\sum_{i=1}^{n-1} i\alpha B_n^{\mathrm{c}} = \rho_0 - \left(\frac{n-1}{2}\right)\alpha B_n^{\mathrm{c}} \tag{9-21}$$

因此在 n 批换料和一批换料情况下，两者循环初的剩余反应性比值为

$$\frac{\rho_{1,n}}{\rho_{1,1}} = \frac{\rho_{1,n}}{\rho_0} = \frac{2}{n+1} \tag{9-22}$$

可见，与 1 批换料相比，3 批换料可使循环初堆芯剩余反应性减小 50%。

在保持新料富集度不变的情况下，增加批料数除了可提高燃料的卸料燃耗外，还可降低循环初的堆芯剩余反应性，从而降低对反应性控制系统的要求。这对提高核反应堆的安全性是十分有利的。但是，增加批料数会导致换料频繁，无任是在线换料还是停堆换料，都会增加成本。所以批料数的选择还需要根据实际情况优化确定。

(2)给定循环燃耗

许多核电厂在制订运行计划时，一般换料周期往往是给定的，如 12 个月或 18 个月。在这种保持循环燃耗或循环长度恒定的情况下，n 批换料堆芯所需的新料反应性可由式(9-12)导出

$$\rho_{0n} = \frac{n+1}{2}\rho_{0,1} \tag{9-23}$$

其中，$\rho_{0,n}$ 表示 n 批换料情况下为获得某一循环燃耗所必需的新料初始反应性。

对于典型的压水堆燃料组件，其初始反应性与富集度有下列近似关系：

$$\rho_0 \approx 0.1(\varepsilon - 1.0) \tag{9-24}$$

式中，ε 为以 ^{235}U 的重量百分比所表示的燃料的富集度。利用此关系式和式(9-23)，就可估算出核电厂由 3 批换料改成 4 批换料时，为保持平衡循环的循环燃耗不变，必须将新料的富集度由 3 批时的 3%提高到 3.5%。而与此同时，4 批换料情况下的卸料燃耗深度却为 3 批换料时的 4/3 倍。

(3)给定卸料燃耗

在给定卸料燃耗深度不变的情况下，新燃料组件的初始反应性(或富集度)随批料数的变化关系可由式(9-16)导出

$$\rho_{0,n} = \frac{n+1}{2n}\rho_{0,1} \tag{9-25}$$

可以看出，随着批料数 n 的增加，用于产生相同卸料燃耗所需的燃料组件的初始反应性可以降低，相对于一批装料方式，反应性减少量 $\Delta\rho_n$ 为

$$\Delta\rho_n = \frac{n-1}{2n}\rho_{0,1} \tag{9-26}$$

在连续换料($n \to \infty$)的情况下，新料初始反应性可降低至 1 批换料时的 1/2。降低了燃料组件的初始反应性就是降低了对新燃料组件的富集度要求，这也是采用连续换料的加拿大 CANDU 核反应堆可以采用天然铀作为核燃料的一个原因。

综上所述可以看出，一批换料量 N 或批料数 n 对循环特性有很重要的影响，如批料数 n 不变，通过提高新料富集度便可延长循环长度、加深循环燃耗，达到提高卸料燃耗的目的。例如对于压水堆，过去普遍采用 3 批年换料，20 世纪 80 年代以后逐步都改用提高燃料富集

度延长循环长度到 18 个月的先进燃料管理策略，以提高卸料燃耗深度，降低燃料循环成本。但是应该注意卸料燃耗深度不得超过安全许可值。

虽然以上描述燃料初始反应性、批料数和循环燃耗或卸料燃耗之间关系的解析式是在一些近似条件下导出的，但是由它得出的定性结果对实际问题具有重要的参考价值。

9.3 单循环燃料管理

9.3.1 堆芯换料方案

对核反应堆而言，最简单的情况为均匀装料，即在整个堆芯中采用相同富集度的燃料组件。在这种装料方式下，堆芯中心区域的中子注量率很高，寿期初堆芯的功率峰因子很大，因而限制了核反应堆的输出功率。另一方面由于均匀堆芯的中心区功率密度很大，因而该区域的燃料消耗很快；由于中子泄漏的影响，堆芯边缘区域的功率一般比较低，因而燃料的消耗就会很慢。这样，在堆芯寿期末，虽然功率密度分布已趋于平坦，但是已经快要换料了。因而在卸出的核燃料中，许多燃料元件的燃耗深度很浅，核反应堆的平均卸料燃耗深度也很浅，这是对核燃料的极大浪费。

在实际工程设计中，通常采用更为实用的非均匀分区装料，即将堆芯分为不同的区域，在各个区域内根据功率分布等的需要布置不同富集度的燃料。例如，在某一压水堆中（见图 9-4），从中心到边缘分为三区，三区燃料 ^{235}U 的富集度均 3.0%，分别燃耗了 2 个循环、1 个循环和 0 个循环。经过一个循环后，先把燃耗深度最深的一批组件（即经历了 3 个循环的燃料组件）卸出堆芯，然后替换上新的燃料组件，新料和旧料的布置可有多种可供选择的方案。

以压水堆为例，常见的换料方案有两种：

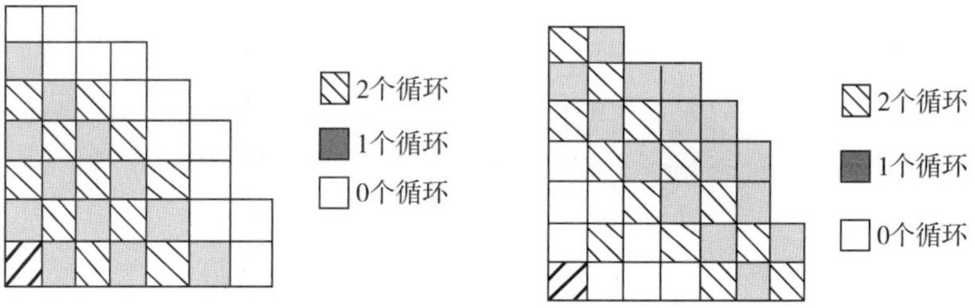

(a) (b)

图 9-4 1/4 堆芯燃料装载示意图

(a)Out-In 装载方案；(b)低泄漏装载方案

(1)Out-In 装载方案

这是压水堆传统的一种装料方式，它是将新料布置在堆芯外区，而堆芯内部则把已在堆内燃烧了一个和两个循环的燃料组件像图 9-4 中(a)所示那样分散交替地排列。这样，一方面由于新料装在堆芯最外区，展平了全堆芯的中子注量率分布、降低了整体功率峰；另一方面，由于堆芯内局部的反应性分布也比较均匀，因而降低了局部功率峰因子。这种方案在 20 世纪 80 年代曾被广泛地采用。但这种方案的缺点是新料布置在堆芯外侧，导致中子泄漏比较严重,浪费了大量中子。

(2)低泄漏装载方案

为了克服 Out-In 装载方案的缺点,20 世纪 70 年代末开始发展起来了一种新的装料方式,将新燃料组件多数布置在堆芯内区的位置上,而把烧过两个循环以上燃耗深度比较大的组件安置在芯部最外面的边缘区,把烧过一个和两个循环的组件交替地布置在堆芯的中间区,见图 9-4(b)。这种装料方案的重要优点在于:大大减少了中子从堆芯的泄漏,提高了中子利用的经济性,延长了堆芯寿期。例如,在保持循环长度和新料组件数不变的情况下,这种低泄漏换料方案的新料富集度可比外内装料方案减少 5%～10%。更重要的是由于快中子泄漏的降低,大大减少了核反应堆压力容器的中子辐照,降低了对压力容器的热冲击,从而可延长压力壳和核反应堆的使用寿命。

然而,由于新燃料组件放在堆芯内部,因而使功率峰值较 Out-In 装料方案要大得多。为了抑制功率峰值,除了恰当地对燃料组件进行合理布置外,必须在新的燃料组件中布置一定数量的可燃毒物。当然可燃毒物的装载会减少核反应堆的剩余反应性,缩短堆芯的寿期,这就是所谓的**可燃毒物反应性惩罚**。另外,由于采用了大量的可燃毒物,使得燃料组件的反应性随燃耗的变化关系不再是前述的线性减少,这给堆芯燃料管理设计带来了一定难度。

不过,低泄漏装载方案可以使压水核反应堆的压力壳寿命大大提高(如从原来的 40 年延长到 60 年),所带来的经济效益远远超出了其带来的不足,所以目前世界上多数压水堆核工业电厂均已采用了该换料方案。

9.3.2 单循环燃料管理计算流程

堆芯单循环燃料管理的任务是在多循环燃料管理已经确定的燃料富集度、换料批数和换料周期等的基础上,确定不同富集度的燃料和可燃毒物在堆芯中的最佳装载及换料方案,并针对该方案进行详细的核设计与评价。因此单循环燃料管理计算的主要内容实际上是对堆芯进行精确的中子学计算。

由于一般核反应堆都是由成千上万个燃料元件组成的,直接对所有元件进行精确的非均匀输运计算是不现实的,必须采用一定的分步计算近似和迭代计算策略。图 9-5 为常规核反应堆单循环燃料管理的计算内容与流程示意图。由于该流程将整个中子学计算分为栅元计算、组件计算和堆芯计算三步,被称为“三步法”。近来国内外学者也提出了“两步法”,即直接由栅元计算到堆芯计算,不进行组件均匀化计算,或者直接进行组件非均匀计算然后再进行堆芯计算。本节主要以“三步法”为基础介绍单循环燃料管理计算中各个环节的中子学计算方法。

从图 9-5 中可以看出,堆内燃料管理计算主要分为两大模块:

(1)栅元和组件计算模块

这部分计算又包括栅元的一维非均匀计算和燃料组件的二维输运计算两部分。这一模块主要根据核设计需要,通过对栅元和组件进行中子输运计算,生成堆芯内各种类型组件在不同工况(包括燃耗、功率水平、硼浓度、慢化剂和燃料温度等)下的少群等效均匀化截面,以供后面的堆芯计算使用。主要包括以下三个程序模块:

1)各种栅元计算模块:针对各种类型的单栅元进行共振参数计算及非均匀输运计算,得出各种类型栅元的多群能谱以及等效栅元均匀化多群常数;

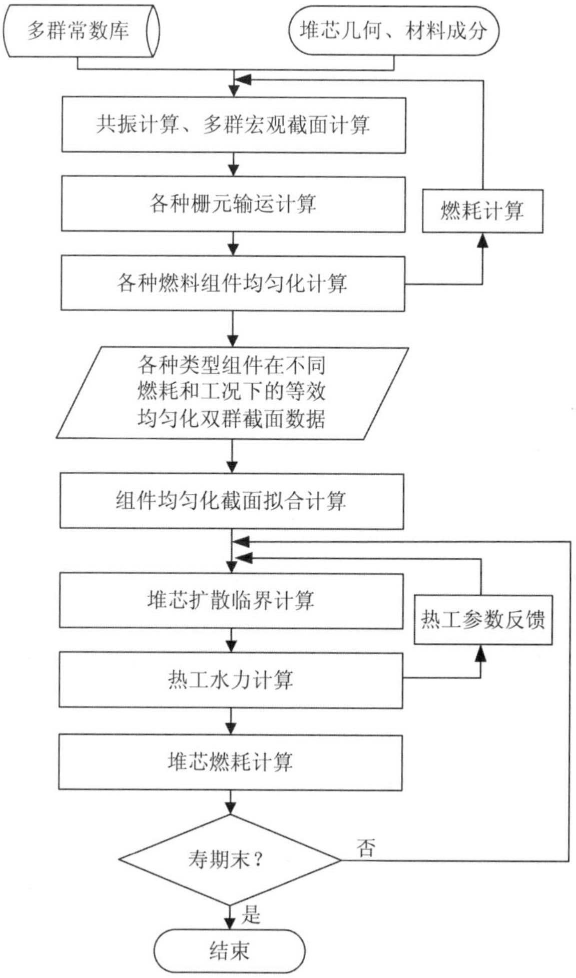

图 9-5 堆内燃料管理计算内容及流程

2)组件计算模块:利用等效栅元均匀化群常数,对各种组件进行多群输运计算,得到各种类型组件的能谱以及组件等效均匀化少群常数;

3)燃耗计算模块:通过求解组件燃耗方程,求出各个燃耗深度下,燃料组件中的重同位素成分的变化。

目前国际上最新的发展趋势是将 1)、2)模块合并,直接进行全组件的非均匀输运计算,得到组件均匀化少群参数。这与传统的“三步法”相比,减少了栅元均匀过程,提高了计算精度。

(2)堆芯计算模块

这部分主要是计算堆芯在各种工况下的中子注量率(或功率)分布和有效增殖系数,它包括以下两个模块:

1)截面处理接口程序:该程序是组件计算和堆芯计算的接口程序,将由组件计算程序产生的各种工况下组件的等效均匀化少群截面通过最小二乘法进行拟合处理,得到各种燃料组件的宏观截面随工况(包括燃耗、功率水平、硼浓度、慢化剂和燃料温度等)变化的多项式。此外也可以将截面与各独立变量的关系用表值形式表示,使用时通过插值来求得各非参考工况下的截面值。

2)堆芯中的临界与燃耗计算:这是对堆芯进行中子扩散方程求解与临界计算,通过物理/热工耦合计算,可以求出堆芯从寿期初到寿期末所有燃耗点的功率分布、反应性(或临界硼浓度、临界棒位)、功率峰因子、各种反应性系数等,是堆芯计算的核心部分。

目前国际上广泛使用的燃料管理计算程序系统有 CASMO-3/SIMULATE-3、西屋公司的 PHOENIX-P/ANC 及其改进版本 APA 以及法国的 SCIENCE(APPLOL-2 /SMART)等,基本都采用这一计算思想。

9.3.3　少群截面的拟合

通过组件计算,可以得到各种典型工况下组件均匀化少群截面。而在堆芯燃料管理或换料设计计算中,每个节块的工况都不同,需要知道成千上万种不同工况下各个组件的少群截面,其数量远远大于组件计算的典型工况。为了快速得到这些堆芯计算所需要的少群截面,一般是将组件计算得到的典型工况的少群截面进行事先拟合处理,从而得到组件均匀化少群截面随堆芯各主要参数连续变化的函数,或制成表格形式,在堆芯计算是进行插值得到所需要的少群截面。

这样,组件计算时典型工况的选取和参数拟合的策略就显得尤其重要了。一般来说,压水堆中对截面产生影响的主要因素包括:燃耗深度(E)、可溶硼浓度(C_B)、功率密度(P)、慢化剂相对密度(U)、裂变产物氙(Xe)、控制棒 CR 等,需要将这些因素作为独立变量予以考虑。针对每一个变量,考虑到在堆芯运行过程中可能出现的变化范围,选取一些具有代表性的值进行计算。例如,燃耗深度一般从零燃耗到卸料燃耗深度,取 30~40 个燃耗点。需要说明的是,在寿期初,由于 Xe、Sm 等毒物的影响,截面随燃耗变化很快,因此燃耗点需要取得相对紧密一些。

下面简单介绍常见压水堆燃料管理计算中 LINK 程序多项式的选取。

设以 $\Sigma_l(l=a,s,f,\cdots)$代表组件的各种宏观截面或者不连续因子,可以表示成各自变量的函数:

$$\Sigma_l=F_l(E,C_B,U,P,CR) \tag{9-27}$$

由于自变量较多,为了确定拟合系数,一般需要把这些自变量进行组合。大多数压水堆 LINK 程序将各自变量组合成如下形式

$$\Sigma_l=F_{1l}(E,C_B)F_{2l}(P)+F_{3l}(U,C_B)+F_{CR}(E) \tag{9-28}$$

其中,

$$\begin{aligned}F_{1l}(E,C_B)=&a_{00}+a_{01}C_B+a_{02}C_B^2+\\&a_{10}E+a_{11}EC_B+a_{12}EC_B^2+\\&a_{20}E^2+a_{21}E^2C_B+a_{22}E^2C_B^2+\\&a_{30}E^3+a_{31}E^3C_B+a_{32}E^3C_B^2+\\&a_{40}E^4+a_{41}E^4C_B+a_{42}E^4C_B^2\end{aligned} \tag{9-29}$$

$$F_{2l}(P)=a_0+a_1P+a_2P^2 \tag{9-30}$$

$$\begin{aligned}F_{3l}(U,C_B)=&a_{00}+a_{01}C_B+a_{02}C_B^2+\\&a_{10}U+a_{11}UC_B+a_{12}UC_B^2+\\&a_{20}U^2+a_{21}U^2C_B+a_{22}U^2C_B^2\end{aligned} \tag{9-31}$$

$$F_{CR}(E,C_B)=\Sigma_l(E-C_B)_{rod}-\Sigma_1(E,C_B)_{norod}$$
$$=a_{00}+a_{01}C_B+a_{02}EC_B^2+$$
$$a_{10}E+a_{11}EC_B+a_{12}EC_B^2+$$
$$a_{20}E^2+a_{21}E^2C_B+a_{22}E^2C_B^2 \quad (9\text{-}32)$$

为了确定式(9-29)中的拟合系数，一般需要事先计算额定功率、平均慢化剂密度、无棒状况下的各种硼浓度下的所有燃耗步的群常数的所有组合，即

$$E=0,50,100,200,500,1\ 000,2\ 000,3\ 000,\cdots \mathrm{MW\cdot d/tU}$$
$$C_B=0,200,500,1\ 000,1\ 500,2\ 000\ \mathrm{ppm} \quad (9\text{-}33)$$

为了确定式(9-30)中的拟合系数，需要计算某典型燃耗点、平均慢化剂密度、无棒状况下的几种功率状况分别进行计算，如

$$P=0,0.5,0.1,1.5 \quad (9\text{-}34)$$

为了确定式(9-31)中的拟合系数，需要计算某典型燃耗、额定功率、无棒状况下的各种硼浓度下、各种慢化剂密度下的群常数的所有组合，即

$$U=U_{in},U_{ave},U_{out}$$
$$C_B=0,200,500,1\ 000,1\ 500,2\ 000\ \mathrm{ppm} \quad (9\text{-}35)$$

对于式(9-32)中的拟合系数，则需要计算额定功率、平均慢化剂密度、有控制棒状况下的所有式(9-33)中包含的组合。

需要指出的是，由于裂变毒物氙和钐的浓度受局部功率影响非常大，一般其核子密度在堆芯计算时需要重新计算，因此在组件计算后拟合热群吸收截面时，需要将氙和钐对吸收截面的影响扣除，然后对 σ_{Xe} 和 σ_{Sm} 的热群微观吸收截面 σ_{Xe} 和 σ_{Sm} 进行单独拟合，拟合方法同上。在堆芯计算时，再根据当前节块的功率求出局部氙和钐的核子密度，进而得到当前状况的热群吸收截面。

9.4 核燃料循环

9.4.1 燃料的转换与增殖

目前大多数核反应堆采用的都是易裂变核素^{235}U，遗憾的是，在天然铀中只含 0.71%的^{235}U，而其同位素^{238}U 的含量却高达 99.28%。因而，如果仅以^{235}U 作为核燃料，天然铀的资源很快就会耗尽，核动力也就无法发挥替代能源的作用。如果我们能把天然铀中 99%以上的可裂变核素^{238}U 或天然贮存丰富的可裂变核素^{232}Th 分别转换成易裂变同位素^{239}Pu 或^{233}U，那么核能的资源将扩大几十倍甚至近百倍。

通过中子俘获，将可裂变核素转换成易裂变核素，这一过程叫做**核燃料转换**。核反应堆中核燃料转换途径主要有两个。一是铀-钚循环，即把^{238}U 转换成^{239}Pu，其反应过程为：

$$^{238}\mathrm{U}\xrightarrow{(n,\gamma)}{}^{239}\mathrm{U}\xrightarrow{\beta^-(23\ \mathrm{min})}{}^{239}\mathrm{Np}\xrightarrow{\beta^-(2.3\ \mathrm{d})}{}^{239}\mathrm{Pu} \quad (9\text{-}36)$$

为完成上述的核反应，必须为^{238}U 提供足够的中子，快堆是很好的实现铀-钚循环的堆型。在轻水核反应堆中，新装的燃料一般是低富集铀，其中约占 97%的^{238}U，经过一年左右的中子辐照后，卸下的燃料中含 0.6%～0.8%左右的^{239}Pu，这就是由^{238}U 转换而来的。

另一个转换途径是钍-铀循环，即将可转换同位素^{232}Th 经过中子辐照后转换为^{233}U，其反应过程为：

$$^{232}\text{Th}\xrightarrow{(n,\gamma)}{}^{233}\text{Th}\xrightarrow{\beta^-(22\ \text{min})}{}^{233}\text{Pa}\xrightarrow{\beta^-(27\ \text{d})}{}^{233}\text{U} \tag{9-37}$$

钍在自然界中蕴藏量相当丰富。如果实现钍-铀循环,可大大扩大核资源,但钍-铀循环的实现还有些技术问题需要研究。

为了描述核燃料的转换效率,我们引入**转换比**(CR)的概念[18]。即:核反应堆中每消耗一个易裂变材料原子核所产生的新的易裂变材料的原子核数。

$$\begin{aligned}\text{CR} &= \frac{\text{易裂变核的生成率}}{\text{易裂变核的消耗率}} \\ &= \frac{\text{堆内可转换核的辐射俘获率}}{\text{堆内所有易裂变物质的吸收率}}\end{aligned} \tag{9-38}$$

假设有 N 个易裂变同位素的原子核消耗掉,根据 CR 的定义,则会产生 $N\cdot\text{CR}$ 个新的易裂变物质的核。不妨假设这些新的易裂变核又继续参与转换过程而生成 $N\cdot\text{CR}\cdot\text{CR}=N\cdot\text{CR}^2$ 个新的易裂变核。如果 $\text{CR}<1$,且时间足够长,则最终被利用的易裂变同位素的总数量为

$$N+N\cdot\text{CR}+N\cdot\text{CR}^2+N\cdot\text{CR}^3+\cdots=N/(1-\text{CR}) \tag{9-39}$$

对于轻水核反应堆而言,一般 CR＝0.6。于是,最终被利用的易裂变核约为原来的 2.5 倍。

如果 $\text{CR}>1$,这时,核反应堆内产生的易裂变元素比消耗掉的还要多,除了维持核反应堆本身的需要外,还可以增殖出一些易裂变材料供给其他新核反应堆使用,把一过程称为**增殖**,把这时的转换比(CR)称为**增殖比**,并表示为 BR 加以区别。

核燃料的转换(或增殖)依靠的是中子,所以可以从中子数平衡的角度分析实现转换(或增殖)的条件。设易裂变核每吸收一个中子后产生的中子数为 η,那么这些中子除了为维持链式反应所必需的一个中子以及为其他材料所吸收和泄漏损失以外,剩余的中子才有可能被可转换核素吸收而转换成易裂变核。那么,只有当 $\eta>1$,核反应堆才有可能发生转换。而要实现增殖,则必须要求 $\eta>2$。

图 9-6 为几种易裂变核的 η 值随中子能量的变化曲线。对于 ^{235}U 和 ^{239}Pu,只有在能量相当高的能区内,η 值才比 2 大得多,因而用 ^{235}U 或 ^{239}Pu 做燃料的热中子堆不可能实现增殖。所以,只有用 ^{239}Pu 作燃料的快中子核反应堆才能增殖,这种核反应堆通常称为快中子增殖堆。同时可以看到,快堆内中子能谱愈硬(即中子平均能量愈高),增殖性能就愈好。

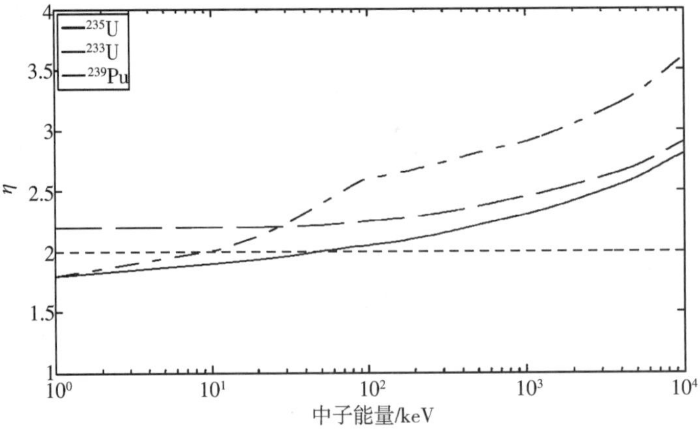

图 9-6　常见裂变核素 η 值与中子能量的关系

从图 9-6 也可以看出，如果通过^{232}Th增殖^{233}U，不仅在快堆中可以实现，也可以在热堆中实现，但在热堆中的增殖效率较低。

9.4.2 核燃料循环形式

与火电厂不同的是，在核电厂中，辐照过的燃料元件从核反应堆中卸下后，通常经过后处理可以重新制成新的燃料元件装入核反应堆内再次使用，这样便形成了所谓的**核燃料循环过程**。下面介绍几种常用动力核反应堆的燃料循环过程。

(1)一次性通过燃料循环

核燃料经过核反应堆燃耗后就直接作为核废料处理，不再进行回收使用的燃料循环称为一次性通过(Once-through)燃料循环，见图 9-7。应用天然铀作燃料的动力核反应堆有石墨气冷核反应堆和重水核反应堆两种类型。美国和瑞典等少数国家目前采用一次性通过的燃料循环策略。

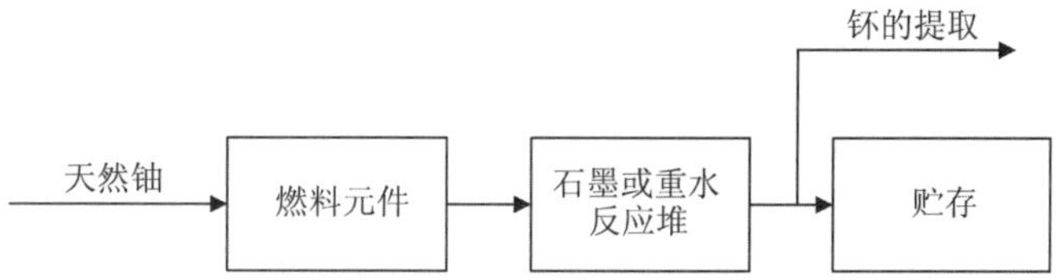

图 9-7 一次性通过循环

为了降低发电成本，总是不断地设法提高燃料的燃耗深度。目前对于普通的石墨气冷核反应堆，燃耗深度约可达 5 000 MW · d/tU 以上，重水核反应堆的燃耗深度则可更高些。虽然，在卸下的元件中，所生成的^{239}Pu可以提取出来，以供快中子核反应堆等使用，但是在这样的燃耗深度下，从石墨气冷堆卸下的每吨燃料中仅含^{239}Pu约 1.8～2 kg。因而，一般对在天然铀动力核反应堆中辐照后的燃料往往并不加以处理，而是把它们贮存起来。

(2)回收铀循环

在轻水核反应堆中，一般是采用低富集度铀(约含 3%的^{235}U)作为燃料。其燃耗深度比天然铀核反应堆要深得多，一般在 40 000 MW · d/tU 以上。从芯部卸下来的乏燃料元件中大约还含有 0.9%的^{235}U，^{239}Pu的含量也大致与之相同。所以辐照过的燃料可以送后处理厂进行处理，从中提取^{239}Pu。同时把回收的富集度约为 0.9%的^{235}U重新加以富集并制成新的燃料元件，送回到核反应堆中使用，也称之为 RU 循环，其循环过程的示意图见图 9-8。

目前国际上有一新的发展趋势，将把从轻水堆用过的燃料中提取出来的^{239}Pu和富集铀(或天然铀)混合制成钚铀氧化燃料(MOX)元件，再装入轻水堆中燃烧，这样就可以减少对^{235}U的需要量，据估计可以节约^{235}U约为 33%。

(3)燃料增殖循环

如前所述，实现燃料增殖的常用途径有铀-钚循环和钍-铀循环两种。快中子增殖堆的燃料循环为铀-钚循环，它与轻水堆燃料循环有很大不同，具有比较大的增殖比(其 BR 为 1.2～1.3)，其芯部采用的是^{239}Pu易裂变核，再生区采用的是铀-钚循环。在增殖核反应堆中，回收的燃料除供给核反应堆本身的需要外，还会有剩余的易裂变同位素，可向其他的核反应堆提供燃料。液态金属冷却的快中子增殖堆的燃料循环见图 9-9。

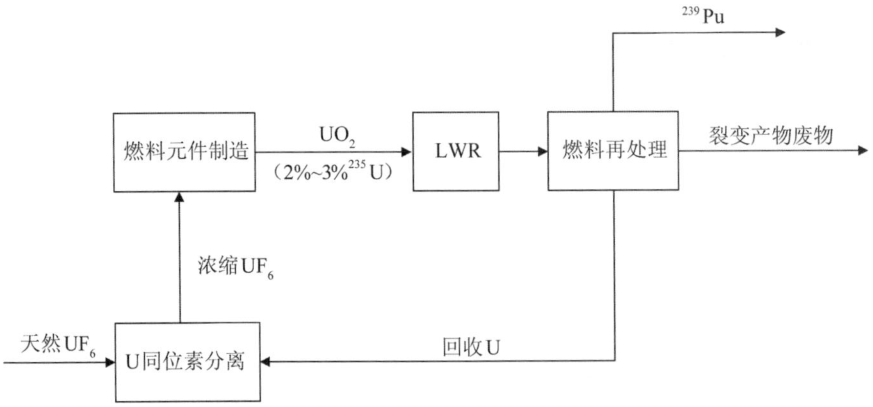

图 9-8 轻水核反应堆的燃料循环

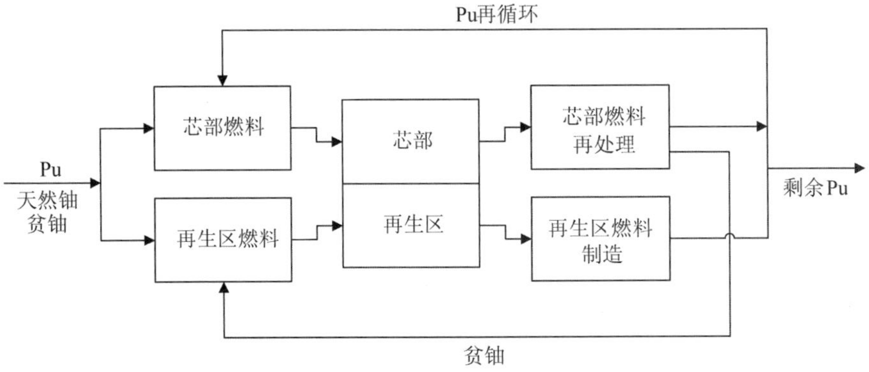

图 9-9 液态金属冷却的快堆燃料(^{239}Pu)循环

高温气冷堆的燃料循环是建立在钍-铀循环基础上的。由于^{233}U是人工易裂变同位素，因此，第一次装入核反应堆内的燃料是高富集度的碳化铀(约含 93%的^{235}U)以及可转换材料(如氧化钍或碳化钍)。钍经受中子的辐照以后，转换为^{233}U。高温气冷堆的转换比较高，约为 0.8，燃耗深度达 80 000 MW · d/tU。这种类型的高温气冷堆的燃料循环见图 9-10。

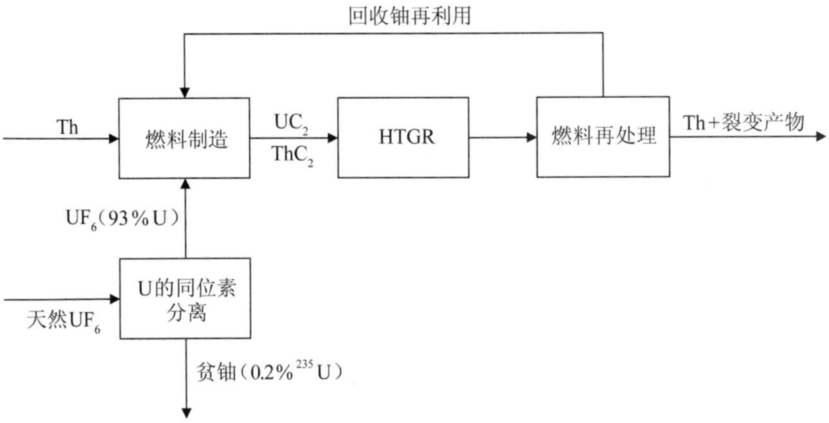

图 9-10 钍-铀循环的高温气冷堆的燃料循环

(4)燃料联合循环

联合燃料循环通常指多种堆型共同利用某些核燃料的燃料循环,其中一种堆型卸出的乏燃料可以通过简单处理被另外一种堆型加以利用。比较典型的是 CANDU 堆和压水堆的联合燃料循环。

CANDU 堆采用天然铀作为燃料,这主要是由于受当时加拿大不具备浓缩铀技术的限制,事实上,经过计算,CANDU 堆的最佳富集度应为 0.9%~1.2%。同时,卸料燃耗在 33 000 MW·d/tU 左右的轻水堆乏燃料中含有大约 0.95%的^{235}U 和 0.65%的^{239}Pu。因此 PWR 乏燃料经处理后,可直接为 CANDU 堆所应用。

目前研究的燃料联合循环方式有:DUPIC(直接利用)、MOX 和 RU(回收铀)等。

DUPIC(Direct Use of PWR spent fuel In CANDU)是指把压水堆卸下来的乏燃料不经过化学处理,仅通过将乏燃料去壳、粉碎并重新烧结等物理工艺,从而制造出可以直接在 CANDU 堆中使用的燃料芯块。由于这一工艺只使用干法处理,不需要任何湿化学处理,可以避免湿法的大量废液的麻烦,具有很大的应用优势。但由于整个生产过程都是直接处理高放射性的乏燃料,对辐射防护和屏蔽提出了较高的要求,必须建立巨大的热室车间和远距离操纵加工装置。

PWR 中卸下来的乏燃料同样可以在 CANDU 堆中加以应用,其优点在于铀钚同时加以利用,燃耗可加深到 25 GWd/tU,相对于 PWR 一次通过,提高了铀资源的利用率。应用 MOX 燃料的困难在于含钚燃料制造加工和处理问题(因为钚是毒性极强的物质),我国目前 MOX 燃料的制备与 MOX 燃料元件的制造都还在研究中。

PWR/CANDU 堆联合燃料循环的另外一种方式是将 PWR 乏燃料后处理分离出的铀(称为回收铀 RU)在 CANDU 堆中加以利用。初步计算显示,RU 中较低放射性(与再浓缩 RU 相比)对于 CANDU 堆燃料制造来说,这一放射性水平是可以接受的。因而现有的 CANDU 燃料元件制造厂不需要做重大改造即可生产 RU 燃料。目前,我国秦山三期核电厂正在进行 RU 燃料棒束的考验。

9.5 长寿命高放核废料的嬗变处置

在压水堆核废料中含有大量的次要锕系元素(除去 U 和 Pu 以外的其他锕系核素,如 Np、Am、Cm 等统称为次锕系核素,简称 MA),常规压水堆核电厂每年约产生 20~30 kg 的 MA,约占核废料的 3%。核废料中还包含其他高放长寿命裂变产物(LLFP,如^{99}Tc、^{129}I、^{135}Cs 等)。MA 和 LLFP 的半衰期特别长,有的达数百万年,已远远超出当前人类的管理范围。目前最终处理核废料的方法一般都是对核废料进行处理和冷却后采取多重屏蔽深埋地层的办法,这种方案较简单,但地质的长期稳定性难以保证,一旦放射性物质浸出,将对生物圈构成极大威胁。另一方面,这种方案的核资源利用率极低,浪费了资源,从长远来看也是不可取的。因此,目前许多国家都正在研究采用分离-嬗变(P&T)的方法。所谓**嬗变**是指通过中子俘获反应,将把长寿命高放同位素变成短寿命或稳定同位素[19]。少数锕系重同位素还可以发生裂变反应,可以利用这一反应产生能量,这样既消灭了核废料,又得到了能量,真正变“废”为宝。

嬗变 MA 需要消耗大量的高能中子,所以一般采用快堆、混合堆或加速器驱动次临界装置。在快堆中，一般把从核废料中分离出来的 MA 和 LLFP 布置在快堆的增殖区。在混合堆和加速器驱动次临界装置中，一般把 MA 和 LLFP 布置在裂变包层中。初步研究表明，嬗变处置核废料具有良好的效果，对核能的可持续发展和洁净核能的应用具有重要意义。

9.5.1 高放核废料的特性

目前各个国家已经贮存了大量的裂变动力堆中卸下来的乏燃料，乏燃料中包含了大量的长寿命高放核废料。由于这些核废物中部分核素的半衰期长达数百万年，永久地质贮存无法确保其安全性，有可能通过各种途径进入生物圈，对人类和生物环境造成威胁，需要提出彻底处置的方案。对于裂变动力堆，长寿命核废料主要包括钚和次锕系核素（统称为超铀核素）及长寿命裂变产物。

（1）超铀核素

超铀核素（主要包括 Np、Pu、Am、Cm 等核素）的主要特点是大多数核具有很长的 α 衰变半衰期，因此具有较强的 α 放射性，很多核素和它们的衰变子核都具有较高的毒性。

（2）长寿命裂变产物

核燃料在堆内燃耗以后将会产生成百上千种裂变产物同位素，其中大多数要么半衰期很短，要么产额非常小，在乏燃料水池中冷却一段时间（如 5～10 年）以后，大多数裂变产物将衰变成为稳定核素，不具有放射性。对人类环境造成危害的主要是几种长寿命的高放射性的裂变产物，如 ^{90}Sr、^{137}Cs、^{135}Cs、^{99}Tc、^{129}I 等。

9.5.2 高放核废料的嬗变

（1）长寿命裂变产物的嬗变

以 900 MW 压水堆核电厂为例，在三个燃料循环之后堆内卸出的乏燃料组件中的裂变产物组分积累如表 9-1 所示。

表 9-1　压水堆燃料组件卸料燃耗下 LLFP 积累量[21]

核素	卸料燃耗积累量/[kg/(GW · a)]	乏燃料含量/%
^{99}Tc	0.177 5	0.110 20
^{93}Zr	16.972 5	0.067 89
^{135}Cs	27.55	0.057 79
^{129}I	8.012 5	0.025 58
^{107}Pd	0.682 5	0.032 05
^{126}Sn	6.395	0.002 73
^{79}Se	14.447 5	0.000 71

表 9-2 列出了主要的 LLFP 的俘获截面、半衰期、嬗变半衰期和产量等基本参数。

表 9-2 主要 LLFP 的一些基本参数[22]

同位素	俘获截面 b *		半衰期/a	嬗变半衰期/a²⁾		产量/[kg/(GW·a)]
	快谱	热谱		快谱	热谱	
^{79}Se	0.002	0.33	6.5×10^4	1.1×10^4	666	—
^{90}Sr	0.01	0.08	29	2.2×10^3	2.7×10^3	—
^{93}Zr	0.09	1.03	1.5×10^5	244	213	—
^{94}Nb	0.22	4.22	2.0×10^4	100	52	—
^{99}Tc	0.45	9.32	2.1×10^5	49	24	21.0
^{107}Pd	0.53	2.79	6.5×10^6	42	79	—
^{126}Sn	0.007	0.03	1.0×10^5	3.1×10^3	7.3×10^3	—
^{129}I	0.35	3.12	1.6×10^7	63	70	4.6
^{135}Cs	0.07	2.48	2.3×10^6	314	89	—
^{137}Cs	0.01	0.03	30	2.2×10^3	7.3×10^3	—
^{151}Sm	2.09	660	89	11	0.33	—

注：1)数据来自 ORIGEN2 数据库(快谱：液冷氧化物快中子增殖堆；热谱：标准压水堆)；

2)热中子注量率$=1.0\times10^{14}$ (n/cm² · s)，快中子注量率$=1.0\times10^{15}$ (n/cm² · s)。

不同放射性核素的寿命以及衰变性质不同，因此它们对于环境的危害也不一样。如果仅用放射性大小来衡量是不准确的，为此我们需要考虑 BHP(Biological Hazard Potential，潜在生物危害因子)[21]。BHP 是假定将某种放射性物质全部稀释并均匀扩散，稀释到满足该种核素的 MPC(maximum permissible concentration，最大允许浓度)值所需要的空气或水的体积。由于放射性同位素的半衰期、衰变粒子类型与能量、衰变粒子通过周围介质的扩散率以及对人体重要器官的生物效应各不相同，同时考虑到各种条件下材料的挥发性与可溶性，采用 BHP 来衡量放射性对环境的潜在危害是比较准确的。

BHP 可以表示为核素的放射性活度(activity)和推荐允许浓度 RCG(recommended concentration guide)的比值，表 9-3 给出了压水堆乏燃料中长寿命裂变产物的评价参数。

$$\mathrm{BHP_i}=\frac{A_i}{RCG_i} \tag{9-40}$$

$$A_i=\lambda_i N_i \tag{9-41}$$

表 9-3 长寿命裂变产物评价参数

核素	放射性活度/Bq	MPC-空气/(μCi/mL)	MPC-水/(μCi/mL)	BHP-空气/m³	BHP一水/m³
^{99}Tc	6.975×10^{11}	2×10^{-9}	3×10^{-4}	3.268×10^9	1.089×10^5
^{93}Zr	6.312×10^{10}	—	—	1.433×10^8	7.167×10^2
^{135}Cs	2.462×10^{10}	—	—	3.277×10^9	3.277×10^4
^{129}I	1.671×10^9	2×10^{-11}	6×10^{-8}	5.767×10^8	1.922×10^4
^{107}Pd	6.096×10^9	—	—	2.704×10^9	9.013×10^4
^{126}Sn	2.864×10^{10}	—	—	7.843×10^8	2.614×10^5
^{79}Se	3.584×10^{10}	3×10^{-9}	1×10^{-4}	6.755×10^7	2.027×10^3

I 和 Tc 是 100 000 年后在卸载乏燃料中主要 β 放射性活动的最重要的几种核素。由于它们在地下水中的溶解度高，^{129}I 和 ^{99}Tc 一旦从地质废物处置库中泄漏很容易迁移到自然环境中。为减少放射性风险，^{129}I 和 ^{99}Tc 必须从卸载乏燃料中分离出来加以嬗变。

^{99}Tc 是最主要的长寿命裂变产物，一个百万千瓦级的核反应堆整个寿期内约产生为 843 kg 的 ^{99}Tc。由于 Tc 可以溶于水形成 Tc^{4+} 离子，很容易通过渗透从处置库进入到生物圈内。有些植物和海洋微生物可以从周围环境中吸收渗透到生物圈中的 Tc 元素，并通过食物链进入人体，并在胃、血液、唾液和甲状腺中会累积。由于 β 辐射对组织的危害，Tc 在生物体中的停留是非常危险的。^{129}I 的放射性要远弱于 ^{99}Tc，一个百万千瓦级的核反应堆整个寿期内约产生 196.2 kg 的 ^{129}I。I 在水中的溶解度也非常高，很容易从处置库中迁移到生物圈中，对人类产生危害。

(2)锕系核素 MA 的嬗变焚化处置

利用快中子嬗变锕系核素时，锕系核素通过(n, γ)、(n, 2n)、(n, 3n)嬗变反应，其产物仍然是锕系核素，只有通过裂变反应(n, f)才能将锕系核素嬗变成裂变产物。

乏燃料中的锕系核素，只有少数几个是易裂变核素，如 ^{239}Pu、^{241}Pu，在热谱中裂变截面大，其他核素的 $\sigma_{n,f}(th)/\sigma_{n,\gamma}(th) \ll 1$。所以，在热谱中不能有效嬗变锕系核素。只有在系统的热中子很富足，不惜浪费中子时，方可通过锕系核素多次俘获嬗变为易裂核素后再发生裂变反应，以焚化掉锕系废物。

在快谱中，情况相反。锕系核素的俘获截面大大降低，裂变截面增加，$\sigma_{n,f}/\sigma_{n,\gamma} \gg 1$。锕系废核素的快中子裂变截面约为 2×10^{-28} m^2，欲有效进行嬗变处置，需要中子能量密度较高。

锕系核废物在热中子区的裂变俘获比非常小，而在快中子区则很大，因此堆芯能谱越硬对锕系废物的嬗变效果越好，相反在热堆中焚毁锕系核废物的效果不好。

9.5.3 加速器驱动次临界嬗变装置

加速器驱动次临界装置 ADS 是指由加速器对质子流加速，轰击靶件，发生散裂反应，放出中子，中子再驱动次临界反应堆。这种装置的优点是：①反应堆设计是次临界的，如果外中子源失去，会自动停堆，所以是安全的；②由于散裂反应放出的是高能中子，能产生很硬的中子能谱，所以对核废物嬗变处置效率很高；③整个装置是“富中子”的，所以还可以用来进行核燃料转换。加速器驱动次临界核反应堆嬗变装置原理示意图如图 9-11 所示。

目前处于研究阶段的加速器驱动次临界核反应堆嬗变装置，主要有两种类型：以美国的 ATW(Accelerator Transmutation of Waste)[22] 计划的高注量率热中子次临界熔盐堆为代表的热堆和以日本的 OMEGA(Options Making Extra Gain from Actinides and Fission Products)[23] 计划为代表的快中子次临界核反应堆。

美国洛斯阿拉莫斯国家实验室提出了 ATW(Accelerator Transmutation of nuclear Waste)计划，拟采用质子加速器驱动以高温熔盐作为燃料的热中子次临界堆。次临界堆包括嬗变区、中间区和转换区，分别用于嬗变核废料(包括焚烧武器级 Pu)、产能和核燃料转换(Th 资源利用)。由于堆内的热中子注量率很高(最高达 10^{16}/cm^2 · s)，具有大量的富余中子，因此具有很高的嬗变效率；另外由于熔盐燃料可承受高温和高中子注量率，而且易于进

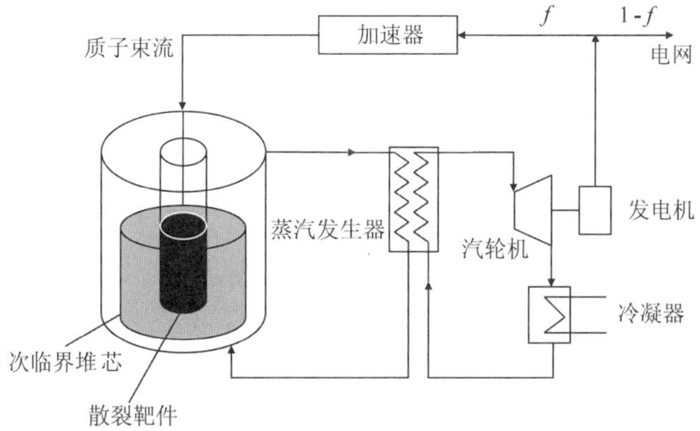

图 9-11　ADS 装置原理示意图

行化学处理，具有较好的安全性。但该设计方案的挑战来自于强流(125 mA，1.6 GeV)质子加速器的设计，目前加速器技术方面还达不到这一要求。

日本为了解决核能可持续发展问题，于 1998 年提出了 OMEGA 计划，旨在通过分离-嬗变的方法利用核废物，其中嬗变装置重点考虑快堆和 ADS。ADS 的设计考虑了熔盐堆芯和固态合金元件堆芯两种方案，既可以焚烧次锕系核素，也可以嬗变长寿命裂变产物。

目前，中国科学院设立了战略性先导科技专项"未来先进核裂变能—ADS 嬗变系统"，旨在致力于自主发展 ADS 系统从试验装置到示范装置的全部核心技术和系统集成技术，为保障国家能源供给和核裂变能长期可持续发展做出贡献。ADS 专项计划通过三个阶段实施，分别开展 ADS 研究装置、ADS 实验装置和 ADS 示范装置的建造与实验研究，预期到 2030 年后建成 ADS 嬗变系统，掌握核废料嬗变处理的关键技术。

针对 ADS 次临界堆芯的概念设计，国内外学者针对散裂靶、冷却剂、燃料元件和堆芯结构等的设计提出了多种不同的方案。散裂靶的设计有很多种方案，总体上可以分为液态靶和固体靶两种。液态靶包括采用液态铅、铅铋合金合或熔盐等，其优点是液态靶能承受较高的热负荷，缺点是每个质子所产生的散裂中子产额较低。固态靶可以采用的材料有钨，其优点是散裂中子产额较高，但靶件材料在抗辐照损伤及导热能力方面性能较差。燃料元件可选择传统的氧化物陶瓷燃料、金属或合金燃料，氧化镁惰基燃料等，主要取决于堆芯对于能谱、堆芯结构设计及化学处理工艺等的选择。可供选择的冷却剂包括钠、铅和 PB-Bi 合金等。由于铅的沸点高，与金属钠相比化学性质较稳定，同时铅可与质子反应产生散裂中子，近年来，铅基材料作为冷却剂已经获得了广泛的关注。但铅基材料存在的挑战是其对结构材料的腐蚀性，可通过适当添加微量去氧剂加以解决。

外源驱动的次临界系统不仅自身产生的核废料特别少而且还可以通过嬗变的方法利用热堆的核废料生产能源，同时还可以增殖核燃料代已有的热堆系统使用，而且由于该动力系统具有一定的次临界度，因而其安全性方面基本不存在问题，即使出现事故工况，通过关闭外源系统，整个系统可以安全地实现停堆。因此，ADS 在我国被称为清洁核能系统。

当然，除了 ADS 以外，快堆、聚变-裂变混合堆、熔盐堆等都可以设计成用于嬗变高放长寿命核废料。最近研究表明，通过合理布置，在轻水堆中也可以对长寿命裂变产物进行有效地嬗变。也有学者提出设计专门用于嬗变高放核废料的嬗变专用堆，用于大量嬗变日益积累的高放核废料。我国已经确立了采用“分离-嬗变”(即 P&T,Partition & Transmutation)的先进闭式核燃料循环策略,意味着针对高放核废料的嬗变研究,将是我国未来核燃料循环领域内重要的研究课题。

习　题

1. 解释下列名词:

循环长度、换料周期、多循环燃料管理、单循环燃料管理、初始循环、平衡循环、过渡循环、线性反应性模型、增殖比、次锕系核素、长寿命裂变产物、核废料嬗变、闭式燃料循环。

2. 设一座核反应堆由 $n=3$ 批料组成,假设反应性随燃耗线性减少,且其斜率与初始富集度无关,各批料以相同功率密度运行,初始循环的循环燃耗与以后各循环的相等,从第 2 循环开始新料的富集度就取成平衡循环的换料富集度,请确定各批料的初始反应性。

3. 试从我国国情出发论述我国发展快堆的必要性。

10 核反应堆物理设计和启动物理试验

核反应堆设计需要综合核反应堆物理、热工、机械、控制等各个学科和领域的研究，是一项极其复杂的系统工程。而其中，堆芯物理设计是核反应堆设计的基础和起点，为核反应堆热工水力设计、控制方案设计、机械设计、热力学设计以及安全和经济性分析提供初始的堆芯方案和必要的输入参数。堆芯物理设计的过程是对核反应堆物理理论和计算方法的综合应用，本章将简要介绍其任务、设计方法和流程，重点介绍反应度物理的基本理论在核反应堆设计中的应用，以加深读者对核反应堆物理理论的理解。

核反应堆启动物理试验是核反应堆运行过程中至关重要的环节，是检验核反应堆堆芯物理设计正确性，验证堆芯性能的重要步骤。本章将简要介绍核反应堆装料和趋近临界、堆芯物理测量和落棒、“模拟弹棒”事故，使读者对核反应堆启动物理试验和启动运行阶段的堆芯物理过程有一些初步的了解。

10.1 堆芯物理设计基础

堆芯物理设计是核反应堆设计的第一步，某一堆型的设计需要进行多种方案的概念设计，以便选择最佳方案。开展堆芯物理设计首先必须遵循一定的堆芯设计准则，以保证核反应堆能够在预期的运行工况下安全运行，并在事故工况下保证安全。从物理设计的角度，常用的设计准则包括[17]：

(1)堆芯具有负的反应性反馈

对于装载低富集度燃料的压水堆堆芯，燃料温度反馈是负的，需要通过设计使得慢化剂的温度反馈为负值或零，以提高核反应堆的固有安全性。

(2)最大反应性的引入率不超过限制

核反应堆运行过程中由于控制棒的抽出或硼的稀释引入的反应性必须小于规定值，以避免出现过短的核反应堆周期。

(3)核反应堆具有足够的停堆裕量

核反应堆在一束具有最大反应性的控制棒被卡在堆外的情况下，从任意运行工况停堆到冷态无中毒的停堆裕量应大于(2～3)β。

(4)最大燃耗深度限值

最大卸料燃耗深度不超过所选择的燃料组件类型的燃耗深度限值。

(5)核反应堆运行中不发生功率振荡

核反应堆在稳定功率输出时，不应出现功率的空间振荡，若出现则应能被测出并加以抑制或实行保护停堆。

当然，堆芯设计的准则除了包括物理设计的准则，还包括热工水力设计准则等多个方面，常用的热工水力设计准则有：燃料芯块中心温度应低于相应燃耗下的熔化温度、燃料元件外表面不允许发生偏离核态沸腾等。该部分内容读者可自行查阅相关资料。

在此基础上，堆芯物理设计主要包括三方面的内容：堆芯栅格和装载方案设计、反应性控制方案设计和堆芯燃料管理方案设计[16]。

在堆芯栅格和装载方案设计中，通过燃料富集度、栅格参数选择、组件结构、组件布置、反应性控制方式等设计，提出初始的堆芯参考方案，计算堆芯寿期内剩余反应性的变化、核反应堆功率随空间和时间的变化以及功率不均匀系数，确保堆芯设计满足核反应堆寿期要求和功率不均匀性的限值。

在反应性控制方案设计中，通过计算核反应堆运行过程中的各种反应性效应，包括堆芯各类反应性反馈系数，如燃料温度系数、慢化剂温度系数；核反应堆功率亏损；各种裂变产物中毒的效应以及各种控制毒物的价值等，设计合理的反应性控制方案以确保能够在核反应堆运行过程中有效地控制和补偿反应性的变化，并确保核反应堆具有足够的停堆裕量。

在堆芯燃料管理方案设计中，通过燃耗分析并根据燃耗计算结果，进行燃料管理方案优化和换料安全评价，使得核反应堆在满足安全限值的条件下实现更好的经济效益。

10.2 堆芯初始参数的选择

核反应堆设计首先要确定堆芯的主要参数，这些参数不仅包括核反应堆功率输出、核反应堆尺寸、燃料类型等宏观参数，还包括初步提出的燃料棒尺寸、燃料棒间距、组件中的燃料棒排列、可燃毒物棒布置等具体参数。本节以装载 UO_2 燃料的压水堆为例，介绍部分主要堆芯参数的确定方法，包括：燃料参数的确定、堆芯几何大小的确定、总的被控反应性的大小以及堆内的燃料管理策略。

10.2.1 燃料参数的确定

燃料是核反应堆运行的基础，也是堆芯初始方案设计中首先考虑的因素。对于堆型确定的核反应堆，其可选择的燃料形式也基本确定。目前，压水堆几乎全部采用 UO_2 燃料（部分堆芯会装载少量的 MOX 燃料），因此，燃料初始参数的选择通常包括燃料富集度的确定、燃料棒径的选择、包壳材料及厚度以及燃料栅格的水铀比。

燃料富集度决定着核反应堆的初始剩余反应性，而核反应堆初始剩余反应性的大小与预期的卸料燃耗深度密切相关。在核反应堆设计中，可采用线性燃耗的假设。图 10-1 给出了不同富集度的 UO_2 组件反应性随燃料富集度和燃耗的变化关系[5]。根据这一关系，可以初步给出某个卸料燃耗深度目标下的富集度选择范围。当然，由于初始剩余反应性的设计不仅仅取决于燃料富集度，在后续的物理设计中还需要通过详细的物理计算对选择的燃料富集度进行修正，以满足堆芯寿期的要求。

燃料棒直径的选择需要综合考虑物理和热工的影响。从物理的角度看，燃料棒越细，空间自屏效应的影响越小，逃脱共振吸收概率会减小，同样富集度下会降低燃料的初始剩余反应性。但从热工的角度看，在满足燃料表面热流密度要求的条件下，更细的燃料棒意味着线功率密度的减小，从而增大了热工裕量，有利于核反应堆安全。而燃料棒变细带来的燃料平均温度降低也减小了温度效应导致的反应性损失，补偿一部分由于共振吸收增大导致的反

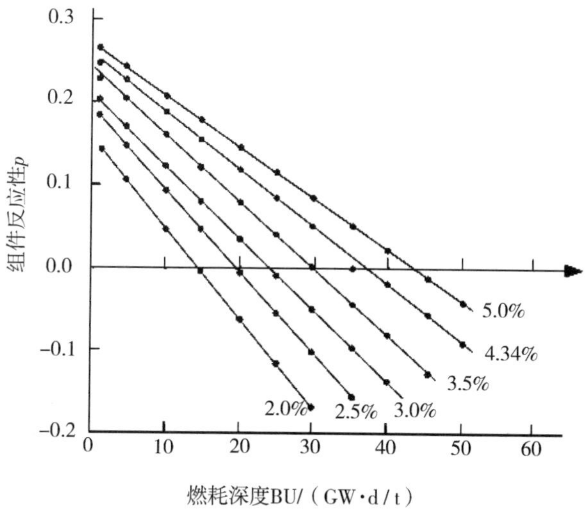

图 10-1　压水堆燃料组件反应性与燃料富集度和燃耗的关系

应性减低。压水堆的燃料棒直径一般选择在 9～10 mm。

燃料棒由轴向布置的燃料芯块组成，燃料芯块装在金属制成的管状包壳中。燃料棒的包壳材料必须满足堆芯高温、高压、腐蚀、辐照等苛刻条件的要求。目前常见的包壳材料主要有锆合金和不锈钢。二者相比，不锈钢具有较大的热中子吸收截面，尤其是在压水堆中其中子学性能较差，目前的压水堆主要采用锆合金的包壳，如 Zr-4 合金或更新型的 M5 合金。包壳的厚度主要考虑结构强度的要求。随着核反应堆的运行，裂变气体会显著增大包壳内的压力，因此，包壳厚度必须满足在最大卸料燃耗深度下结构的完整性，一般选择 0.5～0.6 mm。

燃料栅格的水铀比是燃料参数选择中至关重要的参数。由第 5 章的介绍可知，压水堆实现负的慢化剂温度系数主要取决于水铀比的设计。压水堆设计应选择欠慢化的燃料栅格参数。图 10-2 给出了不同硼浓度、不同棒径下富集度为 3%的 UO_2 燃料 k_{eff} 与水铀比的关系。目前，压水堆燃料组件内栅格的水铀比一般设计为 1.2～1.3。

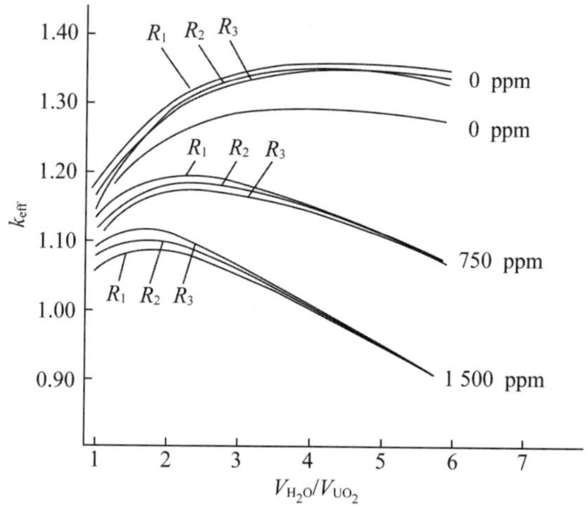

图 10-2　燃料栅元 k_{eff} 与水铀比的关系（R_1，R_2，R_3 分别为 0.5 cm，0.45 cm，0.4 cm）

10.2.2 堆芯几何大小的确定

堆芯几何大小的确定需要综合考虑堆芯功率需求、热量交换以及功率不均匀系数等因素。通常的做法是在给定堆芯额定功率的基础上，通过线功率密度的限值确定堆芯燃料棒的需求量，并进而给出初始的堆芯高度和等效直径以及燃料的总装载量。

确定堆芯尺寸需要确定堆芯的最大线功率密度限值。核反应堆设计要求在各种运行工况下燃料中心温度不超过燃料的熔化温度。燃料棒内温差与线功率密度的关系可以表示为

$$q_{max}=4\pi k_f(T_0-T_s) \tag{10-1}$$

式中：q_{max}——燃料棒的最大线功率密度；

T_0，T_s——燃料棒中心温度和表面温度；

k_f——燃料芯块热导率。

考虑燃料熔化的极端情况，燃料中心温度取 2 800 ℃，表面温度取 350 ℃，热导率取 0.025 W/(cm·K)，由此确定的最大线功率密度约 660 W/cm。但是在实际的堆芯设计中，考虑基准事故工况，允许的最大线功率密度必须小于该限值[24]。

堆芯的尺寸需要由堆芯平均线功率密度确定，平均线功率密度与最大线功率密度的关系为

$$\bar{q}=q_{max}/F_Q \tag{10-2}$$

式中：F_Q——为堆芯功率不均匀系数，也称**热点因子**。

对压水堆堆芯，功率不均匀系数为径向功率不均匀系数 F_{xy} 与轴向功率不均匀系数 F_z 的乘积。目前的压水堆中通过组件分区布置、可燃毒物装载等各种功率展平措施，使得堆芯径向功率的不均匀性大大降低，一般径向的不均匀系数略大于 1，全堆的不均匀系数在 2～2.5 之间。值得注意的是，由于燃料制造等各个环节不可避免地引入误差，一般不仅需要考虑核热点因子，即这里所说的 F_Q，还要考虑工程热点因子。核热点因子与工程热点因子的乘积才为最终使用的 F_Q，在设计时可取 2.5 左右。

堆芯平均线功率密度与堆芯活性区总长的乘积即为**堆芯热功率**，若给定堆芯活性区的高度，则可以推出所需的燃料棒的总数。这里需要注意的是，每次裂变产生的能量并非全部留在燃料内，裂变产生的各种射线会将能量传递给各种堆内构件等结构材料。因此，在计算功率时一般考虑燃料释放的功率占堆芯总功率的一定份额，这一份额与具体堆型有关，对压水堆一般都在 95%以上。堆芯内燃料棒的总数 N 可以由下式确定

$$N=\frac{F_f P F_Q}{q_{max}H} \tag{10-3}$$

式中：F_f——堆芯燃料功率占总功率的份额；

P——核反应堆功率；

H——堆芯活性区高度。

由于燃料参数已经确定，因此由平均线功率密度同样可以获得堆芯的等效直径 D_{eq}。

$$D_{eq}=\sqrt{\frac{4NA}{\pi}} \tag{10-4}$$

式中：A——每个燃料栅元的截面积。

实际上，由此得到的等效直径略小于堆芯应有的等效直径，这是由于在计算中未考虑燃料以外的栅元，如吸收体、中子注量率测量通道等占的面积。而结合式(10-3)、式(10-4)可见，获得堆芯尺寸需要给出堆芯活性区的高度。通常在设计中给出的并非堆芯高度而是堆芯的高径比，即高度与堆芯等效直径的比值。通常，考虑到中子泄漏等方面的影响，压水堆的高径比取 1.0～1.2。

10.2.3　总的被控反应性的确定

反应性控制是核反应堆运行中关键的环节，在初始堆芯方案提出时就需要对核反应堆反应性的控制方案进行必要的设计。核反应堆被控的反应性包括堆芯的剩余反应性和停堆裕量，对压水堆来说主要依靠控制棒、可燃毒物和硼酸等手段进行综合的控制。由于不同控制方式的特点和适用的条件各不相同，对几种控制方式各自的可控反应性也需要进行适当的分配，从而给出初步的控制方案，为后续详细的反应性控制设计计算提供参数。

随着核反应堆的运行，燃料的燃耗和裂变产物的积累导致剩余反应性不断减小，功率的提升也会导致剩余反应性的损失。为了补偿这些损失，需要设计足够的反应性控制的量。由于控制棒插入极限等的限制，压水堆中的主要反应性补偿通常由化学补偿的方式实现，为了避免硼浓度过大导致的正的慢化剂温度系数，核反应堆中会限制最大的硼浓度并装载一定的可燃毒物对剩余反应性进行补偿。

为了保证停堆后核反应堆不会重返临界，核反应堆运行时要求在任意运行工况下都具有足够的停堆裕量。停堆裕量不仅表示停堆状态下的堆芯次临界特性，而且也可以表示事故停堆或紧急停堆时核反应堆功率水平下降的速率。对停堆裕量的实现通常依靠控制棒的作用，控制棒快速灵活的特点决定在紧急状态下可以迅速向堆芯引入大的负反应性。图 10-3 给出了一个典型压水堆中总的被控反应性的量和不同控制方式的分配情况。

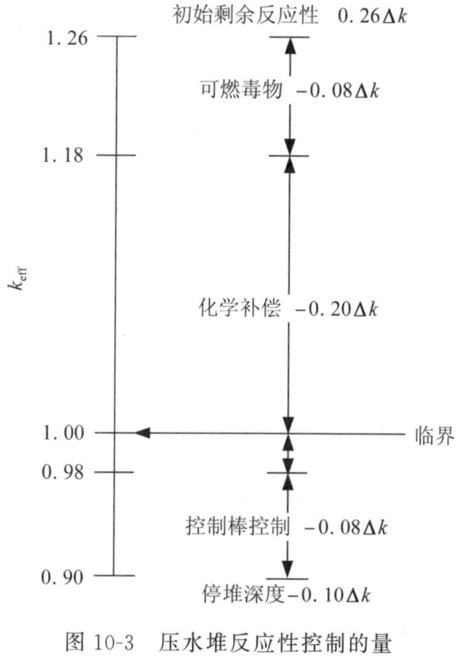

图 10-3　压水堆反应性控制的量

堆芯初始参数的选择还确定堆内燃料管理策略，包括核反应堆的换料周期、批料数、燃料组件的布置方案和换料策略等，以指导详细的堆内燃料管理方案设计。堆芯初始方案的选择还需要确定一些主要的热工水力参数，这部分内容读者可阅读其他相关的文献。表 10-1 给出了目前国内早期的 900 MW 压水堆堆芯的一些主要参数[24]。

表 10-1　压水堆堆芯主要参数

堆芯结构		组件内燃料总质量/kg	523
堆芯等效直径/cm	304	**燃料棒**	
堆芯高度/cm	366	燃料棒总数/根	41 448
热工参数		燃料棒直径/cm	0.95
堆芯热功率/MW	2 895	燃料芯块直径/cm	0.819
燃料功率所占的份额/%	97.4	包壳厚度/cm	0.057
平均线功率密度/(W/cm)	186.0	燃料材料	UO_2
正常工况的最大线功率密度/(W/cm)	418.5	包壳材料	Zr-4
		控制棒组件	
118%超功率工况的最大线功率密度/(W/cm)	590.0	控制棒吸收材料	Ag-In-Cd
		包壳材料	SS-304
燃料组件		导向管材料	Zr-4
栅元排列方式	17×17	控制棒组件数/个，黑棒/灰棒	41/12
燃料组件总数/个	157		
每个组件内燃料棒数/根	264	每个组件中吸收棒数量/个，黑棒/灰棒	24/8+16(不锈钢)
燃料棒中心距/cm	1.26		

10.3　堆芯物理设计计算

堆芯物理设计计算是对堆芯的主要物理性能参数进行计算，判断其是否满足设计目标和设计准则，并以此为依据进行方案的调整和优化。堆芯物理设计计算采用的计算程序通常与堆芯燃料管理计算程序相同，如美国西屋公司开发的 APA 计算程序包和法国阿海珐公司开发的 SCIENCE 计算程序包，这些程序包是目前国际上最流行的用于商业压水堆核电厂核反应堆物理设计的工具，同时也是为核反应堆运行提供计算支持和换料方案评价的工具。

堆芯物理设计计算的主要内容包括：堆芯燃耗和燃料管理计算、功率能力计算、反应性控制计算、反应性系数计算和动态参数计算等。

10.3.1　堆芯燃耗和燃料管理计算

堆芯燃耗和燃料管理计算为热工水力设计、燃料性能分析、核反应堆功率能力和反应性控制计算提供基础的数据并确保堆芯从第一循环至平衡循环的燃料管理方案在技术上是可行的，为最终安全分析报告（FSAR）提供数据支持。

堆芯燃耗计算是在堆芯热态满功率（HFP）、控制棒全提（ARO）条件下进行的。通过堆芯燃耗计算，可以给出堆芯初始剩余反应性、循环长度、临界硼浓度、堆芯功率分布及功率峰因子等随燃耗的变化。同时，在燃耗过程中重同位素尤其是铀的消耗量和钚的积累量也在燃耗计算中给出。目前的压水堆主要依靠调节硼浓度来补偿剩余反应性，因此在燃耗计算中通常不直接给出剩余反应性的大小，而是通过临界硼浓度的值给出，当堆芯临界硼浓度降低至约 10 ppm 时，核反应堆应停堆换料[26]。图 10-4 给出了典型压水堆在装载可燃毒物和不装载可燃毒物时堆芯寿期内临界硼浓度的变化情况。

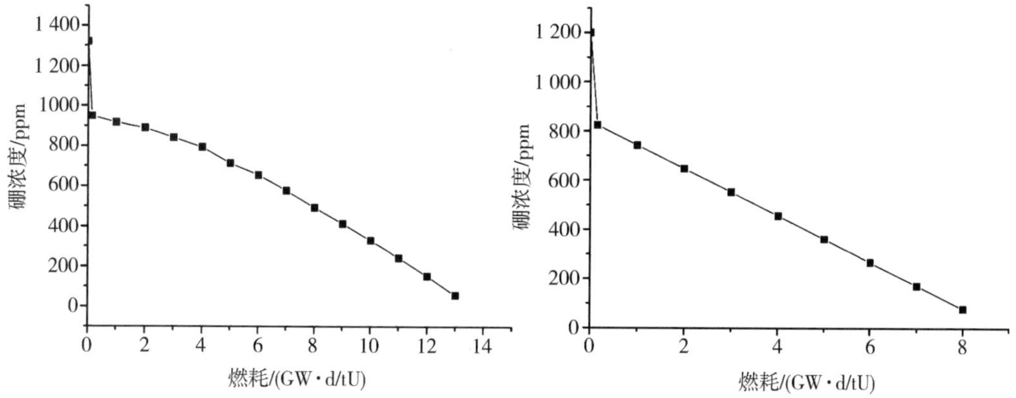

图 10-4 燃耗计算中临界硼浓度的变化（左：装载可燃毒物；右：不装载可燃毒物）

10.3.2 堆芯功率能力计算

堆芯功率能力计算的主要目的是确定正常运行工况（I 类工况）的运行限值和非正常瞬态工况（II 类工况）的保护定值。要求 I 类工况下，燃料最大线功率密度不超过基准事故安全准则确定的限值；II 类工况不超过燃料熔化限值；I、II 类工况燃料表面不出现偏离核态沸腾（DNB）现象。为了获得以上限值，必须对堆芯径向和轴向功率分布进行计算。

在执行堆芯燃耗计算的过程中，可以同时获得堆芯不同燃耗下的三维功率分布。目前的堆芯物理计算程序多采用节块法进行堆芯三维扩散计算，因此堆芯三维的功率分布以节块功率的形式给出。通常一个组件在径向上划分为 4 个节块、轴向上分为十几到二十几个节块，如果需要，还可以通过重构的方法获得每根燃料棒上的功率分布。利用计算得到的三维功率分布，就可以计算出堆芯的径向和轴向功率峰因子，分别由式（10-5）和式（10-6）给出。

$$F_{xy} = \frac{\frac{1}{H}\int_0^H P(x_0, y_0, z)\mathrm{d}z}{\frac{1}{V}\int_V P(x, y, z)\mathrm{d}V} \tag{10-5}$$

$$F_z = \frac{P(x_0, y_0, z_0)}{\frac{1}{H}\int_0^H P(x_0, y_0, z)\mathrm{d}z} \tag{10-6}$$

式中：$P(x_0, y_0, z)$——堆芯热通道的功率密度分布；

$P(x_0,y_0,z_0)$——堆芯热通道内最大(节块)功率密度。

堆芯的功率分布在核反应堆运行过程中会随着燃耗、控制棒的移动等堆芯状态的改变而发生不断的变化,因此需要计算堆芯各种典型状态下的功率峰因子以评价堆芯在各种运行工况下的功率分布。对径向功率峰计算,常见的典型工况包括[16]:

1)寿期初,热态满功率,控制棒全提,无 Xe 中毒;

2)寿期初,热态满功率,控制棒全提,平衡 Xe 中毒;

3)寿期初,热态满功率,主调节棒插入,平衡 Xe 中毒;

4)寿期中,热态满功率,控制棒全提,平衡 Xe 中毒;

5)寿期末,热态满功率,控制棒全提,平衡 Xe 中毒;

6)寿期末,热态满功率,主调节棒插入,平衡 Xe 中毒。

由于慢化剂密度差异及控制棒插入等影响,堆芯轴向功率分布并非上下对称,通常寿期初功率峰在堆芯下部而寿期末会发生一定的变化。在评价堆芯轴向功率分布时,更多的时候还需要关注堆芯上下功率的差别。轴向功率偏差和轴向功率偏移就是描述堆芯轴向功率分布的运行物理量,分别由式(10-7)、式(10-8)给出。

$$\Delta I=P_{\mathrm{T}}-P_{\mathrm{B}} \tag{10-7}$$

$$AO=\frac{P_{\mathrm{T}}-P_{\mathrm{B}}}{P_{\mathrm{T}}+P_{\mathrm{B}}} \tag{10-8}$$

其中:P_{T},P_{B}——堆芯上半部、下半部的功率。

堆芯的功率不均匀系数,即通常所说的热点因子为径向和轴向功率峰因子的乘积。但实际上,这里的结果只考虑了理论上的计算值。在核反应堆实际设计中,还需要考虑径向氙振荡的影响、各种工程原因导致的不确定性、燃料密实化的影响等,因此,最终堆芯的功率峰因子通常表示为:

$$F_{\mathrm{Q}}^{\mathrm{T}}=\max\left[F_{xy}(z)P(z)F_{\mathrm{Xe}}S(z)F_{\mathrm{Q}}^{\mathrm{E}}\right] \tag{10-9}$$

式中:$P(z)$——堆芯轴向功率分布,即 z 高度节块的相对功率;

F_{Xe}——径向氙振荡因子,一般取 1.03;

$S(z)$——燃料密实化因子,对Ⅰ类工况取 1.0,Ⅱ类工况大于 1.0;

$F_{\mathrm{Q}}^{\mathrm{E}}$——总的不确定性,通常也称作工程热点因子。

对传统的压水堆,通常认为寿期初的功率峰因子最大,随着燃耗的进行功率峰会逐渐减小。但是,随着核反应堆越来越多采用可燃毒物补偿剩余反应性,堆芯的功率峰会出现随着燃耗加深而增大的现象,因此,对功率峰的峰值出现的时间判断会更加复杂,尤其需要关注可燃毒物释放反应性最大时的情况。

堆芯径向功率分布主要取决于堆芯装载而比较容易确定,但堆芯的轴向功率分布受诸多因素影响,分析轴向功率分布非常复杂。因此,在进行功率模拟时应选择足够数量具有代表性的、包络的堆芯轴向功率分布。通过计算足够多的两类工况下的堆芯轴向功率分布,可以给出堆芯不同状态下功率峰因子与轴向功率偏移 AO 的对应关系,再由这一关系导出Ⅰ类工况的轴向功率偏差对堆芯功率变化的梯形限制区,称为**运行梯形图**,如图 10-5 给出。核反应堆在Ⅰ类工况下要求运行点不超过运行图。超功率保护梯形图,这是在Ⅱ类工况下保证燃料棒的完整性而限制的最大线功率密度,同样为轴向功率偏差对堆芯功率变化的梯形限制区。运行图和超功率保护图给出了核反应堆在不同功率分布条件下的功率输出范围。

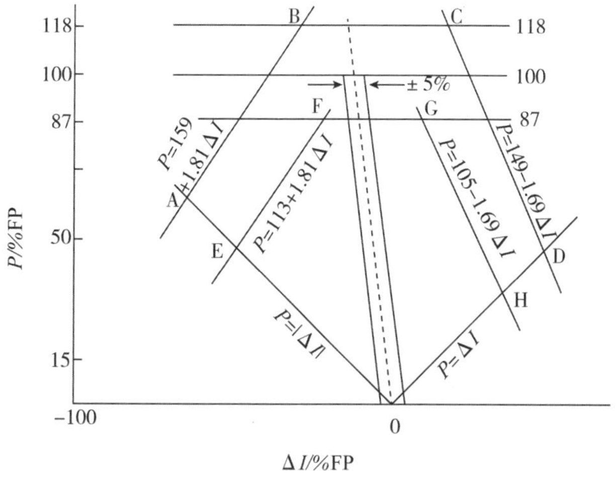

图 10-5 运行梯形图和超功率保护梯形图

10.3.3 堆芯反应性控制计算

堆芯反应性控制计算主要包括控制棒价值的计算、临界硼浓度的计算和停堆裕量的计算。

控制棒价值的计算包括控制棒组价值的计算、卡棒(弹棒)价值的计算以及控制棒组微分、积分曲线的绘制。控制棒组价值的计算是在给定条件下,如寿期的不同阶段分别计算一组控制棒全提和全插两种情况下的堆芯反应性,两者之差即为控制棒组价值。在计算中,考虑不确定性的影响,通常要对计算得到的价值进行保守的估计,如取计算值的90%。卡棒或弹棒价值计算需要找到堆芯中控制棒价值最大的棒组,而该棒组通常并不位于堆芯中心。这些计算可以在二维堆芯上进行。控制棒组微分和积分价值曲线则必须进行堆芯的三维计算,在计算中一般考虑寿期初和寿期末各个棒组的微分和积分价值随控制棒插入深度的变化以及除卡棒外所有棒组落下时的积分价值曲线。

临界硼浓度的计算主要在堆芯燃耗计算中实现,通常称作临界硼浓度搜索。其计算过程为:首先给定一个初始的硼浓度,计算堆芯 k_{eff}。若 k_{eff} 不等于1则调整硼浓度的大小并重新计算 k_{eff},经过若干次调整到 $k_{eff}=1$ 为止。此时的硼浓度即临界硼浓度。

可燃毒物作为一种重要的剩余反应性补偿手段,也需要进行相应的计算。不过由于可燃毒物本身的特点,其计算一般在堆芯中随燃耗计算一起进行。

停堆裕量的计算需要分别计算从热态满功率到热态零功率时各种反馈引入堆芯的正反应性,以及控制棒组插入后引入的负反应性。为了保守考虑,通常假设控制棒价值最大的一束棒被卡在堆芯顶部。上述两种反应性计算结果的代数和即为停堆裕量。其中,正反应性的引入主要考虑慢化剂温度效应、燃料温度效应以及功率再分布的影响。考虑控制棒插入的影响时需要考虑核反应堆满功率运行时处于插入极限位置的控制棒已引入的反应性。

10.3.4　堆芯反应性系数计算

压水堆中需要计算的反应性系数主要有燃料温度系数、慢化剂温度系数和功率系数等。

燃料温度系数的实际计算通常是在固定其他因素如慢化剂密度等不变的条件下，由两次不同燃料温度下的堆芯反应性结果相减得到，如式(10-10)。燃料温度系数随燃料温度及核反应堆燃耗会发生变化，因此，需要计算几种典型工况下的燃料温度系数，如寿期初、寿期末等。

$$\alpha_F = \frac{\Delta\rho}{2\Delta T} = \frac{\rho_{T+\Delta T} - \rho_{T-\Delta T}}{2\Delta T} \tag{10-10}$$

慢化剂温度系数的计算与燃料温度系数相仿，也需要在各种典型工况下、其他参数不变的条件下计算反应性的差。这里需要注意的是慢化剂温度的变化最终体现为慢化剂密度的变化，需要获得不同温度下慢化剂密度的值。一般 ΔT 取 5 ℃。慢化剂温度系数受硼浓度的影响很大，因此在计算温度系数时一定不能忽视硼浓度的影响。

功率系数是核反应堆中各种因素的综合效应，定义为堆芯功率每变化额定功率的 1% 由慢化剂温度和燃料温度效应共同引起的反应性变化。图 10-6 给出了不同硼浓度下功率系数随功率的变化示意图。

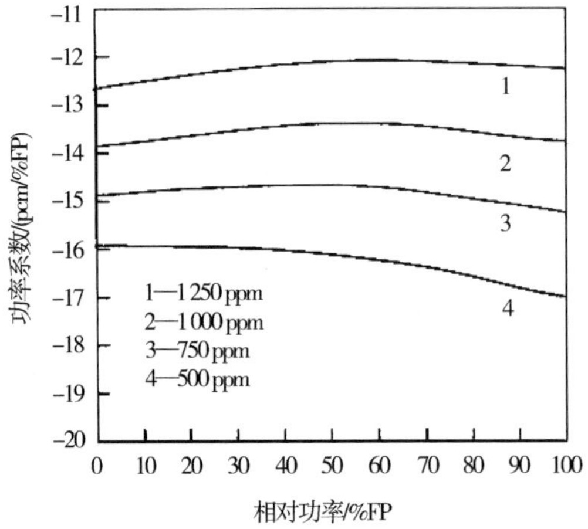

图 10-6　不同硼浓度下功率系数随功率的变化

10.3.5　堆芯动态参数计算

堆芯动态参数计算包括缓发中子份额的计算和瞬发中子寿命的计算。

由于缓发中子的能量比裂变直接产生的中子低，从中子泄漏和引发快中子裂变等方面的综合考虑下来，对目前的核电厂压水堆，其中子价值略低。因此，核反应堆瞬态计算中使用的缓发中子份额为有效缓发中子份额。在计算中，通常需要首先获得各组缓发中子的价值因子，继而计算有效缓发中子份额，如：

$$\beta_{\text{eff},i} = I_i \beta_i \tag{10-11}$$

式中：I_i——第 i 组缓发中子的价值。

总的有效缓发中子份额为各组有效缓发中子份额的和。

瞬发中子寿命的定义为：

$$l=\frac{1}{v}\frac{1}{\Sigma_a+DB^2} \tag{10-12}$$

式中：v——为中子的平均速度。

对于多群计算则需要计算每个能群中子的平均速度，式(10-12)也需要修正为多群形式的表达式。

10.4　核反应堆启动物理试验

核电厂核反应堆启动物理试验是核反应堆内装入核燃料组件后最关键的一步，其过程包括核反应堆的首次临界、堆芯零功率性能试验和提升功率阶段的物理试验。这一过程是一项大型、综合性的试验，为检验堆芯核设计正确性、验证堆芯性能和确认安全分析的保守性提供了必要的条件。在进行启动物理试验前，需要给出堆芯物理计算的理论预计值，包括临界硼浓度、控制棒价值、反应性系数和堆芯功率分布等。通过理论值与测量值的比较，证明计算方法和程序的正确性。

10.4.1　核反应堆装料

核反应堆首次装料是指核燃料组件第一次装入核反应堆。这一操作在核电厂各系统的总体试验完成后进行，需要燃料组件进入燃料厂房并且一切准备工作和条件都已具备。

在堆芯首次装料物理试验前，需要确认堆芯装料方案和装料顺序，在装料期间保证核反应堆始终处于次临界的状态。为保证堆芯的临界安全，防止发生意外的临界事故，在堆芯装料过程中需要对临界进行监督，所采用的手段一般为在堆外源量程中子计数系统的基础上，增加堆内的临时中子计数器，如^{3}He 计数管。这些临时的中子计数器通常是可移动的。堆外的中子计数系统装有报警装置，当中子计数增加或发生剧烈变化时，会通过装置发出报警信号。整个装料的过程都是在硼酸环境中进行的，组件的输送通道和堆芯中此时充满 2 000 ppm 以上的高浓度硼酸溶液以确保装料过程的次临界。

在经过一个运行循环后，核反应堆需要停堆换料并重新装载燃料组件，称为后续堆芯的装料。这一装料过程分为两种形式：

1)整个堆芯的组件卸出至乏燃料水池，根据换料堆芯的燃料装载方案将新燃料组件和需要继续使用的旧燃料组件依次装入堆芯，不再使用的组件留在乏燃料水池进行长期的冷却。一般冷却 5～10 年后送后处理厂进行处理。目前，大多数核电厂采用类似的换料操作。

2)只将不再使用的燃料组件卸出至乏燃料水池，将未卸载的旧燃料组件按照堆芯换料方案在堆芯内移动，最后按照设计在堆芯装入新的燃料组件。

10.4.2　核反应堆趋近临界

核反应堆启动的第一步是逼近临界。核反应堆通过控制棒的交替提升和硼溶液的稀释逐渐趋近临界。这一过程需要确定临界条件，包括控制棒的临界棒位以及临界硼浓度。在启动过程中，需要在堆芯内装载中子源将核反应堆在启动和趋近临界过程中很低的中子注量率水平放大到中子计数器可监控的水平，使得整个核反应堆趋近临界的过程处于监督之下，避免核反应堆启动的"盲区"。中子源包括一次中子源和二次中子源。一次源用于核反应堆的首次启动，二次源则用于换料堆芯的启动。这一方式是目前压水堆核电厂所采用的最常见的方式。当然，也可以通过提高中子泄漏率的方式监督堆芯中子注量率的变化，实现所谓"无源启动"，国内田湾核电厂的 VVER 核反应堆启动就采用了这种方式。

趋近临界操作以次临界公式作为依据。假定中子源和中子注量率都是均匀分布的，中子源每代放出 S_0 个中子，通过堆内的中子倍增后中子数变为

第 1 代末 $N_1=S_0+S_0k_{\text{eff}}=S_0(1+k_{\text{eff}})$

第 2 代末 $N_2=S_0+S_0k_{\text{eff}}+S_0k_{\text{eff}}{}^2=S_0(1+k_{\text{eff}}+k_{\text{eff}}{}^2)$

……

第 m 代末 $N_m=S_0(1+k_{\text{eff}}+k_{\text{eff}}{}^2+\cdots+k_{\text{eff}}{}^m)$

由于核反应堆运行在次临界状态下，即 $k_{\text{eff}}<1$，且每代中子时间非常短，仅为约 10^{-4} s，因此，可以认为在一定时间后，核反应堆内的中子达到某个稳定的水平，如式(10-13)。

$$N=\frac{S_0}{1-k_{\text{eff}}} \tag{10-13}$$

上述公式称为次临界公式。对于源强给定的情况，次临界度越小，中子放大越强。换句话说，核反应堆越趋近临界，中子计数器探测到的中子数越大。当核反应堆达到临界时，中子数无限大。实际上，一般采用 k_{eff} 与中子数倒数的关系判断临界，当 $1/N$ 等于零时核反应堆达到临界。这里假设核反应堆仅通过提升控制棒棒位来趋近临界，对应临界状态的控制棒棒位称为临界棒位。图 10-7 给出了临近棒位与 $1/N$ 关系的示意图。

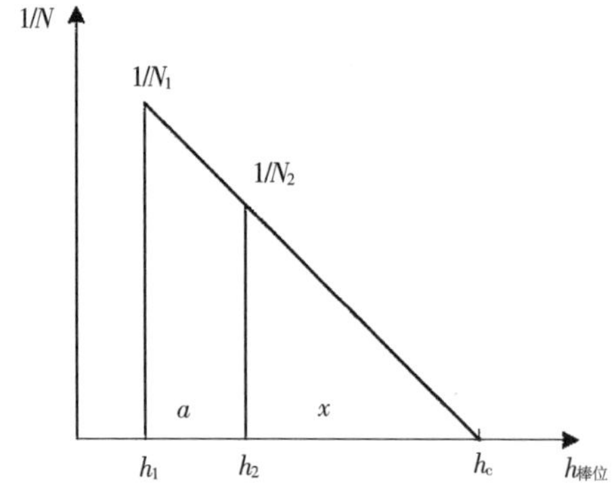

图 10-7　临界棒位与 $1/N$ 的关系

在实际的外推临界过程中，通常采用倒计数率法(也称 $1/M$ 法)对控制棒棒位、一回路系统硼浓度、稀释水量及时间进行外推，以确定在提棒或硼稀释过程中的临界棒位或临界硼浓度。倒计数率的定义如下：

$$\frac{1}{M}=\frac{N_0}{N_i} \tag{10-14}$$

其中，N_0 为系统的基准计数率，N_i 为不同棒位或不同硼浓度或不同稀释水量和水体积或不

同时间下的计数率。

以提棒趋近临界为例，在外推临界的过程中，首先提棒至某个棒位，如图 10-7 中的 h_1，再提棒至 h_2 棒位，两点连线的线性外推与横坐标相交，认为相交时对应的控制棒棒位即临界棒位 h_c。用 M_1，M_2 替换 N_1，N_2 即所谓的 1/M 外推临界方法。图 10-8 给出了 1/M 外推曲线的示意图。从图 10-8 中可见，核反应堆中的 1/M 外推曲线并非线性的，但是最终的临界棒位相同。曲线的凸与凹与中子源的位置和中子计数器的位置有关。为安全考虑，应选择凹形的曲线进行外推。实际过程中，需要两套独立的源量程中子计数系统。表 10-2 给出了初始 k_{eff} 为 0.95 时不同 M 值下的 k_{eff}，可见经过 6 番后核反应堆已经非常接近临界。实际启动过程中，判断核反应堆达到临界的经验即源量程计数能否翻 5～7 番[25]。

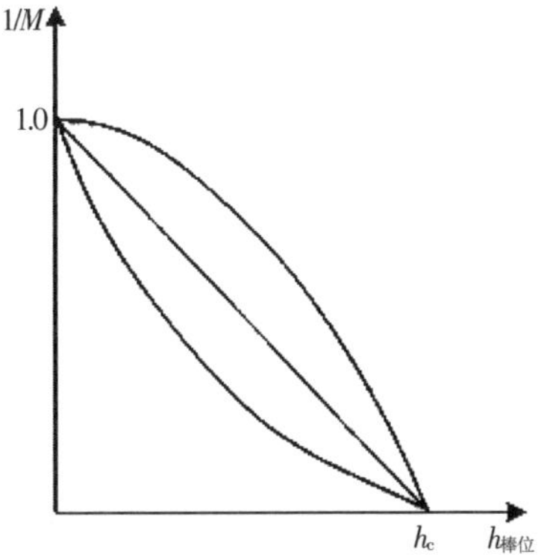

图 10-8　1/M 外推曲线图

表 10-2　不同 M 下的 k_{eff} 值

中子计数率/番	M	k_{eff}
0	1	0.950 0
1	2	0.975 0
2	4	0.987 5
3	8	0.993 8
4	16	0.996 9
5	32	0.998 4
6	64	0.999 2

10.4.3　堆芯物理性能的测量

在启动物理试验中，有一系列的物理量需要测量以验证堆芯物理性能。包括临界硼浓度测量、控制棒价值测量、等温温度系数测量、功率系数测量和核反应堆功率测量等。

硼酸是压水堆中补偿剩余反应性最主要的方式，也是运行过程中反应性控制量最大的一种方式。硼浓度的变化既影响堆芯寿期，也影响核反应堆安全。因此，需要通过物理试验对临界硼浓度进行测量。临界硼浓度的测量需要控制棒组处于预定的位置。当停堆棒或控制棒组置于所要求的堆顶或堆底时，测定此状态下维持堆芯临界的硼浓度，此时的硼浓度称为末端临界硼浓度。

压水堆运行中快的反应性变化需要依靠控制棒控制，包括运行过程中的各种温度效应、氙瞬态的效应以及功率调节等，这些都需要知道控制棒的价值。在启动物理试验中，测量控制棒价值主要是测量控制棒的微分和积分价值，验证理论设计的正确性。

核反应堆的温度反馈是核反应堆固有安全性的重要指标，实际运行的压水堆中，慢化剂的温度负反馈通常是主要因素。慢化剂的温度系数通常采用等温温度系数的测量间接得到，是在堆芯热态的零功率试验中通过改变慢化剂平均温度来实现的。

功率系数是核反应堆各种反馈的综合作用，在启动物理试验中通过提升功率阶段的物理试验可以获得核反应堆的功率亏损量，即功率系数的积分值。

功率分布的测量主要用来检查堆芯装料的正确性，也可验证物理设计是否满足准则要求。由于功率分布随着燃耗会发生变化，因此，功率分布的测量需要进行定期测量。二代核电厂中利用堆内可移动的探测器进行测量，而是三代堆中，目前已经设计了堆内在线测量系统。利用定期测量的结果可以计算每个燃料组件的燃耗深度，同时校验和校正堆外探测器的刻度。

10.4.4 落棒和“模拟弹棒”试验

核电站的运行需要考虑正常运行工况以外的异常事件或事故。在调试阶段进行必要的试验对核反应堆的安全运行具有重要的意义。核反应堆启动物理试验中需要进行控制棒落棒试验和“模拟弹棒”试验。

落棒试验是通过落棒动作触发功率量程通道“负中子注量率变化率高”信号，从而引起核反应堆自动停堆，由此验证核反应堆保护系统功能的完备性和可靠性。

“模拟弹棒”试验是检查价值最大的一束控制棒“弹出”堆芯而引起的堆芯热点因子的变化，验证是否满足核电厂最终安全分析报告中给出的限值。

10.5 换料堆芯安全评价

换料堆芯安全评价依据核电厂投入运行前向核安全局提供的经过批准的最终安全分析报告(FSAR)及其他有关安全分析资料进行。在 FSAR 中分析了核电厂寿期内各个循环的工况，但是在核电厂实际运行中，每个运行循环的过程都不可能完全一样，即使所谓的平衡循环也只是理论上的存在。在每次换料时，堆芯的燃料管理方案都需要根据上一循环的运行历史和实际测量的结果对燃料管理方案进行必要的重新设计。因此，新循环的运行参数与 FSAR 中的预测值会存在偏离。堆芯物理计算中的各种参数包括功率分布、反应性控制参数、动力学参数等都会相应的发生变化，使得堆芯的热工性能和事故分析结果也随之发生变化。因此，对每次停堆换料后下一循环的堆芯安全性都必须进行重新评价。

但是，由于时间的限制，在堆芯换料设计时的安全分析不可能像设计一座新核反应堆时一样详细，在进行换料堆芯安全评价时应采用简化的堆芯安全性评价方法。“安全边界分析”方法是换料堆芯安全评价的基本方法，该方法认为对于给定的事故，当所有与事故有关的参数都保守地处于 FSAR 安全分析所使用的边界限值内时，对于换料堆芯 FSAR 的结论是适用的，换料堆芯对于给定事故是安全的。若上述参数超过 FSAR 中规定的安全边界值时就需要对有关事故或换料堆芯进行安全再分析或再评价，必要时通过修改技术规格书或对运行规程进行修改，进行部分装载计划的改变甚至重新设计装载方案以满足核反应堆安全运行的需求。

换料安全评价由两部分构成：

1)对换料堆芯的关键安全参数验证。所谓关键安全参数是指其改变将影响堆芯正常运行或瞬态特性和事故工况发展后果的堆芯物理和热工水力参数。需要对换料堆芯进行系统的安全评价以确认关键安全参数是否被 FSAR 的限值包络。

2)当关键安全参数超限时，通过附加安全评价或再分析，确认其对事故发展及 FSAR 中结论的影响。通过采用一些调整来验证是否能够满足规定的设计准则和安全准则。如果仍难满足，则必须进行大的改变甚至重新进行装载方案设计和安全评价。

进行换料安全评价主要开展以下方面的工作：

1)通用关键参数的验证，包括堆芯动力学参数验证和堆芯功率能力验证两部分；

2)特定事故关键安全参数验证，验证受堆芯装载影响的特定事故，主要是反应性事故；

3)与超限参数对应的事故再评价或再分析，这些事故包括：不可控硼稀释事故、提棒事故、落棒事故、弹棒事故和主蒸汽管道断裂事故。

习　题

1. 在满足设计准则的基础上，堆芯物理设计的内容主要有哪些？
2. 什么是核反应堆功率能力？
3. 建立保护梯形、运行梯形的依据是什么？思路如何？
4. 正常启动到临界过程中主要注意哪几点？

参考文献

[1]IAEA. Nuclear Power Reactors in the World[R]. Reference Data Series No. 2，2012.

[2]卢希庭．原子核物理[M]. 北京:原子能出版社,2000.

[3]IAEA. Evaluated Nuclear Data File[DB]. https://www-nds. iaea. org/exfor/endf. htm.

[4]谢仲生．核反应堆物理分析[M]. 西安:西安交通大学出版社,2004.

[5]谢仲生．压水堆核电厂堆芯燃料管理计算及优化[M]. 北京:原子能出版社,2001.

[6]谢仲生,邓力．中子输运理论数值计算方法[M]. 西安:西北工业大学出版社,2005.

[7]J J 杜德斯塔特,L J 汉密尔顿．核反应堆分析[M]. 吕应中,等译．北京:原子能出版社,1980.

[8]Hebert A. Applied Reactor Physics[C]. Canada:Presses International Polytechnique,2009.

[9]Tstsumi M，Yamamoto A. Advanced PWR core calculation based on multi-group nodal-transport method in three-dimensional pin-by-pin geometry[J]. Journal of Nuclear Science and Technology，2003,40：376-387.

[10]Croff A G. A User's Manual for the Origen2 Computer Code[R]. ORNL/TM-7175，1980.

[11]Cetnar J. General Solution of Bateman Equations for Nuclear Transmutations[J]. Annals of Nuclear Energy,2006,33:640-645.

[12]Pusa M. Rational Approximations to the Matrix Exponential in Burnup Calculations [J]. Nuclear Science and Engineering,2011,169:155-167.

[13]Nifenecker H,Meplan O,David S. Accelerator Driven Subcritical Reactor[M]. London：IOP Publishing，2003.

[14]Eriksson M,Cahalan J,Yang W. On the Performance of Point Kinetics for the Analysis of Accelerator Driven Systems[J]. Nuclear Science and Engineering，2005，149：298-309.

[15]吴宏春．高等核反应堆物理[M]. 北京:科学出版社,2023.

[16]吴宏春,曹良志．压水堆核电厂燃料管理[M]. 西安:西安交通大学出版社,2021.

[17]Driscoll M J,Downar T J,Pilat E E. The linear reactivity model for nuclear fuel management[R]. American Nuclear Society(La Grange Park，Ill.，USA)，1990.

[18]Alan E W，Donald R T，Pavel V T，Fast Spectrum Reactors[R]. Springer New York Dordrecht Heidelberg London，2012.

[19]张玉山．长寿命核废物嬗变处理的研究综述[J]. 原子核物理评论,1997,14(4)：251-258.

[20]Akashi K，et al. Recycle Transmutation of MA and LLFP Using BWR for Sustaining Geologic Disposal[J]. Progress in Nuclear Energy,2002,40 (3-4):465-472.

[21]Croff A G,Forsberg C W,Ludwig S B. A Reexamination of the Incentive for Actinide Burning，Trans. ANS,1990,62：76-78.

[22]Gregory J. Van T,Deborah R B,John W H,et al. U. S Accelerator-Driven Transmutation of

Waste(ATW) Program Objectives, and Technology Development Efforts[J]. Progress in Nuclear Energy, 2002, 40.

[23]Toshinobu S, et al. Code Development for the Design Study of the OMEGA Program Accelerator-DrivenTransmutation Systems[J]. Nuclear Instruments and Methods in Physics Research A, 2001, 463:495-504.

[24]曹栋兴．核反应堆设计原理[M]. 北京:原子能出版社,1992.

[25]郑福裕．压水堆核电厂运行物理导论[M]. 北京:原子能出版社,2009.

[26]Chadwick M B, Obložinský P, et al. ENDF/B-VII. 0: Next generation evaluated nuclear data library for nuclear science and technology[DB]. Nuclear Data Sheets, 2006, 107(12): 931-3060.

附录1 国际单位制[①]

国际单位制(SI)的单位包括SI单位以及SI单位的倍数单位,其中SI单位又由基本单位和导出单位构成,导出单位是基本单位以代数形式表示的单位。下面介绍核工程中使用的一些单位。

附表1-1 SI基本单位(部分)

量的名称	单位名称	单位符号
长度	米	m
质量	千克(公斤)	kg
时间	秒	s
电流	安[培]	A
热力学温度	开[尔文]	K
物质的量	摩[尔]	mol

附表1-2 SI导出单位(部分)

量的名称	单位名称	单位符号	用SI基本单位和SI导出单位表示
[平面]角	弧度	rad	1 rad=1 m/m=1
立体角	球面角	sr	$1\ sr=1\ m^2/m^2=1$
频率	赫[兹]	Hz	$1\ Hz=1\ s^{-1}$
力	牛[顿]	N	$1\ N=1\ kg\cdot m/s^2$
压力,压强,应力	帕[斯卡]	Pa	$1\ Pa=1\ N/m^2$
能[量],功,热量	焦[耳]	J	1 J=1 N·m
功率,辐[射能]通量	瓦[特]	W	1 W=1 J/s
电荷[量]	库[伦]	C	1 C=1 A·s
电压,电动势,电位,(电势)	伏[特]	V	1 V=1 W/A
摄氏温度	摄氏度	℃	1℃=1 K
[放射性]活度	贝可[勒尔]	Bq	$1\ Bq=1\ s^{-1}$
吸收剂量,比授[予]能,比释动能	戈[瑞]	Gy	1 Gy=1 J/kg
剂量当量	希[沃特]	Sv	1 Sv=1 J/kg

附表1-3给出了SI词头的名称、简称及符号(词头的简称为词头的中文符号)。词头用于构成倍数单位,但不得单独使用。

① 进一步的资料可参阅中华人民共和国国家标准GB 3100—1993《国际单位制及其应用》。

附表 1-3　SI 词头

因数	词头名称		符号
	英文	中文	
10^{24}	yotta	尧[它]	Y
10^{21}	zetta	泽[它]	Z
10^{18}	exa	艾[可萨]	E
10^{15}	peta	拍[它]	P
10^{12}	tera	太[拉]	T
10^{9}	giga	吉[咖]	G
10^{6}	mega	兆	M
10^{3}	kilo	千	k
10^{2}	hecto	百	h
10^{1}	deca	十	da
10^{-1}	deci	分	d
10^{-2}	centi	厘	c
10^{-3}	milli	毫	m
10^{-6}	micro	微	μ
10^{-9}	nano	纳[诺]	n
10^{-12}	pico	皮[可]	p
10^{-15}	femto	飞[母托]	f
10^{-18}	atto	阿[托]	a
10^{-21}	zepto	仄[普托]	z
10^{-24}	yocto	幺[科托]	y

附表 1-4　可与国际单位制单位并用的我国法定计量单位(部分)

量的名称	单位名称	单位符号	与 SI 单位的关系
时间	分	min	1 min=60 s
	[小]时	h	1 h=60 min=3 600 s
	日,(天)	d	1 d=24 h=86 400 s
质量	吨	t	1 t=10^{3} kg
	原子质量单位	u	1 u=1.660 540 2×10^{-27} kg
体积	升	l, L	1 l=1 dm^{3}=10^{-3} m^{3}
能	电子伏	eV	1 eV= 1.602 177×10^{-19} J

附表 1-5　个别科学技术领域允许使用的非法定计量单位

量的名称	单位名称	单位符号	用 SI 基本单位和 SI 导出单位表示
压力,压强	巴	bar	$1\ \text{bar}=10^{5}\ \text{Pa}$
截面	靶恩	b	$1\ \text{b}=10^{-28}\ \text{m}^{2}$
[放射性]活度	居里	Ci	$1\ \text{Ci}=3.7\times10^{10}\ \text{Bq}$
照射量	伦琴	R	$1\ \text{R}=2.58\times10^{-4}\ \text{C/kg}$
吸收剂量	拉德	rad	$1\ \text{rad}=10^{-2}\ \text{Gy}$
剂量当量	雷姆	rem	$1\ \text{rem}=10^{-2}\ \text{Sv}$

附录 2　基本常数

附表 2-1　基本常数

名称	取值
重力加速度	$g_{n}=9.806\ 65\ \mathrm{m\cdot s^{-2}}$
阿伏加德罗常数	$N_{A}=6.022\ 136\ 7\times10^{23}\ \mathrm{mol^{-1}}$
玻耳兹曼常数	$k=1.380\ 658\times10^{-23}\ \mathrm{J\cdot K^{-1}}$
原子质量常数	$1u=1.660\ 540\ 2\times10^{-27}\ \mathrm{kg}$
电子静止质量	$\mathrm{m_e}=9.109\ 389\ 7\times10^{-31}\ \mathrm{kg}$
基本电荷	$e=1.602\ 177\ 33\times10^{-19}\ \mathrm{C}$
摩尔气体常数	$R=8.314\ 510\ \mathrm{J\cdot mol^{-1}\cdot K^{-1}}$
中子静止质量	$m_{n}=1.674\ 954\ 3\times10^{-27}\ \mathrm{kg}=1.008\ 664\ 904\ \mathrm{u}$
普朗克常数	$h=6.626\ 075\ 5\times10^{-34}\ \mathrm{J\cdot s}$ $\hbar=6.626\ 075\ 5\times10^{-34}\ \mathrm{J\cdot s}$
质子静止质量	$m_{p}=1.672\ 623\ 1\times10^{-27}\ \mathrm{kg}=1.007\ 276\ 470\ \mathrm{u}$
真空中光速	$c=2.997\ 924\ 58\times10^{8}\ \mathrm{m\cdot s^{-1}}$

附录3 核反应堆堆芯中常见核(元)素的截面和核参数

下表中微观截面是中子能量为 0.025 3 eV(即速度为 2 200 m/s)、温度为 300 K 时的数值;取自 ENDF/B—VII.0。

原子序数	质量数	核素符号	相对原子质量	微观截面 /(10^{-28} m^2)			每次裂变的中子产额 ν
				散射 σ_s	俘获 σ_γ	裂变 σ_f	
1	1	^{1}H	0.999 167	30.268 910	$3.320\ 361\times10^{-1}$	0	0
1	2	^{2}H(D)	1.996 8	4.252 944	$5.057\ 351\times10^{-4}$	0	0
1	3	^{3}H(T)	2.989 596	1.948 534	0	0	0
2	3	^{3}He	2.989 032	3.874 000	5 316.094 030	0	0
2	4	^{4}He	3.968 219	$8.568\ 157\times10^{-1}$	0	0	0
3	6	^{3}Li	5.963 4	$7.789\ 940\times10^{-1}$	954.848 303	0	0
3	7	^{4}Li	6.955 732	1.041 247	$4.540\ 485\times10^{-2}$	0	0
4	7	^{7}Be	6.954 5	20.446 740	0	0	0
4	9	^{9}Be	8.934 78	6.469 780	$8.631\ 968\times10^{-3}$	0	0
5	10	^{10}B	9.926 921	2.289 080	3 843.111 470	0	0
5	11	^{11}B	10.914 7	5.066 558	$5.507\ 348\times10^{-3}$	0	0
6	—	C①	11.898	4.942 739	$3.367\ 334\times10^{-3}$	0	0
7	14	^{14}N	13.882 78	10.276 160	1.902 216	0	0
7	15	^{15}N	14.871	4.566 711	$2.401\ 144\times10^{-5}$	0	0
8	16	^{16}O	15.857 51	3.975 917	$1.900\ 145\times10^{-4}$	0	0
8	17	^{17}O	16.853 1	3.853 380	$2.388\ 447\times10^{-1}$	0	0
9	19	^{19}F	18.835	3.740 061	$9.578\ 773\times10^{-3}$	0	0
11	22	^{22}Na	21.805 5	74.197 100	29 107.468 900	0	0
11	23	^{23}Na	22.792	3.394 431	$5.280\ 233\times10^{-1}$	0	0
12	24	^{24}Mg	23.779	3.829 044	$5.029\ 200\times10^{-2}$	0	0
12	25	^{25}Mg	24.771 2	2.648 240	$1.903\ 824\times10^{-1}$	0	0
12	26	^{26}Mg	25.7594	2.886451	3.831125×10^{-2}	0	0
13	27	^{27}Al	26.749 75	1.452 275	$2.334\ 723\times10^{-1}$	0	0

① 元素符号后无质量数标识,表示此为天然核素,相应参数为以天然同位素的相对质量丰度为权重的元素平均结果;本表以下均同此。

续表

原子序数	质量数	核素符号	相对原子质量	微观截面 /(10^{-28} m^2)			每次裂变的中子产额 ν
				散射 σ_s	俘获 σ_γ	裂变 σ_f	
14	28	^{28}Si	27.737	1.992 009	$1.691\ 425\times10^{-1}$	0	0
14	29	^{29}Si	28.728	2.630 090	$1.199\ 627\times10^{-1}$	0	0
14	30	^{30}Si	29.716	2.499 598	$1.070\ 862\times10^{-1}$	0	0
15	31	^{31}P	30.708	4.168 215	$1.993\ 581\times10^{-1}$	0	0
16	32	^{32}S	31.697 3	$9.790\ 015\times10^{-1}$	$5.353\ 279\times10^{-1}$	0	0
16	33	^{33}S	32.687 8	2.888 892	$5.229\ 525\times10^{-1}$	0	0
16	34	^{34}S	33.676 2	2.108 932	$2.236\ 062\times10^{-1}$	0	0
16	36	^{36}S	35.658	2.216 043	$1.504\ 712\times10^{-1}$	0	0
17	35	^{35}Cl	34.668 45	20.976 150	44.150018	0	0
17	37	^{37}Cl	36.648 3	1.163 649	$4.335\ 100\times10^{-1}$	0	0
18	36	^{36}Ar	35.658 5	74.615 720	5.044 039	0	0
18	38	^{38}Ar	37.636 6	8.943 137	$8.017\ 544\times10^{-1}$	0	0
18	40	^{40}Ar	39.619 1	$6.553\ 559\times10^{-1}$	$6.600\ 194\times10^{-1}$	0	0
19	39	^{39}K	38.629 3	2.089 332	2.102 235	0	0
19	40	^{40}K	39.620 7	2.786 211	34.777 349	0	0
19	41	^{41}K	40.610 1	2.598 479	1.459 149	0	0
20	40	^{40}Ca	39.619 3	3.060 946	$4.099\ 206\times10^{-1}$	0	0
20	42	^{42}Ca	41.598 18	1.236 851	$6.830\ 163\times10^{-1}$	0	0
20	43	^{43}Ca	42.589 73	4.210 309	11.663534	0	0
20	44	^{44}Ca	43.577 88	3.358 664	$8.883\ 974\times10^{-1}$	0	0
20	46	^{46}Ca	45.558 93	2.966 533	$7.404\ 630\times10^{-1}$	0	0
20	48	^{48}Ca	47.5406	3.756 462	1.092 747	0	0
21	45	^{45}Sc	44.567 9	22.428 580	27.158 580	0	0
22	46	^{46}Ti	45.557 9	3.724 358	$5.760\ 409\times10^{-1}$	0	0
22	47	^{47}Ti	46.548 4	3.129 082	1.701 686	0	0
22	48	^{48}Ti	47.556	4.366 573	7.840 240	0	0
22	49	^{49}Ti	48.5274	$6.963\ 761\times10^{-1}$	1.829 775	0	0
22	50	^{50}Ti	49.515 7	3.780 689	$1.783\ 497\times10^{-1}$	0	0
23	—	V	50.504	5.207 760	5.048 921	0	0
24	50	^{50}Cr	49.517	2.372 237	15.925 600	0	0
24	52	^{52}Cr	51.494	2.989 376	$7.453\ 586\times10^{-1}$	0	0
24	53	^{53}Cr	52.486	7.925 269	18.062 760	0	0
24	54	^{54}Cr	53.476	2.564 446	$3.600\ 002\times10^{-1}$	0	0
25	55	^{55}Mn	54.466 1	2.186 942	13.413 040	0	0
26	54	^{54}Fe	53.476	2.202 099	2.251 444	0	0

续表

原子序数	质量数	核素符号	相对原子质量	微观截面 /(10^{-28} m^2)			每次裂变的中子产额 ν
				散射 σ_s	俘获 σ_γ	裂变 σ_f	
26	56	^{56}Fe	55.454	12.162 270	2.588 764	0	0
26	57	^{57}Fe	56.446	2.619 612	2.425 982	0	0
26	58	^{58}Fe	57.436	3.126 477	1.149 391	0	0
27	58	^{58}Co	57.438 1	73.621 730	1 880.393 900	0	0
27	58	^{58m}Co①	57.438 1	8 729.242 000	136 309.450 000	0	0
27	59	^{59}Co	58.426 9	6.032 975	37.173 510	0	0
28	58	^{58}Ni	57.438	25.022 750	4.620 127	0	0
28	59	^{59}Ni	58.428 1	98.344 568	95.989 808	0	0
28	60	^{60}Ni	59.416	$9.849\ 964\times10^{-1}$	2.763 796	0	0
28	61	^{61}Ni	60.408	7.959 630	2.498 253	0	0
28	62	^{62}Ni	61.396	9.974 193	14.414 500	0	0
28	64	^{64}Ni	63.379	$1.637\ 509\times10^{-2}$	1.517 983	0	0
29	63	^{63}Cu	62.389	5.144 215	4.469 057	0	0
29	65	^{65}Cu	64.37	13.894 670	2.148 558	0	0
30	—	Zn	64.834	4.226 789	1.078684	0	0
31	69	$^{-69}$Ga	68.333 6	8.126 646	1.730 052	0	0
31	71	^{71}Ga	70.315	5.277 020	4.730 312	0	0
32	70	^{70}Ge	69.323 6	13.896 050	3.051 674	0	0
32	72	^{72}Ge	71.304 2	8.928 310	$8.857\ 316\times10^{-1}$	0	0
32	73	^{73}Ge	72.297	4.814 982	14.700 870	0	0
32	74	^{74}Ge	73.286 2	7.223 565	$5.188\ 792\times10^{-1}$	0	0
32	76	^{76}Ge	75.269 2	8.417 641	$1.546\ 005\times10^{-1}$	0	0
33	74	^{74}As	73.288 9	5.189 203	11.676 510	0	0
33	75	^{75}As	74.278	5.467 336	4.500 255	0	0
34	74	^{74}Se	73.287 5	7.324 741	51.802 720	0	0
34	76	^{76}Se	75.267	18.524 700	85.001 500	0	0
34	77	^{77}Se	76.259 1	8.486 380	41.999 890	0	0
34	78	^{78}Se	77.247 9	8.455 567	$4.300\ 100\times10^{-1}$	0	0
34	79	^{79}Se	78.240 5	6.341 139	50.002 680	0	0
34	80	^{80}Se	79.23	6.994 817	$6.100\ 135\times10^{-1}$	0	0
34	82	^{82}Se	81.213	5.027 470	$4.441\ 365\times10^{-2}$	0	0
35	79	^{79}Br	78.240 3	3.290 123	11.000 340	0	0
35	81	^{81}Br	80.221 2	5.790 045	2.364 379	0	0

① 核素符号末尾的 m 表示此为该核素的亚稳态;本表以下均同此。

续表

原子序数	质量数	核素符号	相对原子质量	微观截面 /(10^{-28} m^2)			每次裂变的中子产额 ν
				散射 σ_s	俘获 σ_γ	裂变 σ_f	
36	78	^{78}Kr	77.251	8.657 629	6.353 875	0	0
36	80	^{80}Kr	79.229 9	7.336 616	11.500 240	0	0
36	82	^{82}Kr	81.209 8	14.784 750	19.161 540	0	0
36	83	^{83}Kr	82.202	13.509 270	198.130 200	0	0
36	84	^{84}Kr	83.190 7	3.741 163	$1.099\ 961\times10^{-1}$	0	0
36	85	^{85}Kr	84.183 1	6.353 016	1.662 417	0	0
36	86	^{86}Kr	85.172 6	5.473 138	$8.780\ 335\times10^{-4}$	0	0
37	85	^{85}Rb	84.182 4	6.290 825	$4.934\ 516\times10^{-1}$	0	0
37	86	^{86}Rb	85.173 1	4.238 454	1.562 312	0	0
37	87	^{87}Rb	86.162 6	4.384 859	$1.200\ 054\times10^{-1}$	0	0
38	84	^{84}Sr	83.192 6	5.487 559	$8.219\ 591\times10^{-1}$	0	0
38	86	^{86}Sr	85.171 3	2.801 043	1.005 234	0	0
38	87	^{87}Sr	86.162 3	6.938 217	16.003 560	0	0
38	88	^{88}Sr	87.15	7.299 373	$8.685\ 990\times10^{-3}$	0	0
38	89	^{89}Sr	88.144	5.733 039	$4.200\ 226\times10^{-1}$	0	0
38	90	^{90}Sr	89.135 3	5.836 966	$1.500\ 080\times10^{-2}$	0	0
39	89	^{89}Y	88.142 1	7.732 802	1.278 315	0	0
39	90	^{90}Y	89.134 8	9.610 695	3.299 662	0	0
39	91	^{91}Y	90.126 4	5.732 312	1.400 072	0	0
40	90	^{90}Zr	89.132 4	5.513 257	$7.794\ 468\times10^{-2}$	0	0
40	91	^{91}Zr	90.124 7	9.793 392	$8.323\ 614\times10^{-1}$	0	0
40	92	^{92}Zr	91.115 5	7.150 012	$2.291\ 793\times10^{-1}$	0	0
40	93	^{93}Zr	92.108 4	5.797 139	$6.949\ 169\times10^{-1}$	0	0
40	94	^{94}Zr	93.099 6	8.659 435	$4.987\ 247\times10^{-2}$	0	0
40	95	^{95}Zr	94.092 7	5.734 469	1.200 063	0	0
40	96	^{96}Zr	95.084 4	5.736 362	$2.284\ 513\times10^{-2}$	0	0
41	93	^{93}Nb	92.105 1	6.365 333	1.155 215	0	0
41	94	^{94}Nb	93.100 6	6.487 904	15.765 420	0	0
41	95	^{95}Nb	94.091 5	5.730 951	7.000 378	0	0
42	92	^{92}Mo	91.117 3	5.576 344	$2.075\ 311\times10^{-2}$	0	0
42	94	^{94}Mo	93.098 4	5.855 791	$3.402\ 922\times10^{-1}$	0	0
42	95	^{95}Mo	94.090 6	6.414 493	13.565 561	0	0
42	96	^{96}Mo	95.080 8	4.752 298	$5.954\ 155\times10^{-1}$	0	0
42	97	^{97}Mo	96.073 5	6.688 571	2.196 268	0	0
42	98	^{98}Mo	97.064 3	5.671 571	$1.299\ 821\times10^{-1}$	0	0

续表

原子序数	质量数	核素符号	相对原子质量	微观截面 /(10^{-28} m^2) 散射 σ_s	俘获 σ_γ	裂变 σ_f	每次裂变的中子产额 ν
42	99	^{99}Mo	98.058	5.729 699	8.000 413	0	0
42	100	^{100}Mo	99.049	5.327 665	$1.990\ 325\times10^{-1}$	0	0
43	99	^{99}Tc	98.056 6	5.745 113	22.799 330	0	0
44	96	^{96}Ru	95.083 7	5.127 404	$2.900\ 159\times10^{-1}$	0	0
44	98	^{98}Ru	97.064 2	5.126 845	8.000 402	0	0
44	99	^{99}Ru	98.056 2	3.704 745	7.309 459	0	0
44	100	^{100}Ru	99.046	9.466 106	5.790 354	0	0
44	101	^{101}Ru	100.039	5.608 603	5.224 342	0	0
44	102	^{102}Ru	101.03	8.550 512	1.269 826	0	0
44	103	^{103}Ru	102.02	5.057 922	1.171 709	0	0
44	104	^{104}Ru	103.01	5.261 663	$4.715\ 300\times10^{-1}$	0	0
44	105	^{105}Ru	104.01	4.088 987	$3.864\ 923\times10^{-1}$	0	0
44	106	^{106}Ru	104.997	3.357 760	$1.460\ 077\times10^{-1}$	0	0
45	103	^{103}Rh	102.021	4.371 476	145.010 800	0	0
45	105	^{105}Rh	104	9 032.467 000	15829.450 000	0	0
46	102	^{102}Pd	101.030 2	6.007 463	1.821 443	0	0
46	104	^{104}Pd	103.011 4	4.795 174	$6.485\ 959\times10^{-1}$	0	0
46	105	^{105}Pd	104.004	7.360 761	20.875 280	0	0
46	106	^{106}Pd	104.993 7	4.627 800	$3.082\ 055\times10^{-1}$	0	0
46	107	^{107}Pd	105.987	3.334 471	2.007 656	0	0
46	108	^{108}Pd	106.976 9	2.441 371	8.478 927	0	0
46	110	^{110}Pd	108.961	5.687 688	$2.290\ 089\times10^{-1}$	0	0
47	107	^{107}Ag	105.987	7.373 429	37.598 380	0	0
47	109	^{109}Ag	107.969	2.416 982	91.100 170	0	0
47	110	^{110m}Ag	108.962	6.357 997	82.300 750	0	0
47	111	^{111}Ag	109.953	5.383 607	2.998 527	0	0
48	106	^{106}Cd	104.996	4.558 763	1.003 863	0	0
48	108	^{108}Cd	106.977	3.583 229	$7.972\ 728\times10^{-1}$	0	0
48	110	^{110}Cd	108.959	4.238 307	11.046 960	0	0
48	111	^{111}Cd	109.951	5.655 802	6.887 698	0	0
48	112	^{112}Cd	110.942	5.088 741	2.195 785	0	0
48	113	^{113}Cd	111.93	27.244 200	2 0721.220 000	0	0
48	114	^{114}Cd	112.925	4.480 843	$3.360\ 150\times10^{-1}$	0	0
48	115	^{115m}Cd	113.918	4.940 001	5.000 532	0	0
48	116	^{116}Cd	114.909	6.011 421	$7.502\ 502\times10^{-2}$	0	0

续表

原子序数	质量数	核素符号	相对原子质量	微观截面/(10^{-28} m^2)			每次裂变的中子产额 ν
				散射 σ_s	俘获 σ_γ	裂变 σ_f	
49	113	^{113}In	111.934	3.682 982	12.132 130	0	0
49	115	^{115}In	113.917	2.518 978	202.230 000	0	0
50	112	^{112}Sn	110.944	4.445 120	$8.500\ 897\times10^{-1}$	0	0
50	113	^{113}Sn	111.935	4.315 282	8.866 190	0	0
50	114	^{114}Sn	112.925	4.566 315	$1.252\ 785\times10^{-1}$	0	0
50	115	^{115}Sn	113.916	9.087 163	57.999 130	0	0
50	116	^{116}Sn	114.906	4.320 066	$1.276\ 680\times10^{-1}$	0	0
50	117	^{117}Sn	115.899	5.328 908	1.070 531	0	0
50	118	^{118}Sn	116.889	4.684 242	$2.197\ 753\times10^{-1}$	0	0
50	119	^{119}Sn	117.882	5.009 383	2.173 921	0	0
50	120	^{120}Sn	118.872	5.636 921	$1.395\ 201\times10^{-1}$	0	0
50	122	^{122}Sn	120.856	4.461 196	$1.460\ 034\times10^{-1}$	0	0
50	123	^{123}Sn	121.85	4.016 772	3.000 147	0	0
50	124	^{124}Sn	123.9054	4.805 704	$1.337\ 293\times10^{-1}$	0	0
50	125	^{125}Sn	123.835	4.307 139	$1.502\ 189\times10^{-1}$	0	0
50	126	^{126}Sn	124.826	4.016 372	$9.000\ 466\times10^{-2}$	0	0
51	121	^{121}Sb	119.87	4.042 933	5.771 381	0	0
51	123	^{123}Sb	121.85	3.693 796	3.874 141	0	0
51	124	^{124}Sb	122.842	3.775 538	17.400 920	0	0
51	125	^{125}Sb	123.832	4.016 503	5.000 269	0	0
51	126	^{126}Sb	124.826	3.890 111	13.001 340	0	0
52	120	^{120}Te	118.874	3.655 644	2.340 121	0	0
52	122	^{122}Te	120.856	1.722 004	3.272 247	0	0
52	123	^{123}Te	121.848	$7.250\ 160\times10^{-1}$	418.196 746	0	0
52	124	^{124}Te	122.839	7.178 652	6.322 688	0	0
52	125	^{125}Te	123.831	3.283 167	1.286 536	0	0
52	126	^{126}Te	124.821	3.930 163	$4.421\ 687\times10^{-1}$	0	0
52	127	^{127m}Te	125.815	3.644 740	3380.169 000	0	0
52	128	^{128}Te	126.805	4.408 771	$1.999\ 378\times10^{-1}$	0	0
52	129	^{129m}Te	127.8	3.413 590	1 600.082 000	0	0
52	130	^{130}Te	128.79	4.605 966	$1.951\ 899\times10^{-1}$	0	0
52	132	^{132}Te	130.775	5.353 973	$1.248\ 875\times10^{-1}$	0	0
53	127	^{127}I	125.8143	3.731 787	6.144 838	0	0
53	129	^{129}I	127.798	10.266 860	30.403 210	0	0
53	130	^{130}I	128.791	3.221 865	17.450 000	0	0

续表

原子序数	质量数	核素符号	相对原子质量	微观截面/(10^{-28} m^2)			每次裂变的中子产额 ν
				散射 σ_s	俘获 σ_γ	裂变 σ_f	
53	131	^{131}I	129.781	3.614 172	80.004 080	0	0
53	135	^{135}I	133.75	10.160 880	80.006 190	0	0
54	123	^{123}Xe	121.85	24.965 120	3.065 787	0	0
54	124	^{124}Xe	122.84	1.311 280×10^{-1}	150.152 000	0	0
54	126	^{126}Xe	124.822	5.063 209	3.486 601	0	0
54	128	^{128}Xe	126.804	6.856 939	5.191 070	0	0
54	129	^{129}Xe	127.798	3.566 029	21.000 380	0	0
54	130	^{130}Xe	128.788	6.263 302	4.777 250	0	0
54	131	^{131}Xe	129.781	1.187 310	90.010 810	0	0
54	132	^{132}Xe	130.77	3.773 186	4.505 484×10^{-1}	0	0
54	133	^{133}Xe	131.764	3.613 959	190.009 700	0	0
54	134	^{134}Xe	132.76	4.515 048	2.648 214×10^{-1}	0	0
54	135	^{135}Xe	133.748	299 533.600 000	2 664 576.000 000	0	0
54	136	^{136}Xe	134.74	8.245 670	2.606 691×10^{-1}	0	0
55	133	^{133}Cs	131.764	3.970 938	28.998 700	0	0
55	134	^{134}Cs	132.757	22.728 410	139.667 600	0	0
55	135	^{135}Cs	133.747	6.377 595	8.660 357	0	0
55	136	^{136}Cs	134.739	3.513 272	13.000 680	0	0
55	137	^{137}Cs	135.731	3.543 287	2.500 129×10^{-1}	0	0
56	130	^{130}Ba	128.79	9.939 446×10^{-1}	8.677 664	0	0
56	132	^{132}Ba	130.772	7.856 627	6.529 935	0	0
56	133	^{133}Ba	131.764	2.463 053	2.813 126	0	0
56	134	^{134}Ba	132.754	5.223 514	1.503 765	0	0
56	135	^{135}Ba	133.747	2.750 262	5.870 319	0	0
56	136	^{136}Ba	134.737	3.004 773	6.7935 55×10^{-1}	0	0
56	137	^{137}Ba	135.73	6.237 106	3.595 921	0	0
56	138	^{138}Ba	136.72	4.079 164	4.034 118×10^{-1}	0	0
56	140	^{140}Ba	138.708	1.899 670	1.594 456	0	0
57	138	^{138}La	136.722	13.024 810	57.087 350	0	0
57	139	^{139}La	137.71	10.206 440	9.039 292	0	0
57	140	^{140}La	138.708	1.979 801	2.703 099	0	0
58	136	^{136}Ce	134.74	4.194 040	7.455 587	0	0
58	138	^{138}Ce	136.721	2.596 089	1.036 851	0	0
58	139	^{139}Ce	137.713	29.445 320	499.984 300	0	0
58	140	^{140}Ce	138.704	3.615 945	5.773 869×10^{-1}	0	0

续表

原子序数	质量数	核素符号	相对原子质量	微观截面 /(10^{-28} m^2)			每次裂变的中子产额 ν
				散射 σ_s	俘获 σ_γ	裂变 σ_f	
58	141	^{141}Ce	139.7	7.033 996	29.003 160	0	0
58	142	^{142}Ce	140.69	2.856 255	$9.647\ 969\times10^{-1}$	0	0
58	143	^{143}Ce	141.685	8.097 906	6.000 805	0	0
58	144	^{144}Ce	142.678	2.789 955	1.000 051	0	0
59	141	^{141}Pr	139.697	2.716 906	11.506 550	0	0
59	142	^{142}Pr	140.691	3.211 521	20.008 080	0	0
59	143	^{143}Pr	141.683	32.052 200	89.867 610	0	0
60	142	^{142}Nd	140.689	7.963 477	18.694 970	0	0
60	143	^{143}Nd	141.682	80.381 970	325.151 298	0	0
60	144	^{144}Nd	142.674	1.453 608	3.593 953	0	0
60	145	^{145}Nd	143.668	18.734 590	49.828 460	0	0
60	146	^{146}Nd	144.66	10.283 810	1.489 334	0	0
60	147	^{147}Nd	145.654	111.466 200	440.547 400	0	0
60	148	^{148}Nd	146.646	4.396 433	2.583 798	0	0
60	150	^{150}Nd	148.633	4.632 632	1.040 593	0	0
61	147	^{147}Pm	145.653	20.978 610	167.699 200	0	0
61	148	^{148}Pm	146.646	3.110 800	2 000.101 000	0	0
61	148	^{148m}Pm	146.646	23.857 100	10 669.370 000	0	0
61	149	^{149}Pm	147.639	3.211 070	1 400.071 000	0	0
61	151	^{151}Pm	149.625	5.668 508	150.061 600	0	0
62	144	^{144}Sm	142.676	2.752 768	1.630 111	0	0
62	147	^{147}Sm	145.653	7.191 918	56.987 795	0	0
62	148	^{148}Sm	146.644	4.472 971	2.400 225	0	0
62	149	^{149}Sm	147.638	185.746 800	40 516.843 000	0	0
62	150	^{150}Sm	148.629	22.801 200	99.996 700	0	0
62	151	^{151}Sm	149.623	61.280 100	15 137.790 000	0	0
62	152	^{152}Sm	150.615	3.105 881	205.948 400	0	0
62	153	^{153}Sm	151.608	4.087 192	420.031 900	0	0
62	154	^{154}Sm	152.6	10.839 650	8.322 942	0	0
63	151	^{151}Eu	149.62	4.709 050	9182.222 010	0	0
63	152	^{152}Eu	150.617	23.420 100	12792.430 000	0	0
63	153	^{153}Eu	151.608	9.004 561	312.381 901	0	0
63	154	^{154}Eu	152.6	5.228 650	1 352.516 000	0	0
63	155	^{155}Eu	153.59	6.60 1370	3 759.541 000	0	0
63	156	^{156}Eu	154.586	6.621 813	100.005 100	0	0

续表

原子序数	质量数	核素符号	相对原子质量	微观截面 /(10^{-28} m^2)			每次裂变的中子产额 ν
				散射 σ_s	俘获 σ_γ	裂变 σ_f	
63	157	^{157}Eu	155.577	6.466 234	110.806 700	0	0
64	152	^{152}Gd	150.615	301.567 402	734.984 808	0	0
64	153	^{153}Gd	151.608	19.494 900	2 2333.584 600	0	0
64	154	^{154}Gd	152.599	5.741 602	85.175 970	0	0
64	155	^{155}Gd	153.592	60.576 400	60 726.970 100	0	0
64	156	^{156}Gd	154.583	4.899 446	1.794 712	0	0
64	157	^{157}Gd	155.576	1 008.549 000	253 712.200 000	0	0
64	158	^{158}Gd	156.567	5.655 499	2.202 152	0	0
64	160	^{160}Gd	158.553	9.376 200	1.409 976	0	0
65	159	^{159}Tb	157.56	6.948 094	23.353 390	0	0
65	160	^{160}Tb	158.553	3.967 448	333.854 800	0	0
66	156	^{156}Dy	154.585	4.090 729	33.057 300	0	0
66	158	^{158}Dy	156.568	6.530 631	43.070 280	0	0
66	160	^{160}Dy	158.551	5.719 981	55.984 900	0	0
66	161	^{161}Dy	159.544	17.534 840	600.107 900	0	0
66	162	^{162}Dy	160.536	1.698 370×10^{-1}	193.938 900	0	0
66	163	^{163}Dy	161.529	3.276 287	123.406 800	0	0
66	164	^{164}Dy	162.521	328.364 300	2 652.801 000	0	0
67	165	^{165}Ho	163.513	8.825 467	64.679 040	0	0
67	166	^{166m}Ho	164.507	3.985 850	3 607.955 000	0	0
68	162	^{162}Er	160.538	8.027 809	18.912 360	0	0
68	164	^{164}Er	162.521	9.128 453	12.951 940	0	0
68	166	^{166}Er	164.505	14.279 620	16.872 200	0	0
68	167	^{167}Er	165.498	2.456 955	649.684 000	0	0
68	168	^{168}Er	166.487	9.661 781	2.741 375	0	0
68	170	^{170}Er	168.476	11.702 720	8.851 153	0	0
71	175	^{175}Lu	173.438	6.436 414	23.074 710	0	0
71	176	^{176}Lu	174.43	2.515 410	2 096.980 000	0	0
72	174	^{174}Hf	172.446	15.555 440	561.625 000	0	0
72	176	^{176}Hf	174.43	6.722 344	13.760 190	0	0
72	177	^{177}Hf	175.423	2.320 300×10^{-2}	373.595 100	0	0
72	178	^{178}Hf	176.415	4.888 146	84.034 710	0	0
72	179	^{179}Hf	177.409	7.095 046	43.585 810	0	0
72	180	^{180}Hf	178.401	21.213 260	13.009 560	0	0
73	181	^{181}Ta	179.4	6.169 046	21.121 910	0	0

续表

原子序数	质量数	核素符号	相对原子质量	微观截面 /(10^{-28} m^2)			每次裂变的中子产额 ν
				散射 σ_s	俘获 σ_γ	裂变 σ_f	
73	182	^{182}Ta	180.387	31.154 660	8 287.961 000	0	0
74	182	^{182}W	180.39	11.856 860	20.545 680	0	0
74	183	^{183}W	181.38	3.417 695	10.005 940	0	0
74	184	^{184}W	182.37	4.297 171	1.749 494	0	0
74	186	^{186}W	184.36	$2.389\ 631\times10^{-1}$	37.454 560	0	0
75	185	^{185}Re	183.364	8.891 843	112.152 700	0	0
75	187	^{187}Re	185.35	9.962 950	76.689 310	0	0
77	191	^{191}Ir	189.32	14.358 650	954.107 800	0	0
77	193	^{193}Ir	191.305	13.125 180	111.146 200	0	0
79	197	^{197}Au	195.274	7.930 233	98.674 380	0	0
80	196	^{196}Hg	194.282	109.822 100	3077.721 020	0	0
80	198	^{198}Hg	196.266	12.814 900	1.985 379	0	0
80	199	^{199}Hg	197.259	66.700 030	2149.294 000	0	0
80	200	^{200}Hg	198.25	14.561 350	1.442 791	0	0
80	201	^{201}Hg	199.244	13.805 390	4.902 745	0	0
80	202	^{202}Hg	200.236	14.607 210	4.954 052	0	0
80	204	^{204}Hg	202.221	29.468 970	$4.314\ 542\times10^{-1}$	0	0
82	204	^{204}Pb	202.2208	11.224 840	$6.606\ 687\times10^{-1}$	0	0
82	206	^{206}Pb	204.205	11.264 660	$2.978\ 501\times10^{-2}$	0	0
82	207	^{207}Pb	205.1979	10.774 160	$7.118\ 952\times10^{-1}$	0	0
82	208	^{208}Pb	206.19	11.399 600	$2.320\ 811\times10^{-4}$	0	0
83	209	^{209}Bi	207.185	9.323 122	$3.380\ 532\times10^{-2}$	0	0
88	223	^{223}Ra	221.103	12.428 650	130.006 600	$7.000\ 350\times10^{-1}$	1.527 500
88	224	^{224}Ra	222.096	12.528 760	12.000 600	0	0
88	225	^{225}Ra	223.091	12.428 400	99.999 950	0	0
88	226	^{226}Ra	224.084	9.822 950	12.788 940	$7.000\ 079\times10^{-6}$	1.559 700
89	225	^{225}Ac	223.09	12.428 400	1 000.048 000	0	0
89	226	^{226}Ac	224.084	12.428 270	100.005 100	0	0
89	227	^{227}Ac	225.077	12.428 150	901.763 100	$2.900\ 154\times10^{-4}$	1.832 100
90	227	^{227}Th	225.077	12.428 150	1 535.078 000	202.010 400	2.064 700
90	228	^{228}Th	226.07	36.564 190	119.876 200	$3.000\ 141\times10^{-1}$	2.021 150
90	229	^{229}Th	227.064	10.033 380	63.374 640	31.642 540	2.087 200
90	230	^{230}Th	228.06	5.919 538	23.081 020	0	0
90	232	^{232}Th	230.045	13.044 860	7.336 026	0	0
90	233	^{233}Th	231.04	13.028 770	1450.073 000	15.004 510	2.064 400

续表

原子序数	质量数	核素符号	相对原子质量	微观截面 /(10^{-28} m^2)			每次裂变的中子产额 ν
				散射 σ_s	俘获 σ_γ	裂变 σ_f	
90	234	^{234}Th	232.033	13.028 620	1.750 062	0	0
91	231	^{231}Pa	229.051	11.220 980	200.633 700	$2.086\ 836\times10^{-2}$	2.244 100
91	232	^{232}Pa	230.045	43.987 530	651.224 200	977.858 900	2.285 800
91	233	^{233}Pa	231.038	12.433 840	42.507 820	0	0
92	232	^{232}U	230.043 8	10.816 800	75.178 000	76.744 680	3.130 000
92	233	^{233}U	231.037 7	12.177 740	45.249 800	531.219 200	2.496 800
92	234	^{234}U	232.0304	17.284 390	100.885 000	$6.708\ 136\times10^{-2}$	2.364 900
92	235	^{235}U	233.024 8	15.116 010	98.664 030	584.892 500	2.436 700
92	236	^{236}U	234.017 8	8.841 549	5.132 300	$4.709\ 437\times10^{-2}$	2.371 200
92	237	^{237}U	235.012 4	10.759 030	475.304 500	$4.163\ 849\times10^{-1}$	2.430 000
92	238	^{238}U	236.005 8	9.299 832	2.682 808	$1.679\ 563\times10^{-5}$	2.492 088
92	239	^{239}U	237.000 7	457.615 400	20.571 640	14.113 400	2.306 260
92	240	^{240}U	237.994 4	7.678 908	19.161 980	$1.078\ 885\times10^{-3}$	2.492 088
92	241	^{241}U	238.989 5	9.150 403	475.965 900	$4.163\ 825\times10^{-1}$	2.234 260
93	235	^{235}Np	233.025	11.424 990	150.013 100	19.998 800	2.663 850
93	236	^{236}Np	234.019	10.058 840	125.834 800	3 010.769 000	3.120 000
93	237	^{237}Np	235.011 8	14.085 770	161.673 600	$2.036\ 200\times10^{-2}$	2.635 810
93	238	^{238}Np	236.006	12.436 360	450.123 200	2 070.178 000	2.515 000
93	239	^{239}Np	236.999	10.522 640	77.003 900	0	0
94	236	^{236}Pu	234.018	9.178 819	31.223 730	164.798400	2.814 000
94	237	^{237}Pu	235.012	11.759 510	540.734 200	2 102.852 000	2.824 000
94	238	^{238}Pu	236.004 5	20.347 660	560.741 900	17.001 320	2.895 000
94	239	^{239}Pu	236.998 6	7.990 790	270.662 600	747.694 100	2.878 900
94	240	^{240}Pu	237.992	$9.510\ 380\times10^{-1}$	287.494 300	$6.403\ 384\times10^{-2}$	2.803 000
94	241	^{241}Pu	238.978	11.259 600	362.949 200	1 012.100 000	2.945 300
94	242	^{242}Pu	239.979	7.745 208	19.160 910	$1.042\ 387\times10^{-3}$	2.810 000
94	243	^{243}Pu	240.974	19.791 850	88.097 730	181.376 400	3.010 000
94	244	^{244}Pu	241.968	9.655 483	1.829 760	0	0
94	246	^{246}Pu	243.956	10.822 620	799.769 000	0	0
95	241	^{241}Am	238.986	11.32 1980	618.583 400	3.138 032	3.080 270
95	242	^{242}Am	239.980 1	7.679 960	218.958 500	209 4.516 000	3.271 800
95	242	^{242m}Am	239.980 1	5.267 020	1230.735 000	6397.690 000	3.270 500
95	243	^{243}Am	240.973 4	8.555 244	75.091 260	$7.390\ 835\times10^{-2}$	3.272 833
95	244	^{244}Am	241.968	11.646 840	599.988 100	2 299.976 000	3.151 800
95	244	^{244m}Am	241.968	11.646 310	399.990 900	1 600.089 000	3.151 800

续表

原子序数	质量数	核素符号	相对原子质量	微观截面 /(10^{-28} m^2)			每次裂变的中子产额 ν
				散射 σ_s	俘获 σ_γ	裂变 σ_f	
96	241	^{241}Cm	238.987	12.105 820	250.314 800	2 599.561 000	2.768 000
96	242	^{242}Cm	239.979	10.818 910	16.869 070	3.019 675	3.440 000
96	243	^{243}Cm	240.973	8.592 230	130.492 800	613.358 600	3.432 010
96	244	^{244}Cm	241.966	11.086 140	15.102 480	1.037 280	3.244 350
96	245	^{245}Cm	242.96	10.899 520	358.810 800	2 140.677 000	3.596 400
96	246	^{246}Cm	243.953	9.227 760	1.311 183	$1.441\ 903\times10^{-1}$	3.614 160
96	247	^{247}Cm	244.948	7.965 170	56.913 400	111.262 600	3.803 400
96	248	^{248}Cm	245.941	6.149 499	2.444 242	$8.734\ 612\times10^{-2}$	3.490 000
96	249	^{249}Cm	246.936	9.296 842	1.750 530	10.254 090	3.348 800
96	250	^{250}Cm	247.93	39.591 670	85.341 910	$2.088\ 745\times10^{-3}$	3.399 940
97	249	^{249}Bk	246.94	7.842 948	745.355 300	3.992 386	3.346 400
97	250	^{250}Bk	247.93	12.245 630	353.137 700	958.516 500	3.572 000
98	249	^{249}Cf	246.94	13.756 740	496.458 200	1 633.323 000	3.886 900
98	250	^{250}Cf	247.928	9.390 040	1 611.292 000	0	0
98	251	^{251}Cf	248.923	8.858 030	2 861.680 000	5 321.571 000	4.140 000
98	252	^{252}Cf	249.916	11.235 840	20.491 150	32.170 950	4.060 000
98	253	^{253}Cf	250.91	64.943 170	341.297 400	1136.170 000	4.150 000
98	254	^{254}Cf	251.905	10.621 500	4.500 227	2.000 088	3.850 800
99	253	^{253}Es	250.91	8.816 283	201.152 600	0	0
99	254	^{254}Es	251.905	10.621 500	28.164 390	1 966.099 000	4.083 200
99	255	^{255}Es	252.899	10.621 410	55.002 770	13.430 740	3.874 800
100	255	^{255}Fm	252.899	10.621 410	26.001 310	3 360.172 000	4.392 400

附录 4　天然同位素的相对质量丰度[①]

原子序号	元素符号	质量数	相对丰度
1	H	1	0. 999 885(70)[②]
		2	0. 000 115(70)
2	He	3	0. 000 001 34(3)
		4	0. 999 998 66(3)
3	Li	6	0. 075 9(4)
		7	0. 924 1(4)
4	Be	9	1
5	B	10	0. 199(7)
		11	0. 801(7)
6	C	12	0. 989 3(8)
		13	0. 010 7(8)
7	N	14	0. 996 36(20)
		15	0. 003 64(20)
8	O	16	0. 997 57(16)
		17	0. 000 38(1)
		18	0. 002 05(14)
9	F	19	1
10	Ne	20	0. 904 8(3)
		21	0. 002 7(1)
		22	0. 092 5(3)
11	Na	23	1
12	Mg	24	0. 789 9(4)
		25	0. 100 0(1)
		26	0. 110 1(3)
13	Al	27	1

① 参考文献：M. Berglund, M. E. Wiser. Isotopic compositions of the elements 2009 (IUPAC Technical Report). *Pure Appl. Chem.*, 2011, 83(2):397－410.

② 括号内为扩展不确定度。

续表

原子序号	元素符号	质量数	相对丰度
14	Si	28	0.922 23(19)
		29	0.046 85(8)
		30	0.030 92(11)
15	P	31	1
16	S	32	0.949 9(26)
		33	0.007 5(2)
		34	0.042 5(24)
		36	0.000 1(1)
17	Cl	35	0.757 6(10)
		37	0.242 4(10)
18	Ar	36	0.003 336(21)
		38	0.000 629(7)
		40	0.996 035(25)
19	K	39	0.932 581(44)
		40	0.000 117(1)
		41	0.067 302(44)
20	Ca	40	0.969 41(156)
		42	0.006 47(23)
		43	0.001 35(10)
		44	0.020 86(110)
		46	0.000 04(3)
		48	0.001 87(21)
21	Sc	45	1
22	Ti	46	0.082 5(3)
		47	0.074 4(2)
		48	0.737 2(3)
		49	0.054 1(2)
		50	0.051 8(2)
23	V	50	0.002 50(4)
		51	0.997 50(4)
24	Cr	50	0.043 45(13)
		52	0.837 89(18)
		53	0.095 01(17)
		54	0.023 65(7)
25	Mn	55	1
26	Fe	54	0.058 45(35)
		56	0.917 54(36)
		57	0.021 19(10)
		58	0.002 82(4)
27	Co	59	1

续表

原子序号	元素符号	质量数	相对丰度
28	Ni	58	0.680 77(19)
		60	0.262 23(15)
		61	0.011 399(13)
		62	0.036 346(40)
		64	0.009 255(19)
29	Cu	63	0.691 5(15)
		65	0.308 5(15)
30	Zn	64	0.491 7(75)
		66	0.277 3(98)
		67	0.040 4(16)
		68	0.184 5(63)
		70	0.006 1(10)
31	Ca	69	0.601 08(9)
		71	0.398 92(9)
32	Ge	70	0.205 7(27)
		72	0.274 5(32)
		73	0.077 5(12)
		74	0.365 0(20)
		76	0.077 3(12)
33	As	75	1
34	Se	74	0.008 9(4)
		76	0.093 7(29)
		77	0.076 3(16)
		78	0.237 7(28)
		80	0.496 1(41)
		82	0.087 3(22)
35	Br	79	0.506 9(7)
		81	0.493 1(7)
36	Kr	78	0.003 55(3)
		80	0.022 86(10)
		82	0.115 93(31)
		83	0.115 00(19)
		84	0.569 87(15)
		86	0.172 79(41)
37	Rb	85	0.721 7(2)
		87	0.278 3(2)
38	Sr	84	0.005 6(1)
		86	0.098 6(1)
		87	0.070 0(1)
		88	0.825 8(1)

续表

原子序号	元素符号	质量数	相对丰度
39	Y	89	1
40	Zr	90	0.514 5(40)
		91	0.112 2(5)
		92	0.171 5(8)
		94	0.173 8(28)
		96	0.028 0(9)
41	Nb	93	1
42	Mo	92	0.145 3(30)
		94	0.091 5(9)
		95	0.158 4(11)
		96	0.166 7(15)
		97	0.096 0(14)
		98	0.243 9(37)
		100	0.098 2(31)
43	Tc*	—	—
44	Ru	96	0.055 4(14)
		98	0.018 7(3)
		99	0.127 6(14)
		100	0.126 0(7)
		101	0.170 6(2)
		102	0.315 5(14)
		104	0.186 2(27)
45	Rh	103	1
46	Pd	102	0.010 2(1)
		104	0.111 4(8)
		105	0.223 3(8)
		106	0.273 3(3)
		108	0.264 6(9)
		110	0.117 2(9)
47	Ag	107	0.518 39(8)
		109	0.481 61(8)
48	Cd	106	0.012 5(6)
		108	0.008 9(3)
		110	0.124 9(18)
		111	0.128 0(12)
		112	0.241 3(21)
		113	0.122 2(12)
		114	0.287 3(42)
		116	0.074 9(18)
49	In	113	0.042 9(5)
		115	0.957 1(5)

续表

原子序号	元素符号	质量数	相对丰度
50	Sn	112	0.009 7(1)
		114	0.006 6(1)
		115	0.003 4(1)
		116	0.145 4(9)
		117	0.076 8(7)
		118	0.242 2(9)
		119	0.085 9(4)
		120	0.325 8(9)
		122	0.046 3(3)
		124	0.057 9(5)
51	Sb	121	0.572 1(5)
		123	0.427 9(5)
52	Te	120	0.000 9(1)
		122	0.025 5(12)
		123	0.008 9(3)
		124	0.047 4(14)
		125	0.070 7(15)
		126	0.188 4(25)
		128	0.317 4(8)
		130	0.340 8(62)
53	I	127	1
54	Xe	124	0.000 952(3)
		126	0.000 890(2)
		128	0.019 102(8)
		129	0.264 006(82)
		130	0.040 710(13)
		131	0.212 324(30)
		132	0.269 086(33)
		134	0.104 357(21)
		136	0.088 573(44)
55	Cs	133	1
56	Ba	130	0.001 06(1)
		132	0.001 01(1)
		134	0.024 17(18)
		135	0.065 92(12)
		136	0.078 54(24)
		137	0.112 32(24)
		138	0.716 98(42)
57	La	138	0.000 888 1(71)
		139	0.999 111 9(71)

续表

原子序号	元素符号	质量数	相对丰度
58	Ce	136	0.001 85(2)
		138	0.002 51(2)h
		140	0.884 50(51)
		142	0.111 14(51)
59	Pr	141	1
60	Nd	142	0.271 52(40)
		143	0.121 74(26)
		144	0.237 98(19)
		145	0.082 93(12)
		146	0.171 89(32)
		148	0.057 56(21)
		150	0.056 38(28)
61	Pm*		
62	Sm	144	0.030 7(7)
		147	0.149 9(18)
		148	0.112 4(10)
		149	0.138 2(7)
		150	0.073 8(1)
		152	0.267 5(16)
		154	0.227 5(29)
63	Eu	151	0.478 1(6)
		153	0.521 9(6)
64	Gd	152	0.002 0(1)
		154	0.021 8(3)
		155	0.148 0(12)
		156	0.204 7(9)
		157	0.156 5(2)
		158	0.248 4(7)
		160	0.218 6(19)
65	Tb	159	1
66	Dy	156	0.000 56(3)
		158	0.000 95(3)
		160	0.023 29(18)
		161	0.188 89(42)
		162	0.254 75(36)
		163	0.248 96(42)
		164	0.282 60(54)
67	Ho	165	1

续表

原子序号	元素符号	质量数	相对丰度
68	Er	162	0.001 39(5)
		164	0.016 01(3)
		166	0.335 03(36)
		167	0.228 69(9)
		168	0.269 78(18)
		170	0.149 10(36)
69	Tm	169	1
70	Yb	168	0.001 23(3)
		170	0.029 82(39)
		171	0.140 9(14)
		172	0.216 8(13)
		173	0.161 03(63)
		174	0.320 26(80)
		176	0.129 96(83)
71	Lu	175	0.974 01(13)
		176	0.025 99(13)
72	Hf	174	0.001 6(1)
		176	0.052 6(7)
		177	0.186 0(9)
		178	0.272 8(7)
		179	0.136 2(2)
		180	0.350 8(16)
73	Ta	180	0.000 120 1(32)
		181	0.999 879 9(32)
74	W	180	0.001 2(1)
		182	0.265 0(16)
		183	0.143 1(4)
		184	0.306 4(2)
		186	0.284 3(19)
75	Re	185	0.374 0(2)
		187	0.626 0(2)
76	Os	184	0.000 2(1)
		186	0.015 9(3)
		187	0.019 6(2)h
		188	0.132 4(8)
		189	0.161 5(5)
		190	0.262 6(2)
		192	0.407 8(19)
77	Ir	191	0.373(2)
		193	0.627(2)

续表

原子序号	元素符号	质量数	相对丰度
78	Pt	190	0.000 12(2)
		192	0.007 82(24)
		194	0.328 6(40)
		195	0.337 8(24)
		196	0.252 1(34)
		198	0.073 56(130)
79	Au	197	1
80	Hg	196	0.001 5(1)
		198	0.099 7(20)
		199	0.168 7(22)
		200	0.231 0(19)
		201	0.131 8(9)
		202	0.298 6(26)
		204	0.068 7(15)
81	Tl	203	0.295 2(1)
		205	0.704 8(1)
82	Pb	204	0.014(1)
		206	0.241(1)
		207	0.221(1)
		208	0.524(1)
83	Bi	209	1
84	Po*		
85	At*		
86	Rn*		
87	Fr*		
88	Ra*		
89	Ac*		
90	Th	232	1
91	Pa	231	1
92	U	234	0.000 054(5)
		235	0.007 204(6)
		238	0.992 742(10)
93	Np*		
94	Pu*		
95	Am*		
96	Cm*		
97	Bk*		
98	Cf*		
99	Es*		

续表

原子序号	元素符号	质量数	相对丰度
100	Fm*		
101	Md*		
102	No*		
103	Lr*		
104	Rf*		
105	Ha*		

* 放射性元素